计算力学前沿丛书

周期材料与结构等效性质预测与优化

程耿东　徐　亮　著

科学出版社

北　京

内 容 简 介

本书介绍具有周期微结构的材料、板梁结构等效性质预测及其优化设计。全书共 5 章,第 1 章介绍了周期材料/结构等效性质预测方法及其结构优化设计方法;第 2 章详细介绍了周期材料/结构的渐近均匀化方法及其新数值求解算法(NIAH),详细论述了单胞方程及等效性质的有限元实现方法;第 3 章介绍了基于能量等效的周期梁结构等效剪切刚度及应力反演计算方法;第 4 章介绍了基于能量等效的周期板结构等效剪切刚度计算方法;第 5 章介绍了周期材料及梁板结构微结构及两尺度优化设计。

本书可作为从事周期点阵材料及结构的多尺度分析及优化设计的研究生、教师及相关科研人员的参考书。

图书在版编目(CIP)数据

周期材料与结构等效性质预测与优化/程耿东,徐亮著. —北京:科学出版社,2023.9

(计算力学前沿丛书)

ISBN 978-7-03-075065-5

Ⅰ.①周… Ⅱ.①程… ②徐… Ⅲ.①计算固体力学–结构最优化–研究 Ⅳ.①O34

中国国家版本馆 CIP 数据核字(2023)第 039679 号

责任编辑:赵敬伟 孔晓慧 / 责任校对:彭珍珍
责任印制:赵 博 / 封面设计:无极书装

科 学 出 版 社 出版
北京东黄城根北街 16 号
邮政编码:100717
http://www.sciencep.com

北京建宏印刷有限公司印刷
科学出版社发行 各地新华书店经销
*
2023 年 9 月第 一 版 开本:720 × 1000 1/16
2024 年 4 月第二次印刷 印张:12 3/4
字数:257 000
定价:128.00 元
(如有印装质量问题,我社负责调换)

编 委 会

丛 书 序

力学是工程科学的基础，是连接基础科学与工程技术的桥梁。钱学森先生曾指出，"今日的力学要充分利用计算机和现代计算技术去回答一切宏观的实际科学技术问题，计算方法非常重要"。计算力学正是根据力学基本理论，研究工程结构与产品及其制造过程分析、模拟、评价、优化和智能化的数值模型与算法，并利用计算机数值模拟技术和软件解决实际工程中力学问题的一门学科。它横贯力学的各个分支，不断扩大各个领域中力学的研究和应用范围，在解决新的前沿科学与技术问题以及与其他学科交叉渗透中不断完善和拓展其理论和方法体系，成为力学学科最具活力的一个分支。当前，计算力学已成为现代科学研究的重要手段之一，在计算机辅助工程（CAE）中占据核心地位，也是航空、航天、船舶、汽车、高铁、机械、土木、化工、能源、生物医学等工程领域不可或缺的重要工具，在科学技术和国民经济发展中发挥了日益重要的作用。

计算力学是在力学基本理论和重大工程需求的驱动下发展起来的。20 世纪60 年代，计算机的出现促使力学工作者开始重视和发展数值计算这一与理论分析和实验并列的科学研究手段。在航空航天结构分析需求的强劲推动下，一批学者提出了有限元法的基本思想和方法。此后，有限元法短期内迅速得到了发展，模拟对象从最初的线性静力学分析拓展到非线性分析、动力学分析、流体力学分析等，也涌现了一批通用的有限元分析大型程序系统和可不断扩展的集成分析平台，在工业领域得到了广泛应用。时至今日，计算力学理论和方法仍在持续发展和完善中，研究对象已从结构系统拓展到多相介质和多物理场耦合系统，从连续介质力学行为拓展到损伤、破坏、颗粒流动等宏微观非连续行为，从确定性系统拓展到不确定性系统，从单一尺度分析拓展到时空多尺度分析。计算力学还出现了进一步与信息技术、计算数学、计算物理等学科交叉和融合的趋势。例如，数据驱动、数字孪生、人工智能等新兴技术为计算力学研究提供了新的机遇。

中国一直是计算力学研究最为活跃的国家之一。我国计算力学的发展可以追溯到近 60 年前。冯康先生 20 世纪 60 年代就提出"基于变分原理的差分格式"，被国际学术界公认为中国独立发展有限元法的标志。冯康先生还在国际上第一个给出了有限元法收敛性的严格的数学证明。早在 20 世纪 70 年代，我国计算力学的奠基人钱令希院士就致力于创建计算力学学科，倡导研究优化设计理论与方法，引领了中国计算力学走向国际舞台。我国学者在计算力学理论、方法和工程应用研究中都做出了贡献，其中包括有限元构造及其数学基础、结构力学与最优控制的相互模拟理论、结构拓扑优化基本理论等方向的先驱性工作。进入 21 世纪以来，我国计算力学研究队伍不断扩大，取得了一批有重要学术影响的研究成果，也为解决我国载人航天、高速列车、深海开发、核电装备等一批重大工程中的力学问题做出了突出贡献。

"计算力学前沿丛书"集中展现了我国计算力学领域若干重要方向的研究成果，广泛涉及计算力学研究热点和前瞻性方向。系列专著所涉及的研究领域，既包括计算力学基本理论体系和基础性数值方法，也包括面向力学与相关领域新的问题所发展的数学模型、高性能算法及其应用。例如，丛书纳入了我国计算力学学者关于 Hamilton 系统辛数学理论和保辛算法、周期材料和周期结构等效性能的高效数值预测、力学分析中对称性和守恒律、工程结构可靠性分析与风险优化设计、不确定性结构鲁棒性与非概率可靠性优化、结构随机振动与可靠度分析、动力学常微分方程高精度高效率时间积分、多尺度分析与优化设计等基本理论和方法的创新性成果，以及声学和声振问题的边界元法、计算颗粒材料力学、近场动力学方法、全速域计算空气动力学方法等面向特色研究对象的计算方法研究成果。丛书作者结合严谨的理论推导、新颖的算法构造和翔实的应用案例对各自专题进行了深入阐述。

本套丛书的出版，将为传播我国计算力学学者的学术思想、推广创新性的研究成果起到积极作用，也有助于加强计算力学向其他基础科学与工程技术前沿研究方向的交叉和渗透。丛书可为我国力学、计算数学、计算物理等相关领域的教学、科研提供参考，对于航空、航天、船舶、汽车、机械、土木、能源、化工等工程技术研究与开发的人员也将具有很好的借鉴价值。

"计算力学前沿丛书"从发起、策划到编著，是在一批计算力学同行的响应和支持下进行的。没有他们的大力支持，丛书面世是不可能的。同时，丛书的出版承蒙科学出版社全力支持。在此，对支持丛书编著和出版的全体同仁及编审人员表示深切谢意。

感谢大连理工大学工业装备结构分析优化与 CAE 软件全国重点实验室对"计算力学前沿丛书"出版的资助。

钟万勰   程耿东

2022 年 6 月

前　言

随着工程技术的高速发展，以及社会对碳排放和可持续发展的关注，人们对工程结构的高比刚度/强度、轻质及多功能等需求日趋强烈，结构轻量化在工业部门受到特别的重视。结构轻量化有很多途径，其中一类轻量化结构是采用纤维增强复合材料、颗粒增强复合材料和点阵复合材料为代表的轻量化的先进复合材料制造而成；另一类轻量化结构是形式各异的梁板壳结构，例如波形梁、波纹板、蜂窝夹芯板和点阵材料为芯层的夹芯板壳等。上述两类结构的共同特点是在宏观尺度上可以等价为均匀材料制成的结构，但是，其材料在介观、微观尺度上呈现周期的非均匀性；需要强调的是，这里我们提及的宏观、介观和微观尺度，并非物理学中通常定义的尺度。在物理学中，不同尺度的物理现象往往遵循不同的物理规律；本书中这些不同尺度对象的力学性质都可以采用基于连续介质理论的数值方法和工具进行分析，但是需要的计算工作量相差很大。工程中复杂组合结构的宏观尺度可以是数十米乃至数百米，复合材料层合板壳的宏观尺度可以是数十厘米或数米；蜂窝夹芯板壳的蜂窝尺寸和蜂窝壁厚，纤维增强和颗粒增强复合材料中的纤维和颗粒尺寸可以是厘米和毫米量级，在本书的研究中将被认为是微观尺度。上述两类轻结构在近代商用飞机、卫星、运载火箭、高速列车和高超声速飞行器等中已经有广泛的应用，并且随着应用环境的不同和相应制造技术的提高，出现了越来越多的新构型和新结构，特别需要提出的是，先进的增材制造技术的出现极大地扩展了制造的能力，使得具有复杂微结构、性能优异的超材料制造，结构和材料的一体化设计和制造，结构和功能的一体化设计和制造成为可能，对其分析、设计和优化的需求也越来越强烈。本书将以上述两类轻结构的力学分析和优化为研究目标，重点关注其宏观等效性质的预测。

由于内部微结构的复杂性，对上述两类轻结构进行精细建模和数值分析会耗费大量的计算时间，所以一般工程上需要将其等效为具有等效性质的宏观均质材料/结构，为此，通常设法从这些材料/结构中取出一个典型的单元，称之为单胞，进行分析，将单胞分析得到的微结构的响应均匀化以得到宏观等效性质。对具有给定宏观等效性质的宏观结构进行分析时，将不考虑详细的微结构信息，在获得均匀的宏观结构响应后，再将宏观的结构响应作为微结构的荷载或边条件，对微结构进行分析得到精细的宏/微观结构响应。这样的双尺度算法可以节省大量计算时间。

　　本书研究的对象是材料微结构在空间周期分布的周期材料。与周期材料等效性质预测相关的研究包括非均质材料 (heterogeneous material)、复合材料 (composite material)、结构化材料 (structural material) 及超材料 (supermaterial) 的等效性质的研究。周期材料是由单一材料或多种材料组成，其微结构在空间呈周期分布；非均质材料指材料性质在空间非均匀分布，例如金属材料在加工过程中发生的相变、夹杂及各向异性引起的非均质性。结构化材料则是强调这些材料具有丰富的微结构，有别于传统的材料学意义下的材料。超材料也是一类结构化材料，其研究包括了力学、热学、声学及材料的多学科性能。复合材料是由两种或两种以上力学、物理或化学性能各异的组分材料，经过物理或者化学的方法组合而成的材料。复合材料的宏观等效性质由其微结构，即组分材料的性质、形貌及分布决定，由于组分材料的相互作用，复合材料的宏观等效性质可以优于组分材料。复合材料的微结构可以是周期的，也可以是非周期的。很多情况下，人们采用实验的方法得到复合材料的等效性质。人们采用解析方法或数值方法预测研究复合材料宏观等效性质时，通常从复合材料中取出一个单胞或代表体元，对其进行分析，这样的途径和我们前面介绍的周期材料数值分析途径相同。因此，周期材料和复合材料等效性质的预测的解析和数值方法有很多共同之处。

　　从 20 世纪初开始，很多学者提出了各种不同的方法来预测复合材料的等效性能，例如自洽法 (self-consistent method, SCM)、广义自洽法 (generalized self-consistent method, GSCM)、代表体元 (representative volume element, RVE) 法、渐近均匀化 (asymptotic homogenization, AH) 方法以及计算细观力学 (computational micromechanics) 方法。其中，自洽法和广义自洽法等主要应用于由基体和夹杂组成的复合材料；代表体元法和渐近均匀化方法既可以应用于由基体和夹杂组成的周期复合材料，也可以应用于由单一材料组成的周期材料。

　　渐近均匀化理论以严格的摄动理论为基础，已成为具有周期性微结构的介质的等效性能预测的主流方法之一。虽然其已经广泛应用到性能预测、拓扑优化、材料设计等领域，但基于渐近均匀化方法的数值分析和优化一般只采用二维和三维实体单元，这是因为，对于不同的单元类型，研究者需要在单胞问题的有限元格式的推导和编程方面做更多的工作。另一方面，如果仅采用实体单元来离散具有复杂微结构的单胞，尤其是当单胞的微结构很复杂而且有尺度更小的杆梁板时，则得到的单胞有限元模型很可能具有过大的单元数量，造成计算量急剧增大。为此，我们将渐近均匀化方法中的本征应变用本征位移表示，发展了一种新的算法，很方便地在已有有限元软件 (如商用软件 ANSYS、Abaqus，大连理工大学运载工程与力学学部工程力学系开发的 SiPECS) 上实现渐近均匀化方法的数值求解，从而高效且准确地预测周期复合材料的等效性能，这一方法还可以很方便地得到等效性质对于微观结构参数的灵敏度，进而实现微结构的优化设计。

　　在实际工程应用中，梁板结构是广泛采用的一类轻结构。不同于具有周期性微结构的复合材料，材料非均匀但周期分布的梁 (板) 结构只在一 (两) 个方向上材料分布具有周期性，需要建立的宏观等效性质是广义力 (轴力、弯矩和扭矩等) 和广义应变 (轴向应变、曲率和扭率等) 的关系。和实心断面梁/板结构相比，周期梁板结构在受到外载荷作用下的剪切变形往往更为严重，采用渐近均匀化方法建立的等效的经典梁板模型相对于原结构会产生很大误差，不再满足工程需要。因此，对于各种具有不同微结构的周期梁板结构，如何在均匀化过程中考虑剪切变形并计算其等效剪切刚度，将其均匀化为等效的铁摩辛柯 (Timoshenko) 梁及明德林 (Mindlin) 板模型，一直是学术界的研究课题；另一方面，针对具有不同复杂构型的周期梁板结构，如何给出一种简单快速的等效剪切刚度数值实现方法，提高计算效率，在工程实践中也有着重要的意义。

　　结构优化是获得高效、经济的改进工程结构设计的有效方法，特别是结构拓扑优化方法能够得到优化结构的初始概念设计，降低产品成本，提高产品的竞争力。与此同时，发展高效稳定的结构拓扑优化方法，是拓扑优化能否得到广泛应用的关键。对已有工作的改进和完善，能够进一步推动拓扑优化技术的发展。

　　为了得到性能优异的结构，最理想的做法是在优化结构的同时优化采用的材料，这就是材料和结构的多尺度一体化优化设计。对周期梁板结构的微结构进行拓扑优化，可以得到更优的结构宏观性能，而考虑宏观拓扑和微观单胞构型的多尺度一体化优化设计，此问题本身对结构拓扑优化就是一个挑战。随着有限元软件的功能日趋强大，基于有限元软件的结构优化及微结构设计策略迅速发展，极大地推动了材料和结构的多尺度一体化优化设计的理论、方法的发展，显著提高了其优化问题的计算效率，更便于在工程中推广和使用。

　　本书主要介绍渐近均匀化方法的高效数值实现算法，并在此基础上说明如何预测周期梁板结构的等效剪切刚度及其有限元实现，本书也介绍周期梁板结构的微结构优化设计及两尺度并发结构拓扑优化，为相关领域的研究者提供有关的分析和研究工具。

　　本书介绍的研究工作在程耿东指导下完成，第 1、第 2 章工作主要由蔡园武及易斯男完成，第 3 章工作主要由徐亮和易斯男完成，第 4 章工作由徐亮完成，第 5 章工作由蔡园武、易斯男及徐亮共同完成。全书由程耿东和徐亮执笔。

目　录

第 1 章　周期材料/结构等效性质预测方法概述

1.1　周期材料等效性质预测方法

周期材料是具有周期性微结构的非均匀材料, 图 1.1(a) 给出了这样的一种材料的示意图, 由一个基本单元 (也称为单胞) 在面内沿两个方向 y_1 和 y_2 周期延拓构成。在自然界和人工制备的材料中, 虽然有相当一部分材料具有严格的周期性, 但是大部分材料的微结构并没有严格的周期性, 如图 1.1(b) 所示, 因此这些材料的等效性质在宏观上是不均匀的, 作为一种近似, 研究工作中往往从这些非均质材料中截取出足够大的代表性体积单元 (简称为代表体元), 认为这样的体元足以代表材料微观分布的非均匀性和随机性, 随后采用针对周期材料微结构的处理方法来分析该体元, 并将其等效性质作为该均质材料的等效性质。周期材料的单胞在有的文献中称为 "重复单胞" (repeating unit cell, RUC), 非均质材料中取出的代表性体积单元在文献中往往被称为 "代表体元" (representative volume element, RVE), 也有文献称之为 "统计代表体元" (statistical representative volume element, SRVE)。但是, 上述名词的使用并没有严格的规定, 本书也将不做区分。需要注意的是, 考虑材料微结构性质和形貌分布的随机性, 对非均质材料进行表征, 研究其等效性能的统计性质, 这也是非常丰富的研究领域。

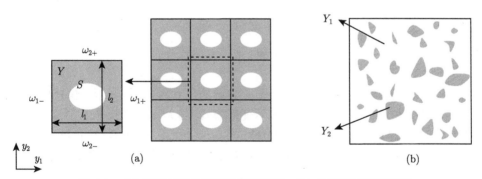

图 1.1　(a) 周期材料及其微结构示意图；(b) 非周期材料示意图

为了预测复合材料的等效性质, 很多学者提出了各种不同的方法, 例如自洽法 (self consistent method, SCM)[1]、广义自洽法 (generized self consistent method, GSCM)[2]、代表体元法以及渐近均匀化 (asymptotic homogenization, AH) 方法。

自洽法和广义自洽法通常用来推导具有简单微结构、由基体和夹杂构成的复合材料的近似解析公式，其优点是得到的简洁公式可供工程直接使用，而且可以在一定程度上考虑微结构的随机性。代表体元法和渐近均匀化方法是两种广泛应用的数值方法，能够分析具有复杂周期微结构的材料。

1.1.1　代表体元法和平均场理论

代表体元法通常的做法是对代表体元施加指定的单位位移边界条件或者力边界条件，令其应变能与一个均匀材料的应变能相等，从而求出等效性质 [3]。研究发现 [4,5]，采用位移边界条件 (又称狄利克雷 (Dirichlet) 边界条件) 时得到的结果接近沃伊特 (Voigt) 上界 [6]，而采用力边界条件 (又称诺伊曼 (Neumann) 边界条件) 得到的结果接近罗伊斯 (Reuss) 下界 [7]。文献 [5] 对这两种边界条件下得到的结果 (分别是上界和下界) 给出了形象的解释：将所研究的代表体元在空间周期性地重复，当对代表体元施加的是位移边界条件时，相邻代表体元界面处的界面力不能满足平衡条件，得到的等效性质因此偏高；当对代表体元施加的是力边界条件时，相邻代表体元界面处的位移不连续，出现了裂缝或覆盖，得到的等效性质因此偏低。需要强调的是，其他类型的边界条件也是允许的，例如部分边界上给定位移，余下的边界给定力的混合边界条件。但是，在这些边界条件下，必须在代表体元对应的均匀材料单胞中产生均匀的应力–应变状态。

这里以二维平面问题作为例子来说明。狄利克雷边界条件下，代表体元的弹性问题为定义在图 1.2 中单胞上的控制方程：

$$
\begin{aligned}
&\sigma_{ij,j}^{kl} = 0, \quad \text{在 } Y \text{ 中} \\
&\sigma_{ij}^{kl} = E_{ijpq}\varepsilon_{pq}^{kl}, \quad \text{在 } Y \text{ 中} \\
&\varepsilon_{ij}^{kl} = \frac{1}{2}\left(u_{i,j}^{kl} + u_{j,i}^{kl}\right), \quad \text{在 } Y \text{ 中} \\
&u_i^{kl}\big|_{\omega_{r\pm}} = \varepsilon_{ij}^{(0)kl}x_j\big|_{\omega_{r\pm}}, \quad \text{在 } \omega_{r\pm} \text{ 上}
\end{aligned} \tag{1.1}
$$

其中，Y 表示代表体元所占区域，其沿 y_1 方向的尺寸为 l_1，沿 y_2 方向的尺寸为 l_2；$\omega_{r\pm}$ 表示指定位移的边界；上标 kl 表示变形模式，当 $kl=11$ 时，表示沿 y_1 方向的拉伸，当 $kl=22$ 时，表示 y_2 方向的拉伸，当 $kl=12,21$ 时，表示剪切；重复下标采用爱因斯坦求和约定，$(*,j)$ 表示对 y_j 求导；$u_i^{kl}, \varepsilon_{ij}^{kl}, \sigma_{ij}^{kl}$ 分别为在 kl 变形模式下的位移、应变和应力；E_{ijpq} 为弹性模量张量；$\varepsilon_{ij}^{(0)kl} = \frac{1}{2}\left(\delta_{ik}\delta_{jl} + \delta_{il}\delta_{jk}\right)$ 为对应于 kl 变形模式的指定单位应变，其中，克罗内克 (Kronecker) 符号 $\delta_{ik} = \begin{cases} 1, & i=k \\ 0, & i \neq k \end{cases}$。$\varepsilon_{ij}^{(0)kl}$ 的向量形式为

$$\boldsymbol{\varepsilon}^{(0)kl} = \left\{ \begin{array}{c} \varepsilon_{11}^{(0)kl} \\ \varepsilon_{22}^{(0)kl} \\ 2\varepsilon_{12}^{(0)kl} \end{array} \right\},$$

$$\boldsymbol{\varepsilon}^{(0)11} = \left\{ \begin{array}{c} 1 \\ 0 \\ 0 \end{array} \right\}, \quad \boldsymbol{\varepsilon}^{(0)22} = \left\{ \begin{array}{c} 0 \\ 1 \\ 0 \end{array} \right\}, \quad \boldsymbol{\varepsilon}^{(0)12} = \boldsymbol{\varepsilon}^{(0)21} = \left\{ \begin{array}{c} 0 \\ 0 \\ 1 \end{array} \right\} \tag{1.2}$$

其中，$\boldsymbol{\varepsilon}^{(0)11}$ 为 y_1 方向单位正应变；$\boldsymbol{\varepsilon}^{(0)22}$ 为 y_2 方向单位正应变，$\boldsymbol{\varepsilon}^{(0)12}$，$\boldsymbol{\varepsilon}^{(0)21}$ 为单位剪应变。式中通过施加对应于不同 kl 变形模式的位移边界条件，得到对应于不同 kl 变形模式的位移场 $\boldsymbol{u}^{kl}$。

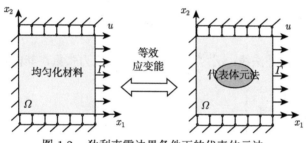

图 1.2　狄利克雷边界条件下的代表体元法

材料的等效刚度性质 $\boldsymbol{E}^{\mathrm{H}} = \begin{bmatrix} E_{1111}^{\mathrm{H}} & E_{1122}^{\mathrm{H}} & E_{1112}^{\mathrm{H}} \\ E_{2211}^{\mathrm{H}} & E_{2222}^{\mathrm{H}} & E_{2212}^{\mathrm{H}} \\ E_{1211}^{\mathrm{H}} & E_{1222}^{\mathrm{H}} & E_{1212}^{\mathrm{H}} \end{bmatrix}$ （上标 H 表示均匀化后

的材料性质）可以通过能量等效来计算。设在代表体元边界 $\omega_{r\pm}$ 上施加位移边界条件为不同 kl 变形模式的线性组合 $u_i|_{\omega_{r\pm}} = \left(\alpha_1 \varepsilon_{ij}^{(0)11} + \alpha_2 \varepsilon_{ij}^{(0)22} + \alpha \varepsilon_{ij}^{(0)12} \right) x_j \big|_{\omega_{r\pm}}$（$\alpha_1, \alpha_2, \alpha_3$ 为任意常数），其位移解可以表示为 $u_i = \alpha_1 u_i^{(0)11} + \alpha_2 u_i^{(0)22} + \alpha u_i^{(0)12}$，对应应变能为 $e^{\text{非均匀}} = \dfrac{1}{2} \displaystyle\int_Y E_{ijkl} u_{i,j} u_{k,l} \mathrm{d}\Omega$，该应变能对应于均匀化后的均质材料在应变状态 $\boldsymbol{\varepsilon} = \alpha_1 \boldsymbol{\varepsilon}^{(0)11} + \alpha_2 \boldsymbol{\varepsilon}^{(0)22} + \alpha_3 \boldsymbol{\varepsilon}^{(0)12}$ 下的应变能 $e^{\text{均匀}} = \dfrac{1}{2} l_1 l_2 \boldsymbol{\varepsilon}^{\mathrm{T}} \boldsymbol{E}^{\mathrm{H}} \boldsymbol{\varepsilon}$。基于应变能相等，令 $e^{\text{均匀}} = e^{\text{非均匀}}$，并考虑到参数 $\alpha_1, \alpha_2, \alpha_3$ 的任意性，易知如下等式成立：

$$E_{ijkl}^{\mathrm{H}} = \frac{1}{l_1 l_2} \int_Y E_{pqmn} u_{p,q}^{(0)ij} u_{m,n}^{(0)kl} \mathrm{d}\Omega \tag{1.3}$$

上式即为狄利克雷边界条件下采用能量等效求解等效刚度性质的计算公式。

需要注意的是，(1.1) 式中的位移边界条件虽然可以保证在相邻单胞边界上满足位移连续条件，但往往无法满足力的连续条件，因此也常采用如下的周期边界条件：

$$\sigma_{ij,j}^{kl} = 0, \quad \text{在 } Y \text{ 中}$$

$$u_i^{kl}\big|_{\omega_{1+}} - u_i^{kl}\big|_{\omega_{1-}} = l_1\varepsilon_{i1}^{(0)kl}, \quad u_i^{kl}\big|_{\omega_{2+}} - u_i^{kl}\big|_{\omega_{2-}} = l_2\varepsilon_{i2}^{(0)kl} \tag{1.4}$$

$$\sigma_{ij}^{kl}n_j\big|_{\omega_{1+}} + \sigma_{ij}^{kl}n_j\big|_{\omega_{1-}} = 0, \quad \sigma_{ij}^{kl}n_j\big|_{\omega_{2+}} + \sigma_{ij}^{kl}n_j\big|_{\omega_{2-}} = 0$$

该周期位移边界条件可以同时满足力与位移的连续性。

在诺伊曼边界条件下，如图 1.3 所示，代表体元的控制方程为

$$\sigma_{ij,j}^{kl} = 0, \quad \text{在 } \Omega \text{ 中}$$

$$\sigma_{ij}^{kl}n_j\big|_{\omega_{r\pm}} = \sigma_{ij}^{(0)kl}n_j\big|_{\omega_{r\pm}}, \quad \text{在 } \omega_{r\pm} \text{ 上} \tag{1.5}$$

其中，n_j 是面单位外法线；$\sigma_{ij}^{(0)kl}$ 为指定的单位应力张量，其向量形式为

$$\boldsymbol{\sigma}^{(0)kl} = \left\{ \begin{array}{c} \sigma_{11}^{(0)kl} \\ \sigma_{22}^{(0)kl} \\ \sigma_{12}^{(0)kl} \end{array} \right\},$$

$$\boldsymbol{\sigma}^{(0)11} = \left\{ \begin{array}{c} 1 \\ 0 \\ 0 \end{array} \right\}, \quad \boldsymbol{\sigma}^{(0)22} = \left\{ \begin{array}{c} 0 \\ 1 \\ 0 \end{array} \right\}, \quad \boldsymbol{\sigma}^{(0)12} = \boldsymbol{\sigma}^{(0)21} = \left\{ \begin{array}{c} 0 \\ 0 \\ 1 \end{array} \right\} \tag{1.6}$$

其中，$\boldsymbol{\sigma}^{(0)11}$ 为 y_1 方向单位正应力；$\boldsymbol{\sigma}^{(0)22}$ 为 y_2 方向单位正应力；$\boldsymbol{\sigma}^{(0)12}, \boldsymbol{\sigma}^{(0)21}$ 为单位剪应力。式中通过施加对应于不同 kl 变形模式的面力边界条件，得到对应于不同 kl 变形模式的位移场 v^{kl}。注意，在控制方程 (1.5) 中，我们省略了应力应变关系、应变位移关系，它们的表达式可以参看 (1.1) 式。在以下的讨论中，只要不引起混淆，我们会做类似的省略。

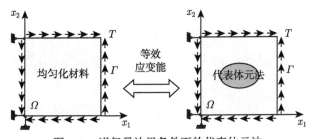

图 1.3　诺伊曼边界条件下的代表体元法

材料的等效柔度性质 $\boldsymbol{S}^{\mathrm{H}} = \begin{bmatrix} S_{1111}^{\mathrm{H}} & S_{1122}^{\mathrm{H}} & S_{1112}^{\mathrm{H}} \\ S_{2211}^{\mathrm{H}} & S_{2222}^{\mathrm{H}} & S_{2212}^{\mathrm{H}} \\ S_{1211}^{\mathrm{H}} & S_{1222}^{\mathrm{H}} & S_{1212}^{\mathrm{H}} \end{bmatrix}$ 可以通过能量等效来计

算。设在代表体元边界 $\omega_{i\pm}$ 上施加面力边界条件为不同 kl 变形模式的如下线性组合: $\sigma_{ij}n_j\big|_{\omega_{r\pm}} = \left(\alpha_1\sigma_{ij}^{(0)11} + \alpha_2\sigma_{ij}^{(0)22} + \alpha_3\sigma_{ij}^{(0)12}\right)n_j\big|_{\omega_{r\pm}}$ ($\alpha_1, \alpha_2, \alpha_3$ 为任意常数),则对应的位移解为 $v_i = \alpha_1 v_i^{(0)11} + \alpha_2 v_i^{(0)22} + \alpha v_i^{(0)12}$,其应变能为 $e^{\text{非均匀}} = \frac{1}{2}\int_Y E_{ijkl}v_{i,j}v_{k,l}\mathrm{d}\Omega$,该应变能对应于均匀化后的均质材料在应力状态 $\boldsymbol{\sigma} = \alpha_1\boldsymbol{\sigma}^{(0)11} + \alpha_2\boldsymbol{\sigma}^{(0)22} + \alpha_3\boldsymbol{\sigma}^{(0)12}$ 下的应变能 $e^{\text{均匀}} = \frac{1}{2}l_1l_2\boldsymbol{\sigma}^{\mathrm{T}}\boldsymbol{S}^{\mathrm{H}}\boldsymbol{\sigma}$。基于应变能等效,令 $e^{\text{均匀}} = e^{\text{非均匀}}$,并考虑到参数 $\alpha_1, \alpha_2, \alpha_3$ 的任意性,易知如下等式成立:

$$S_{ijkl}^{\mathrm{H}} = \frac{1}{l_1l_2}\int_Y E_{pqmn}v_{p,q}^{(0)ij}v_{m,n}^{(0)kl}\mathrm{d}\Omega \tag{1.7}$$

上式即为诺伊曼边界条件下采用能量等效求解等效柔度性质的计算公式。需要注意的是,(1.7) 式和 (1.3) 式虽然具有相同的形式,但是 (1.7) 式的位移场是由边界上加上相应的单位应力所产生的。

代表体元法的另一类处理方法是基于平均场理论 [8,9],这一方法同样是采用代表体元的应变能与一个均匀材料的应变能相等的原理来得到等效性质。但是,对于代表体元上的弹性力学问题 (1.1) 式或 (1.5) 式,采用有限元法等数值方法得到代表体元内的应力 σ_{ij} 和应变 ε_{ij} 分布,然后利用平均场理论的平均应力定理、平均应变定理和希尔–曼德尔 (Hill-Mandel) 条件,就可以得到等效性质。在代表体元上的平均应力和平均应变可以表示为

$$\bar{\sigma}_{ij} = \frac{1}{|Y|}\int_Y \sigma_{ij}\mathrm{d}\Omega, \quad \bar{\varepsilon}_{ij} = \frac{1}{|Y|}\int_Y \varepsilon_{ij}\mathrm{d}\Omega \tag{1.8}$$

其中,$|Y|$ 为代表体元所占面积/体积。而根据希尔–曼德尔条件就可以根据平均应力和平均应变建立材料的宏观等效性质矩阵如下:

$$\bar{\sigma}_{ij} = E_{ijkl}^{\mathrm{H}}\bar{\varepsilon}_{kl}$$

下面简单介绍平均场理论。

平均应变定理:考虑如图 1.4 所示不含孔洞的两相材料代表体元,其中 Y_1 为第一相材料所占区域,Y_2 为第二相材料所占区域,$Y = Y_1 \cup Y_2$。其平均应变 $\bar{\varepsilon}_{ij}$

表达式为

$$
\begin{aligned}
\bar{\varepsilon}_{ij} &= \frac{1}{|Y|} \int_Y \frac{1}{2} (u_{i,j} + u_{j,i}) \mathrm{d}\Omega \\
&= \frac{1}{2|Y|} \left\{ \int_{Y_1} (u_{i,j} + u_{j,i}) \mathrm{d}\Omega + \int_{Y_2} (u_{i,j} + u_{j,i}) \mathrm{d}\Omega \right\} \\
&= \frac{1}{2|Y|} \left\{ \int_{\partial Y_1} (u_i n_j + u_j n_i) \, \mathrm{d}S + \int_{\partial Y_2} (u_i n_j + u_j n_i) \, \mathrm{d}S \right\} \\
&= \frac{1}{2|Y|} \left\{ \int_{\partial Y} (u_i n_j + u_j n_i) \, \mathrm{d}S + \int_{\partial Y_1 \cap \partial Y_2} ([u_i] n_j + [u_j] n_i) \, \mathrm{d}S \right\}
\end{aligned}
\tag{1.9}
$$

对于给定位移边界条件的问题 (1.1) 式，上式可以进一步写成

$$
\begin{aligned}
\bar{\varepsilon}_{ij} &= \frac{1}{2|Y|} \left\{ \int_{\partial Y} (\varepsilon_{ik}^0 x_k n_j + \varepsilon_{jk}^0 x_k n_i) \, \mathrm{d}S + \int_{\partial Y_1 \cap \partial Y_2} ([u_i] n_j + [u_j] n_i) \, \mathrm{d}S \right\} \\
&= \varepsilon_{ij}^0 + \frac{1}{2|Y|} \left\{ \int_{\partial Y_1 \cap \partial Y_2} ([u_i] n_j + [u_j] n_i) \, \mathrm{d}S \right\}
\end{aligned}
$$

其中，$[u_i]$ 代表域 Y_1 和 Y_2 界面的位移跳跃。当单胞内各相材料完美黏结时，这些界面的位移是连续的，跳跃量为零，因此当施加均匀应变到单胞边界时，单胞内的平均应变等于施加的应变，即

$$
\bar{\varepsilon}_{ij} = \varepsilon_{ij}^0
\tag{1.10}
$$

这就是平均应变定理。上述公式可以推广至任意的 n 相材料代表体元。

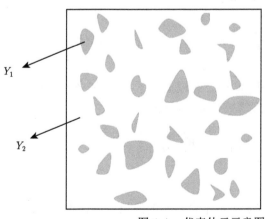

Y_1：第一相材料所占区域

Y_2：第二相材料所占区域

$Y = Y_1 \cup Y_2$

图 1.4　代表体元示意图

平均应力定理: 代表体元的平均应力可以表示为

$$
\begin{aligned}
\bar{\sigma}_{ij} &= \frac{1}{|Y|} \int_Y \sigma_{ij} \mathrm{d}\Omega \\
&= \frac{1}{|Y|} \int_Y (\sigma_{ik}x_j)_{,k} \mathrm{d}\Omega + \frac{1}{|Y|} \int_Y (f_i x_j) \mathrm{d}\Omega \\
&= \frac{1}{|Y|} \int_{\partial Y} (\sigma_{ik}n_k x_j) \mathrm{d}S + \frac{1}{|Y|} \int_Y (f_i x_j) \mathrm{d}\Omega
\end{aligned}
\tag{1.11}
$$

其中, f_i 为体力, 对于体力 $f_i = 0$ 且满足 (1.5) 式中的面力边界条件, 上式可以进一步写成

$$
\bar{\sigma}_{ij} = \sigma_{ik}^0 \frac{1}{|Y|} \int_{\partial Y} (n_k x_j) \mathrm{d}S = \sigma_{ik}^0 \delta_{kj} = \sigma_{ij}^0
\tag{1.12}
$$

即在采用给定面力边界条件 (1.5) 式时, 体元内的应力的平均值与外加的边界应力相等。这就是平均应力定理。

希尔–曼德尔条件: 进一步讨论单胞内材料的总应变能 E, 它可以表示为单胞内材料应变能的积分

$$
E = \frac{1}{2} \int_Y \varepsilon_{ij} \sigma_{ij} \mathrm{d}\Omega
\tag{1.13}
$$

利用应变和位移的关系, 上式可以写成

$$
\int_Y \varepsilon_{ij} \sigma_{ij} \mathrm{d}\Omega = \int_Y u_{i,j} \sigma_{ij} \mathrm{d}\Omega
\tag{1.14}
$$

在没有体力的条件下, 可以进一步推导得到

$$
\int_Y u_{i,j} \sigma_{ij} \mathrm{d}\Omega = \int_Y (u_i \sigma_{ij})_{,j} \mathrm{d}\Omega = \int_{\partial Y} u_i \sigma_{ij} n_j \mathrm{d}S = \int_{\partial Y} u_i p_i \mathrm{d}S
\tag{1.15}
$$

在 (1.1) 式中的位移边界条件作用下, 并注意平均应变定理 (1.10) 式, 可以得到

$$
\int_{\partial Y} u_i p_i \mathrm{d}S = \int_{\partial Y} \bar{\varepsilon}_{ij} x_j \sigma_{ij} n_j \mathrm{d}S = \int_Y (\bar{\varepsilon}_{ij} x_j \sigma_{ij})_{,j} \mathrm{d}\Omega = \int_Y (\bar{\varepsilon}_{ij} x_j)_{,j} \sigma_{ij} \mathrm{d}\Omega = \bar{\varepsilon}_{ij} \bar{\sigma}_{ij}
\tag{1.16}
$$

对比 (1.14) 式 ~(1.16) 式有

$$
\bar{\varepsilon}_{ij} \bar{\sigma}_{ij} = \overline{\varepsilon_{ij} \sigma_{ij}}
\tag{1.17}
$$

在给定周期边界条件 (1.4) 式情况，我们有同样的结论。注意，无论是在给定位移边界条件和周期边界条件 (1.4) 式的情况下，(1.17) 式中的 $\bar{\varepsilon}_{ij}$ 是给定的，$\overline{\varepsilon_{ij}\sigma_{ij}}$，$\bar{\sigma}_{ij}$ 是在对单胞进行有限元分析求得其应力应变分布后可以求得的，利用这些值就可以求得弹性等效模量。

对于诺伊曼边界条件下的代表体元法，即在给定面力的边界条件 $p_i|_{\partial Y} = \sigma_{ij}^{(0)} n_j$ 下，并注意平均应力定理 (1.12) 式

$$\int_{\partial Y} u_i p_i \mathrm{d}A = \int_{\partial Y} u_i \bar{\sigma}_{ij} n_j \mathrm{d}A = \int_Y (u_i \bar{\sigma}_{ij})_{,j} \mathrm{d}\Omega = \int_Y u_{i,j} \bar{\sigma}_{ij} \mathrm{d}\Omega = \bar{\sigma}_{ij} \bar{\varepsilon}_{ij} \quad (1.18)$$

我们有

$$\bar{\varepsilon}_{ij} \bar{\sigma}_{ij} = \overline{\varepsilon_{ij}\sigma_{ij}} \quad (1.19)$$

(1.17) 式和 (1.19) 式也称为希尔–曼德尔条件。

根据上面的推导，可以得到下面的结论。

(1) 在给定位移边界条件下，可以由单胞内平均应力和平均应变能获得等效模量，其中，对于平面问题，利用平均应变一个分量的加载，再利用 (1.9) 式就可以得到三个平均应力分量，从而得到宏观等效模量应该满足的三个方程，这样，平均应变三个分量的加载就可以得到 9 个方程，求得全部 9 个宏观有效模量 (由于对称性，独立系数为 6 个)。对于周期边界条件 (1.4) 式，我们有相同的结果。

(2) 在给定外力边界条件下，可以由单胞内平均应变和平均应变能获得等效模量。其中，对于平面问题，利用平均应力一个分量的加载，就可以得到三个平均应变分量，从而可以利用 (1.9) 式得到宏观等效模量应该满足的三个方程，这样，平均应力三个分量的加载就可以得到 9 个方程，求得全部 9 个宏观等效模量 (由于对称性，独立系数为 6 个)。

(3) 如果利用微结构的对称性等我们能够预先判断其宏观等效性质是各向同性或正交各向异性的，则只需利用平均应力的部分分量加载就可以获得所需求解的全部等效性质。

但是，希尔–曼德尔条件在下列问题的应用中遇到困难，包括多孔单胞及杆系单胞。对于多孔单胞问题，为了直接按照定义计算平均应变，则需要获得孔内应变。由于孔内的应力为零，则不可能通过孔内应力计算孔内应变。可以有两个方法来解决这一问题。一是用薄弱材料填充孔洞进行计算，但是，这样做会损失精度和效率。另一个方法是将孔内应变的平均值变换为孔洞边界的位移，采用孔边界的位移计算。当然，我们也可以将整个单胞内的平均应变转换为单胞边界的位移，但是这些方法都带来一些新的困难。总的来说，当基于应变能相等来计算单

胞的等效性质时，非均质单胞与等效单胞能量相等的物理意义总是满足的，但是基于平均应变定理的等效平均应变的计算要注意是否包含孔洞，以及是否是均匀的边界条件，当有孔洞时，等效平均应变的计算需要考虑补充上孔洞提供的应变，以满足下面关系：

$$\Phi^{非均质} = \Phi^{等效}$$
$$\bar{\varepsilon}_{ij}\bar{\sigma}_{ij} = \overline{\varepsilon_{ij}\sigma_{ij}}$$

(1.20)

1.1.2 渐近均匀化方法

渐近均匀化方法是 20 世纪 70 年代发展起来的一种严格的数学方法。其最早由 Bensoussan 等 [10] 和 Sanchez-Palencia 等 [11] 提出，在周期材料的等效性能预测方面得到了广泛的应用。它是根据材料微结构周期性的特点，采用小参数摄动理论，将物理场按表征其微观尺度的小参数进行渐近展开，将微观尺度的单胞分析和材料的宏观等效性质联系起来，在得到材料的等效性质后，从宏观尺度分析结构的响应。如果宏观结构尺寸相比于微观单胞尺寸足够大，且周期性单胞的数量足够多，则渐近均匀化方法可以得到足够精确的结果。在 2.1.1 节中我们将详细介绍这一方法，这里只是简单介绍一下其基本思想。

图 1.1 所示的具有周期性微结构的弹性材料，通常在宏观尺度上的材料特性随 x 的变化比较缓慢，而在某点 x 处很小的邻域内，其材料性质会呈现很强的振荡。其微结构周期 (单胞尺寸) Y 相对于整个结构的宏观尺度来说很微小。这样我们就可以从两个尺度上考虑问题：一个是宏观坐标 x (慢变量)，它可以在宏观尺度显示材料宏观性质的缓慢变化；另一个是微观坐标 y (快变量)，它可以在微观尺度上表征材料性质的快速振荡变化。

假设微观坐标 y 和宏观坐标 x 的单位长度比值为 $\varepsilon(\varepsilon \to 0)$，则可得到慢变量和快变量的关系式：

$$y = x/\varepsilon$$

(1.21)

将位移以 ε 作渐近展开：

$$u(x) = u(x, y) = u_0(x, y) + \varepsilon u_1(x, y) + \varepsilon^2 u_2(x, y) + O(\varepsilon^3)$$

(1.22)

这里，ε 为表征单胞特征尺寸的小参数。引入快变量后，位移 u 在宏观上随慢变量 x 变化，同时在微观上随快变量 y 变化。将上式代入弹性理论控制微分方程，并令其关于小参数 ε 相同量级的项相等，就可以求解 u_0, u_1, u_2 等项。通过求解定义在单胞上的这些微分方程，就能够得到这类具有周期微结构的弹性体的位移解。在线弹性问题中，根据 2.1.1 节的推导，相应于 u_1 的特征位移 $\tilde{\chi}_p^{kl}$ 满足的单胞问题的控制方程可以写成

$$\frac{\partial}{\partial y_j}\left(E_{ijpq}\frac{\partial \tilde{\chi}_p^{kl}}{\partial y_q}+E_{ijkl}\right)=0, \quad 在\ Y\ 中$$

$$\tilde{\chi}_p^{kl}\Big|_{\omega_{i+}}=\tilde{\chi}_p^{kl}\Big|_{\omega_{i-}}, \quad 在\ \omega_{i\pm}上$$

(1.23)

其中，Y 为单胞的定义域；E_{ijkl} 为单胞材料的弹性模量；$\tilde{\chi}_p^{kl}$ 为待求特征位移；$\omega_{i\pm}$ 为周期边界。

等效弹性模量 E_{ijkl}^{H} 可以由下式得到：

$$E_{ijkl}^{\mathrm{H}}=\frac{1}{|Y|}\int_Y\left(E_{ijkl}+E_{ijpq}\frac{\partial \tilde{\chi}_p^{kl}}{\partial y_q}\right)\mathrm{d}Y$$

(1.24)

几十年来，科研工作者已经对渐近均匀化方法展开了大量的工作，并成功将其应用于结构优化 [12] 及材料设计 [13] 中，相应的反问题求解方法称为逆均匀化方法。Hassani 等 [14-16] 在文献中详细综述了均匀化方法的理论推导过程、有限元数值求解方法以及在拓扑优化中的应用。刘书田等利用均匀化理论，给出了复合材料的一阶近似位移场及应力场 [17]，并对材料的热膨胀系数进行了预测 [18]。崔俊芝和曹礼群等 [19,20] 考虑了小参数渐近展开的高阶形式，并计算了高阶位移场和应力场。程耿东等 [21] 近期在渐近均匀化理论基础上，发展了三维 (平面二维) 具有周期性微结构的材料的等效性能的一种新求解算法 (new implementation of asymptotic homogenization, NIAH)。这种算法基于具有严格数学基础的均匀化理论，并可以与商业软件结合，将其作为黑箱来求解，从而充分利用商业软件的各种单元和建模技术，在降低编程工作量的同时降低了单胞问题求解的工作量。

1.2　周期梁板结构等效性质预测方法

虽然渐近均匀化方法已经广泛应用于周期性材料的性能预测、拓扑优化和材料设计等领域，但一般只限于平面或三维介质，而在周期性板壳和梁的问题中应用甚少，所以发展具有面内二维周期性的周期性板壳及轴向一维周期性梁的渐近均匀化方法，可以解决一批实际工程问题。工程上一般将板式结构简化为基尔霍夫 (Kirchhoff) 板或明德林 (Mindlin) 板，将梁式结构简化为欧拉–伯努利 (Euler-Bernoulli) 梁或者铁摩辛柯 (Timoshenko) 梁。

对于具有周期性微结构分布的梁板结构，通过对单胞的研究得到其等效的宏观力学性质已经有很多工作。但是，以往的工作大多是针对具体的结构，引进一些近似的假定，采用解析推导的方法获得其等效性质。例如，Rabczuk 等 [22] 讨论了桁架点阵板或梁等效性能的均质化求解方法，并考虑了微结构中桁架杆屈曲的影响。Sharma 等 [23] 通过研究单胞在不同工况下的变形模式,利用均质化方法预测了波纹夹层板的等效刚度,并求得了横向剪切刚度。国内卢天健及方岱宁团队都开展过这方面的工作,并将研究工作扩展到流体和传热等多物理场耦合的问题。周加喜和邓子辰 [24] 基于应变能等效的均匀化方法,通过分析单胞芯层结构的变形模式得到相应的近似位移场,求得单胞芯层的总应变能,并利用等效前后单胞的应变能相等求得等效弹性张量。苏文政等 [25] 基于板的弯曲理论研究了桁架板的刚度等效问题,利用代表体元法对单胞施加不同的广义应变和位移约束,确定了板的面内和弯曲刚度。类似的工作还有很多,由于篇幅的限制,本书不能全面地介绍。

Lefik 和 Schrefler[26] 最早将三维渐近均匀化理论引入复合材料梁结构的等效性能预测中。刘书田等 [27] 针对密集分布的多孔板的变形特点,利用均匀化方法求解二维平面问题得到等效弹性模量,再沿垂直板面方向积分转化为等效的面内和抗弯刚度。

Kalamkarov[28−30] 和 Kolpakov[31,32] 给出了求解周期性梁板结构等效性质的渐近均匀化方法的一般理论,包括二维板壳结构的渐近均匀化理论及一维周期性的复合梁结构的渐近均匀化理论,这些工作根据周期性梁板壳结构的变形特点,对适用于具有周期性微结构的连续介质的均匀化理论作进一步的推导,建立了单胞问题的控制方程及梁板壳结构的等效性质的表达式。其推导的一般性使这些方法可以适用于具有任意复杂微结构的周期性梁板结构,但是,由于其表达式的复杂性,作者利用这一理论只是解析地得到一系列简单微结构的理论解,并通过变分原理给出等效刚度的理论上下限 [33]。但由于其单胞方程与一般的弹性力学方程的形式不同,并没有在有限元方法上实现,更无法利用商用软件实现算法,没有被应用于求解具有复杂微结构的板式或梁式结构。很多相关的文献,往往是在提到这一理论后仍然采用前面提到的能量等效的方法针对具体问题作解析推导。

列式渐近法 (formal asymptotic mehod)[34−36] 作为对渐近均匀化方法的改进方法也应用到对周期性梁结构的研究中,它将双尺度方法直接应用在梁结构的三维控制方程。但是它同样面临控制方程难以推导以及难以通过数值方法求解复杂问题的困难。Cartraud 和 Messager[37] 基于以上方法,通过约束单胞周期边界上的单位位移差,用数值方法求得了经典工况下的等效刚度,其单胞问题的求解是通过商用有限元软件包 (Samcef) 实现,但只能使用实体单元,且文章中并未给出从理论到有限元框架的推导流程。

近期重要的发展是 Dizy 等 [38] 提出了一种预测周期性复合梁结构弹性常数及局部屈曲特征值的方法,其文章中指出已有方法或者将梁几何截面作为常数,或者利用作者自创建的有限元子程序包或模块实现计算,而他们的方法基于通用的 Abaqus 软件,从而可以充分利用软件自带的功能 (例如 Tie 功能) 对模型进行简化。但是其文章中并没有对有限元列式及软件实现方法的说明，采用的也是实体单元，且每次等效刚度计算都需要求解 10 个不同的工况。

类似于渐近均匀化方法，变分渐近方法 (variational asymptotic method, VAM) 是另一种计算周期结构等效性质的方法。与渐近均匀化方法不同，VAM 通过对泛函的变分为零来推导控制方程，在处理方程时具有更大的灵活性，可以处理复杂构型的单胞。板壳的 VAM 最早由 Berdichevsky[39] 提出。Yu 等 [40] 在本研究工作的同一时期，在 VAM 基础上做了进一步的扩展和细化，并提出了结构基因组 (structural genome) 的概念、相应的方法及软件。

由以上工作可见，对于梁板结构等效性能的求解，虽然已经有了严格的数学理论，但是还要研究方法的适用性，要能够采用通用的数值方法和软件实现解决复杂的单胞问题，并应具有可操作性，能够让工程人员通过商用软件或简单的程序代码实现其功能，以便在工程应用中推广使用。

Cheng 等 [21] 近期发展的三维 (平面二维) 具有周期性微结构的材料的等效性能的新求解算法 (NIAH)，可以很方便地扩展到具有面内二维周期性的板壳[41]及轴向一维周期性的梁结构 [42]。这种算法基于具有严格数学基础的渐近均匀化理论，并可以与商业软件结合，将其作为黑箱来求解，从而充分利用商业软件的各种单元和建模技术，在降低编程工作量的同时降低了单胞问题求解的工作量，从而可以方便地运用到多尺度的分析和优化中。

1.3 周期梁板结构等效剪切刚度预测方法

渐近均匀化方法虽然可以很好地预测周期梁板结构的等效性质，但它只能将周期梁板结构均匀化为经典的欧拉–伯努利梁模型和基尔霍夫板模型。在实际工程应用中，梁板的尺寸大小是有限的，在横向载荷作用下剪切变形往往不可忽略，将其均匀化为铁摩辛柯梁模型和赖斯纳–明德林 (Reissner-Mindlin) 板模型更加符合工程需要。

对于常截面梁，铁摩辛柯 [43] 最早在梁理论中引入剪切变形，修正了欧拉–伯努利梁对中短梁预测结果的误差。由于剪切变形在梁结构分析中是一个基本问题，随后的研究非常多，这里我们列举若干。Cowper[44] 通过三维弹性理论研究矩形截面梁的剪切变形，并利用截面翘曲变形积分计算剪切系数；Mason 和 Herrmann[45] 利用有限元将 Cowper 的方法扩展到一般截面情况。Dong 等 [46] 利用半解析有限元 (SAFE) 法研究了悬臂梁在端部的翘曲变形，并计算剪切角及剪切因子。Renton[47] 从应变能角度计算矩形截面梁剪切因子，Schramm 等 [48] 进一步将 Renton 的方法推广到一般截面梁的情形。Chan 等 [49] 通过将梁的振动方程按照波数的幂次展开来计算梁的剪切系数。Hutchinson[50] 通过三维弹性分析，研究了不同截面宽高比下矩形截面梁以及明德林板剪切系数的变化。Nguyen 等 [51] 从能量角度出发推导了功能梯度板的剪切系数。VAM 也可以用于常截面梁。Berdichevsky 等 [52] 和 Volovoi 等 [53] 利用 VAM 分别研究了闭口及开口薄壁截面梁，并计算了梁的等效性质、在外载荷下的应力位移响应等。Popescu 和 Hodges[54] 在 VAM 基础上将常截面梁等效为铁摩辛柯梁，Yu 等 [55] 进一步研究了将具有初始弯曲和扭转变形的梁等效为铁摩辛柯梁。Liu 和 Yu[56] 在 VAM 基础上利用开源代码 Gmsh 和 CalculiX 编写了 Gmsh4SC 程序来计算常截面等效欧拉–伯努利梁和铁摩辛柯梁的等效性质，并预测了截面应力。

对于简单构型的周期梁，可以在梁两端施加剪力及与之平衡的弯矩，解析求解在该外载荷下梁的位移，利用位移计算剪切应变，最后利用剪切刚度的定义，即剪力除以剪应变来计算剪切刚度的解析解。Fung 等 [57] 分别解析计算了 C 型和 Z 型芯层夹层梁等效剪切刚度。Romanoff 等 [58] 解析推导了网格夹层梁等效剪切性质及其在外力下的应力响应。Leekitwattana 等 [59] 基于受力变形的关系，提出了修改刚度矩阵的方法 (modified stiffness matrix approach)，研究了不同类型的波纹夹层梁等效剪切刚度。该方法操作简单，概念清晰，但仅对简单构型单胞适用，无法处理构型复杂的梁单胞。

除此以外，Buannic 等 [34,35] 从理论上推导了梁高阶均匀化列式，给出了高阶均匀化单胞方程。但作者仅给出了矩形截面梁这一简单的算例，没有给出其有限元求解列式，对复杂构型单胞的数值求解可能比较困难。

对于各向同性的实心板，赖斯纳 [60] 和明德林 [61] 先后提出了考虑沿板厚度方向剪切变形的板理论。明德林板理论假设板的面内位移沿板厚方向线性变化，板厚变形前后不变，且沿厚度方向的正应力忽略不计。赖斯纳板理论认为正应力沿厚度方向线性变化，剪应力二次变化，因此板厚变形前后可能会发生变化。在实际应用中，我们更多地使用明德林板理论，对厚度方向剪应力二次变化的特征往往采用剪切系数来修正，使用过程中称为赖斯纳–明德林板。随后赖斯纳 [62] 从变分原理角度推导了赖斯纳板理论，明德林 [63] 将明德林板理论推广到晶体板的情况。Hutchinson[64] 通过将明德林板理论与圆板精确的频率解进行比对得到剪切系数。Hull 通过研究给定频率激振力下无限大板的受迫振动控制方程，推导了明德林板的剪切系数的解析表达式 [65]。

对于构型简单的周期板，可以在板两端施加剪力，求解剪切变形，利用刚度定义解析或半解析计算等效剪切性质，但对于构型复杂的单胞，解析解一般很难得到。Lok 等 [66] 解析推导了桁架夹层板的等效剪切刚度，Bartolozzi 等 [67] 和 Talbi 等 [68] 分别解析推导了正弦波纹板和波纹层合板的等效性质，并与三维有限元模型的结果进行验证比较。Isaksson 等 [69] 和 Chang 等 [70] 解析推导了正弦波纹板剪切系数。Ge 等 [71] 研究了板翅式板结构等效性质的解析表达式，并使用三维有限元模型和实验进行验证，研究了不同尺寸参数对等效性质的影响。Chen 等 [72] 解析推导了纤维增强树脂的正弦蜂窝夹层板等效剪切性质。Shi 等 [73] 解析计算了蜂窝芯层等效剪切刚度。Qiao 和 Wang[74] 解析推导了正弦、椭圆及六角蜂窝板的等效剪切刚度，并引入 EOM (efficiency of material) 参数来衡量芯层抗剪能力。Li 等 [75] 考虑上下面板的影响，计算了蜂窝夹层板等效性质的解析解，并研究了不同芯层高度对等效模量的影响。Buannic 等 [76] 根据板的渐近均匀化方法计算了将波纹夹层板等效为基尔霍夫板的等效性质，进一步利用在横向载荷作用下位移场解析解反推等效剪切性质。

Lee 等根据 VAM，通过考虑直到二阶近似项，将原基尔霍夫板模型推广到赖斯纳–明德林板模型 [77]，Yu[40] 在 VAM 基础上研究了复合材料层合板的等效剪切刚度，并推导了解析解。Liu 等 [78] 在 VAM 基础上编写了 TexGen4SC 软件，研究了复合材料板等效性质。虽然 VAM 可以将周期板结构均匀化为赖斯纳–明德林板，但其理论推导十分复杂，且需要专门编写软件来求解。

Lebee 和 Sab[79] 则引入弯矩的导数作为内力，将原赖斯纳–明德林板理论扩展为 Bending-Gradient 理论。对于各向同性板，该方法可简化为赖斯纳–明德林板理论，但一般情况下不成立。他们在此基础上 [80] 计算了复合材料层合板在柱面弯曲工况下的应力响应，与真实的三维有限元模型进行了比较。Perret 等 [81] 在此基础上研究了高度正交各向异性木材板的线性屈曲问题，得到了比一阶剪切板更加精确的结果。随后 Lebee 和 Sab 在赖斯纳板理论基础上提出了广义赖斯纳 (generalized-Reissner) 板理论 [82]，并且指出 Bending-Gradient 理论是其特例 [83]。虽然上述方法可以获得比赖斯纳–明德林板更加精确的结果，但其形式较为复杂，需要进行较多的编程工作。

Cecchi 和 Sab[84] 通过构造类似单胞方程的三维弹性力学问题求解板等效剪切刚度，将板等效为赖斯纳–明德林板模型，并将其应用到砖墙的分析中。Yoshida 和 Nakagami[85] 在此基础上计算平纹织物复合材料板等效性质，并研究了织物夹层数量对等效性质的影响。

针对复合材料板，Reddy 等 [86] 回顾了板壳理论中对剪切变形的处理，并针对复合材料层合板提出了三阶剪切理论。Terada 等 [87] 提出了 NPT (numerical plate testing) 方法，通过假设宏微观耦合的位移场，构造微观边值问题来求解等效刚度，将复合材料层合板等效为赖斯纳板。Matsubara 等 [88] 在 NPT 基础上利用等几何法 (IGA) 研究了复合材料层合板的等效性质。Mandal 等 [89] 研究了含有螺栓连接件的复合材料层合板的均匀化，将其等效为赖斯纳–明德林板。

综上所述可以看到，虽然梁板壳的剪切刚度是一个古老的问题，但仍然持续地受到广泛的关注，这是由于具有周期性微结构的轻量化的梁板壳结构在工程中广泛应用，但是其剪切刚度较小，剪切变形不可忽略。

1.4 周期结构拓扑优化设计方法

1.4.1 微结构拓扑优化设计

微结构的优化设计在文献中主要是针对周期性介质，其微结构单胞排列形式是多种多样的。传统的均匀化方法针对单胞在三维 (或二维) 方向无限排列的周期性连续介质，它们在宏观上可以等效为均质实体材料，基于微结构得到的等效刚度可以看作是宏观连续介质的材料性能，从而相对应的微结构设计称为材料设计。

Sigmund[13] 最早提出逆均匀化方法。该方法将二维/三维均匀化方法引入材料设计中，将二维/三维均匀化方法与拓扑优化设计相结合，将单胞划分为有限元网格，取每个单元的材料密度为设计变量，利用渐近均匀化方法提供的材料宏观等效性质和材料微观密度分布的关系，获得材料宏观等效性质对于描述单胞微结构的设计变量的灵敏度，采用基于灵敏度信息的结构拓扑优化方法，对微结构单胞内的材料分布，即微结构的拓扑进行优化，得到具有最优的或指定性能的材料微结构设计，如负泊松比材料。后来，学者们又在此基础上进一步研究了热膨胀系数设计 [90]、带隙材料设计 [91]、压电材料设计 [92] 等微结构设计问题，以及与渗流、传热等相结合的多目标多物理场问题 [93,94]。这些研究中假定构成单胞的微结构采用一种材料，但是也可以假定多种材料构造微结构，考虑采用多种材料的微结构的拓扑优化，这样得到的是复合材料。

通过逆均匀化方法得到的微结构形式可能并不是唯一的，这是因为，即使由相同微结构周期排列得到的同一材料，由于单胞的选取不同，这些单胞也呈现不同的材料分布，但是它们具有相同的等效性质；此外，不同的微结构初始密度分布形式、拓扑优化参数的选择也可能使得采用的优化迭代算法趋向某个局部最优解，从而造成结果的变化。

在微结构拓扑优化时，初始设计的密度选择在微结构设计中具有重要的地位，如果选择不当，则很有可能使得拓扑优化的迭代过程失败。例如，虽然在一般的结构拓扑优化中通常选取均匀分布的单元密度作为设计变量，但是对于微结构拓扑优化设计，这样的密度分布的微结构等效性质的灵敏度往往在单胞中为常数，导致迭代无法进行。常用的初始密度分布形式包括以下几种 (图 1.5)。

(1) 随机分布: 单元密度随机生成，同时满足材料体分比要求；

(2) invtarget 分布 [13]: 密度值从单胞中心向周围逐渐增加的分布形式；

(3) target 分布 [95]: 密度值从单胞中心向周围逐渐递减的分布形式；

(4) 晶核 (crystal nucleus) 法分布 [96]: 选择初始密度分布时，人为指定某个单元密度为 1，其他单元可以取材料体积分数。

在微结构设计过程中，每次迭代都需要采用均匀化方法求解宏观材料的等效性质及其灵敏度，因此逆均匀化方法的计算量是非常大的，特别是在微结构为三维单胞而且微结构是由杆梁板壳组成的组合结构的情况下。这也是制约微结构优化设计方法应用的因素之一。如果能通过商用软件对微结构进行均匀化计算求解，那么将会充分地利用商用软件的高性能计算能力，有效地提高计算效率。

随机　　　　　　　均匀　　　　　　invtarget　　　　　　target　　　　　　晶核法

图 1.5　　不同的初始密度分布

此外，以往的工作都是假设结构在三维或二维面内具有周期性，对于周期性梁板结构，虽然同样可以通过优化其单胞微结构实现宏观梁板结构的目标性能，但这需要发展相应的均匀化理论、逆均匀化理论及具体实现方法，包括灵敏度分析方法，以支持优化的计算。

1.4.2　双尺度结构拓扑优化设计

对于组成材料具有周期性微结构的宏观结构，在对宏观结构进行拓扑优化的同时，还可以对其材料微结构进行设计，这就是层级结构的多尺度优化问题。

层级结构体现了自然界对结构进化和最优的选择，在自然景物中经常可以看到，例如树干截面的密度分布、人体骨密度的分布等，后者在传力部位结构致密、密度较大，非传力部位结构疏松、密度较小，这是千万年来自然选择的结果。如果能把这样的层级结构应用于实际的工程结构设计，可以期待将会得到更加高效轻质的材料。

通过复合材料的微结构优化设计可以改变材料的等效性能，但宏观结构对于外载荷的响应不仅与材料的等效性能有关，还与宏观结构的拓扑形式相关。所以要优化结构的响应，需要同时考虑微观结构拓扑和宏观结构拓扑，这就需要多尺度的结构优化设计。

Rodrigues 等 [97] 最早提出了层级优化 (hierarchical optimization) 的概念，他们以宏观结构最小柔顺性为目标，得到了宏观结构和材料微结构的设计，其宏观结构不同的位置都对应着不同的微观拓扑。Coelho 等 [98] 基于这种层级优化思想提出了一种材料和结构一体化设计的多层次优化模型，并将其应用到最优宏观骨密度和微观骨结构的骨组织重建中 [99]。文献中这类工作的特点是沿袭通过引入微结构描述材料分布这一最早提出的结构拓扑优化均匀化方法 (homogenization method) 思想，将各向同性实体材料密度作为设计变量，为了得到特定的微结构形式需要构造特殊的约束,微结构和宏观结构耦合得很紧密,增加了计算复杂性。不仅如此,对于工程中梁板结构的多尺度优化,这一方法的适用性值得讨论。例如,Coelho 等 [100]、Ferreira 等 [101] 采用多尺度优化方法对层合板的每一层进行优化,但其采用三维均匀化理论进行分析,而单胞沿层合板厚度的周期性很难满足。

如果用于实际的工程结构设计,则微结构逐点变化的这样的优化设计虽然性能更加优异,但是也存在很多问题。首先,工程结构的微观单胞是具有一定大小的,若宏观结构密度分布的梯度太大,则均匀化方法的周期性假设很难成立;其次,由于微观结构构型各异,且需要考虑相互之间的连接,这给实际加工制造带来了很大的困难。即使是被认为能制造复杂微结构的增材制造技术,逐点变化的材料密度分布也使得制品的性质不容易得到保证。

考虑到可制造性要求,刘岭等 [102] 假定材料的微结构在整个宏观结构上是均匀的,采用了带惩罚的多孔各向异性材料 (porous anisotropic material with penalization, PAMP) 方法对宏观各向异性材料进行插值,得到了在机械外载荷作用下具有均一微结构的各向异性材料和最优宏观结构材料分布的最小柔顺性设计。因为将微观单胞固化为同一微结构形式,不仅满足了均匀化的周期性假设,更便于微观材料或微结构的制造,适合工程应用。值得注意的是,该方法的基本思想同 Rodrigues 等 [97] 和 Coelho 等 [98] 有本质的区别。在这一方法中,结构化材料作为一个独立的主体引入材料–结构的多尺度设计中,假定结构由多孔的结构化材料组成,从而可以将结构化材料的宏观密度和描述该材料微结构的实体材料密度同时作为设计变量,使得结构化材料的宏观等效性质只与微结构密度变量存在耦合。该方法物理概念清晰,变量间耦合关系简单,有效解决了多尺度优化的可计算性难题。在此思想下,阎军、邓佳东等 [103,104] 研究了热载荷作用下的结构和材料一体化设计;牛斌等 [105] 研究了同时考虑结构和材料拓扑变化的最大化结构基频设计;王博等 [106] 研究了线性蜂窝结构在最大化散热效率下蜂窝尺寸的最优分布问题;PAMP 方法也被推广为更一般的形式,例如,将结构划分为多个区域,不同区域采用不同材料的材料/结构双尺度优化设计;将材料微结构限定为从便于制造、预先构造的单胞库中选择,将材料/结构的双尺度优化设计转化为从微结构库中挑选优化的单胞及宏观结构的拓扑优化。由于 PAMP 方法的基本思想非常简单而物理概念清晰,所以文献中近期出现的很多方法都是将结构化材料作为材料/结构多尺度设计中一个独立的层次。近期,基于渐进结构优化 (evolutionary structural optimization, ESO) 方法的多尺度优化设计也逐步发展起来,包括宏微观分别是复合材料的最小柔顺性设计 [107-109]、最大基频设计 [110]。此外,张卫红等 [111] 还讨论了二维多孔材料胞元的结构优化问题中的尺度效应。

多尺度优化将宏观结构优化和微观材料优化结合,需要在不同尺度上进行结构分析和灵敏度分析,对优化方法计算效率的要求又提高了一个层次。随着增材制造技术及 3D 打印技术的发展 [112,113]，结构和材料的制造已经不再是制约多尺度优化发展的瓶颈，而准确高效的设计方法就显得尤为重要。

参 考 文 献

[1] Hill R. A self-consistent mechanics of composite materials[J]. Journal of the Mechanics and Physics of Solids, 1965, 13: 213-222.

[2] Christensen R M, Lo K H. Solutions for effective shear properties in three phase sphere and cylinder models[J]. Journal of the Mechanics and Physics of Solids, 1979, 27: 315-330.

[3] Kaint T, Forest S, Galliet I, et al. Determination of the size of the representative volume element for random composites: statistical and numerical approach[J]. International Journal of Solids and Structures, 2003, 40(13-14): 3647-3679.

[4] Hill R. The elastic behaviour of a crystalline aggregate[J]. Proceedings of the Physical Society. Section A, 1952, 65(5): 349-354.

[5] Yan J, Cheng G, Liu S, et al. Comparison of prediction on effective elastic property and shape optimization of truss material with periodic microstructure[J]. International Journal of Mechanical Sciences, 2006, 48(4): 400-413.

[6] Voigt W. On the relation between the elasticity constants of isotropic bodies[J]. Ann. Phys. Chem., 1889, 274: 573-587.

[7] Reuss A. Determination of the yield point of polycrystals based on the yield condition of single crystals[J]. Z. Angew. Math. Mech., 1929, 9: 49-58.

[8] Hill R. Elastic properties of reinforced solids: Some theoretical principles[J]. Journal of the Mechanics and Physics of Solids, 1963, 11(5): 357-372.

[9] Kachanov M, Sevostianov I. Effective Properties of Heterogeneous Materials[M]. Berlin: Springer, 2013.

[10] Papanicolau G, Bensoussan A, Lions J L. Asymptotic Analysis for Periodic Structures[M]. Amsterdam: North Holland Publ., 1978.

[11] Sanchez-Palencia E, Zaoui A. Homogenization Techniques for Composite Media[M]. Berlin: Springer-Verlag, 1987.

[12] Bendsøe M P, Kikuchi N. Generating optimal topologies in structural design using a homogenization method[J]. Computer Methods in Applied Mechanics and Engineering, 1988, 71: 197-224.

[13] Sigmund O. Design of material structures using topology optimization [D] Lyngby: Technical University of Denmark, 1994.

[14] Hassani B, Hinton E. A review of homogenization and topology optimization II: Analytical and numerical solution of homogenization equations[J]. Computers & Structures, 1998, 69: 719-738.

[15] Hassani B, Hinton E. A review of homogenization and topology optimization I: Homogenization theory for media with periodic structure[J]. Computers & Structures, 1998, 69: 707-717.

[16] Hassani B, Hinton E. A review of homogenization and topology optimization Ⅲ: Topology optimization using optimality criteria[J]. Computers & Structures, 1998, 69: 739-756.

[17] 刘书田, 程耿东. 复合材料应力分析的均匀化方法 [J]. 力学学报, 1997, 29(3): 306-313.

[18] 刘书田, 程耿东. 基于均匀化理论的复合材料热膨胀系数预测方法 [J]. 大连理工大学学报, 1995, 35(5): 451-457.

[19] Cui J Z, Cao L Q. The two-scale asymptotic analysis methods for a calss of elliptic boundary value problems with small periodic Coefficient[J]. Mathematic Numerical Sinica, 1999, 21(1): 19-28.

[20] 曹礼群, 崔俊芝. 整周期复合材料弹性结构的双尺度渐近分析 [J]. 应用数学学报, 1999, 22(1): 38-46.

[21] Cheng G, Cai Y, Xu L. Novel implementation of homogenization method to predict effective properties of periodic materials[J]. Acta Mechanica Sinica, 2013, 29(4): 550-556.

[22] Rabczuk T, Kim J Y, Samaniego E, et al. Homogenization of sandwich structures[J]. International Journal for Numerical Methods in Engineering, 2004, 61(7): 1009-1027.

[23] Sharma A, Sankar B V, Haftka R T. Homogenization of plates with microstructure and application to corrugated core sandwich panels[C]// 51st AIAA/ASME/ASCE/AHS/ ASC Structures, Structural Dynamics, and Materials Conference, Orlando, Florida, 2010: 1-20.

[24] 周加喜, 邓子辰. 类桁架夹层板的等效弹性常数研究 [J]. 固体力学学报, 2008, 29(2): 187-192.

[25] 苏文政, 刘书田, 张永存. 桁架板等效刚度分析 [J]. 计算力学学报, 2007, 24(6): 763-767.

[26] Lefik M, Schrefler B A. 3-D finite element analysis of composite beams with parallel fibres, based on homogenization theory[J]. Computational Mechanics, 1994, 14: 2-15.

[27] 刘书田, 程耿东, 顾元宪. 基于均匀化理论的多孔板弯曲问题新解法 [J]. 固体力学学报, 1999, 20(3): 195-200.

[28] Kalamkarov A L, Kolpakov A G. Analysis, Design and Optimization of Composite Structures[M]. New York: John Wiley & Sons: Chichester, 1997.

[29] Kalamkarov A L. Composite and Reinforced Elements of Construction[M]. Chichester: JohnWiley & Sons, 1992.

[30] Kalamkarov A L. On the determination of effective characteristics of cellular plates and shells of periodic structure[J]. Mechanics of Solids, 1987, 22(2): 175-179.

[31] Kolpakov A G. Calculation of the characteristics of thin elastic rods with a periodic structure[J]. Journal of Applied Mathematics and Mechanics, 1991, 55(3): 358-365.

[32] Kolpakov A G. Stressed Composite Structures: Homogenized Models for Thin-walled Non-homogeneous Structures with Initial Stresses[M]. Berlin, New York: Springer-Verlag, 2004.

[33] Kolpakov A G. Variational principles for stiffness of a non-homogeneous beam[J]. Journal of Mechanical Physics and Solids, 1998, 46(6): 1039-1053.

[34] Buannic N, Cartraud P. Higher-order effective modeling of periodic heterogeneous beams.I: Asymptotic expansion method[J]. International Journal of Solids and Structures, 2001, 38(40): 7139-7161.

[35] Buannic N, Cartraud P. Higher-order effective modeling of periodic heterogeneous beams. 2: Derivation of the proper boundary conditions for the interior asymptotic solution[J]. International Journal of Solids and Structures, 2001, 38(40): 7163-7180.

[36] Kim J S, Wang K W. Vibration analysis of composite beams with end effects via the formal asymptotic method[J]. Journal of Vibration and Acoustics, 2010, 132(4): 041003.

[37] Cartraud P, Messager T. Computational homogenization of periodic beam-like structures[J]. International Journal of Solids and Structures, 2006, 43(3): 686-696.

[38] Dizy J, Palacios R, Pinho S T. Homogenization of slender periodic composite structures[J]. International Journal of Solids and Structures, 2013, 50(9): 1473-1481.

[39] Berdichevsky V L. Variational-asymptotic method of constructing a theory of shells[J]. Pmm Journal of Applied Mathematics and Mechanics, 1979, 43(4): 711-736.

[40] Yu W B. Mathematical construction of a Reissner-Mindlin plate theory for composite laminates[J]. International Journal of Solids and Structures, 2005, 42(26): 6680-6699.

[41] Cai Y, Xu L, Cheng G. Novel numerical implementation of asymptotic homogenization method for periodic plate structures[J]. International Journal of Solids and Structures, 2014, 51(1): 284-292.

[42] Yi S, Xu L, Cheng G, et al. FEM formulation of homogenization method for effective properties of periodic heterogeneous beam and size effect of basic cell in thickness direction[J]. Computers & Structures, 2015, 156: 1-11.

[43] Timoshenko S P. On the correction factor for shear of the differential equation for transverse vibrations of bars of uniform cross-section[J]. Philosophical Magazine, 1921: 744.

[44] Cowper G R. The shear coefficient in timoshenko's beam theory[J]. Journal of Applied Mechanics, Transactions ASME, 1964, 33(2): 335-340.

[45] Mason W E, Herrmann L R. Elastic shear analysis of general prismatic beams[J]. Journal of the Engineering Mechanics Division, 1968, 94(4): 965-986.

[46] Dong S B, Alpdogan C, Taciroglu E. Much ado about shear correction factors in Timoshenko beam theory[J]. International Journal of Solids and Structures, 2010, 47(13): 1651-1665.

[47] Renton J D. Generalized beam theory applied to shear stiffness[J]. International Journal of Solids and Structures, 1991, 27(15): 1955-1967.

[48] Schramm U, Kitis L, Kang W, et al. On the shear deformation coefficient in beam theory[J]. Finite Elements in Analysis and Design, 1994, 16(2): 141-162.

[49] Chan K T, Lai K F, Stephen N G, et al. A new method to determine the shear coefficient of Timoshenko beam theory[J]. Journal of Sound and Vibration, 2011, 330(14): 3488-3497.

[50] Hutchinson J R. On Timoshenko beams of rectangular cross-section[J]. Journal of Applied Mechanics-Transactions of the ASME, 2004, 71(3): 359-367.

[51] Nguyen T K, Sab K, Bonnet G. Shear correction factors for functionally graded plates[J]. Mechanics of Advanced Materials and Structures, 2007, 14(8): 567-575.

[52] Berdichevsky V, Armanios E, Badir A. Theory of anisotropic thin-walled closed-cross-section beams[J]. Composites Engineering, 1992, 2(5-7): 411-432.

[53] Volovoi V V, Hodges D H, Berdichevsky V L, et al. Asymptotic theory for static behavior of elastic anisotropic I-beams[J]. International Journal of Solids and Structures, 1999, 36(7): 1017-1043.

[54] Popescu B, Hodges D H. On asymptotically correct Timoshenko-like anisotropic beam theory[J]. International Journal of Solids and Structures, 2000, 37(3): 535-558.

[55] Yu W, Hodges D H, Volovoi V, et al. On Timoshenko-like modeling of initially curved and twisted composite beams[J]. International Journal of Solids and Structures, 2002, 39(19): 5101-5121.

[56] Liu X, Yu W B. A novel approach to analyze beam-like composite structures using mechanics of structure genome[J]. Advances in Engineering Software, 2016, 100: 238-251.

[57] Fung T C, Tan K H, Lok T S. Shear stiffness D-Qy for C-core sandwich panels[J]. Journal of Structural Engineering-ASCE, 1996, 122(8): 958-966.

[58] Romanoff J, Varsta P, Klanac A. Stress analysis of homogenized web-core sandwich beams[J]. Composite Structures, 2007, 79(3): 411-422.

[59] Leekitwattana M, Boyd S W, Shenoi R A. Evaluation of the transverse shear stiffness of a steel bi-directional corrugated-strip-core sandwich beam[J]. Journal of Constructional Steel Research, 2011, 67(2): 248-254.

[60] Reissner E. The effect of transverse shear deformation on the bending of elastic plates[J]. Journal of Applied Mechanics-Transactions of the ASME, 1945, 12(2): A69-A77.

[61] Mindlin R D. Influence of rotary inertia and shear on flexural motions of isotropic elastic plates[J]. ASME Journal of Applied Mechanics, 1951, 18: 31-38.

[62] Reissner E. On a variational theorem in elasticity[J]. Journal of Mathematics and Physics, 1950, 29(2): 90-95.

[63] Mindlin R D, Deresiewicz H. Thickness-shear and flexural vibrations of rectangular crystal plates[J]. Journal of Applied Physics, 1955, 26(12): 1435-1442.

[64] Hutchinson J R. Vibrations of thick free circular plates, exact versus approximate solutions[J]. Journal of Applied Mechanics-Transactions of the ASME, 1984, 51(3): 581-585.

[65] Hull A J. Mindlin shear coefficient determination using model comparison[J]. Journal of Sound and Vibration, 2006, 294(1-2): 125-130.

[66] Lok T S, Cheng Q H. Elastic stiffness properties and behavior of truss-core sandwich panel[J]. Journal of Structural Engineering-ASCE, 2000, 126(5): 552-559.

[67] Bartolozzi G, Pierini M, Orrenius U, et al. An equivalent material formulation for sinusoidal corrugated cores of structural sandwich panels[J]. Composite Structures, 2013,

100: 173-185.

[68] Talbi N, Batti A, Ayad R, et al. An analytical homogenization model for finite element modelling of corrugated cardboard[J]. Composite Structures, 2009, 88(2): 280-289.

[69] Isaksson P, Krusper A, Gradin P A. Shear correction factors for corrugated core structures[J]. Composite Structures, 2007, 80(1): 123-130.

[70] Chang W S, Ventsel E, Krauthammer T, et al. Bending behavior of corrugated-core sandwich plates[J]. Composite Structures, 2005, 70(1): 81-89.

[71] Ge L, Jiang W C, Zhang Y C, Tu S T. Analytical evaluation of the homogenized elastic constants of plate-fin structures[J]. International Journal of Mechanical Sciences, 2017, 134: 51-62.

[72] Chen A, Davalos J F. Transverse shear including skin effect for composite sandwich with honeycomb sinusoidal core[J]. Journal of Engineering Mechanics-ASCE, 2007, 133(3): 247-256.

[73] Shi G Y, Tong P. Equivalent transverse-shear stiffness of honeycomb-cores[J]. International Journal of Solids and Structures, 1995, 32(10): 1383-1393.

[74] Qiao P Z, Wang J L. Transverse shear stiffness of composite honeycomb cores and efficiency of material[J]. Mechanics of Advanced Materials and Structures, 2005, 12(2): 159-172.

[75] Li Y M, Hoang M P, Abbes B, et al. Analytical homogenization for stretch and bending of honeycomb sandwich plates with skin and height effects[J]. Composite Structures, 2015, 120: 406-416.

[76] Buannic N, Cartraud P, Quesnel T. Homogenization of corrugated core sandwich panels[J]. Composite Structures, 2003, 59(3): 299-312.

[77] Lee C Y, Yu W B, Hodges D H. Refined modeling of composite plates with in-plane heterogeneity[J]. Zamm-Zeitschrift Fur Angewandte Mathematik Und Mechanik, 2014, 94(1-2): 85-100.

[78] Liu X, Rouf K, Peng B, et al. Two-step homogenization of textile composites using mechanics of structure genome[J]. Composite Structures, 2017, 171: 252-262.

[79] Lebee A, Sab K. A Bending-Gradient Theory for Thick Laminated Plates Homogenization[M]. Berlin, Heidelberg: Springer, 2011.

[80] Lebee A, Sab K. A bending-gradient model for thick plates, part II: Closed-form solutions for cylindrical bending of laminates[J]. International Journal of Solids and Structures, 2011, 48(20): 2889-2901.

[81] Perret O, Lebee A, Douthe C, et al. The bending-gradient theory for the linear buckling of thick plates: Application to cross laminated timber panels[J]. International Journal of Solids and Structures, 2016, 87: 139-152.

[82] Lebee A, Sab K. On the generalization of Reissner plate theory to laminated plates, part I: Theory[J]. Journal of Elasticity, 2017, 126(1): 39-66.

[83] Lebee A, Sab K. On the generalization of Reissner plate theory to laminated plates, Part II: Comparison with the bending-gradient theory[J]. Journal of Elasticity, 2017,

126(1): 67-94.

[84] Cecchi A, Sab K. A homogenized Reissner-Mindlin model for orthotropic periodic plates: Application to brickwork panels[J]. International Journal of Solids and Structures, 2007, 44(18-19): 6055-6079.

[85] Yoshida K, Nakagami M. Numerical analysis of bending and transverse shear properties of plain-weave fabric composite laminates considering intralaminar inhomogeneity[J]. Advanced Composite Materials, 2017, 26(2): 135-156.

[86] Reddy J N, Arciniega R A. Shear deformation plate and shell theories: From Stavsky to present[J]. Mechanics of Advanced Materials and Structures, 2004, 11(6): 535-582.

[87] Terada K, Hirayama N, Yamamoto K, et al. Numerical plate testing for linear two-scale analyses of composite plates with in-plane periodicity[J]. International Journal for Numerical Methods in Engineering, 2016, 105(2): 111-137.

[88] Matsubara S, Nishi S N, Terada K. On the treatments of heterogeneities and periodic boundary conditions for isogeometric homogenization analysis[J]. International Journal for Numerical Methods in Engineering, 2017, 109(11): 1523-1548.

[89] Mandal B, Chakrabarti A. A simple homogenization scheme for 3D finite element analysis of composite bolted joints[J]. Composite Structures, 2015, 120: 1-9.

[90] Sigmund O, Torquato S. Design of materials with extreme thermal expansion using a three-phase topology optimization method[J]. Journal of the Mechanics and Physics of Solids, 1997, 45: 1037-1067.

[91] Sigmund O, Jensen J. Systematic design of phononic band-gap materials and structures by topology optimization[J]. Philosophical Transactions of the Royal Society London, Series A, 2003, 361(1806): 1001-1019.

[92] Silva E C N, Fonseca J S O, Kikuchi N. Optimal design of piezoelectric microstructures[J]. Computational Mechanics, 1997, 19(5): 397-410.

[93] Guest J K, Prévost J H. Optimizing multifunctional materials: Design of microstructures for maximized stiffness and fluid permeability[J]. International Journal of Solids and Structures, 2006, 43(22): 7028-7047.

[94] Torquato S, Hyun S, Donev A. Multifunctional composites: Optimizing microstructures for simultaneous transport of heat and electricity[J]. Physical review letters, 2002, 89(26): 1-4.

[95] Guest J K. Design of optimal porous material structures for maximized stiffness and permeability using topology optimization and finite element methods[D]. Princeton: Princeton University, 2005.

[96] 徐胜利, 牛斌, 程耿东. 材料设计的晶核法 [J]. 固体力学学报, 2010, 31(4): 369-378.

[97] Rodrigues H, Guedes J M, Bendsoe M P. Hierarchical optimization of material and structure[J]. Structural and Multidisciplinary Optimization, 2002, 24: 1-10.

[98] Coelho P G, Fernandes P R, Guedes J M, et al. A hierarchical model for concurrent material and topology optimisation of three-dimensional structures[J]. Structural and Multidisciplinary Optimization, 2008, 35: 107-115.

[99] Coelho P G, Fernandes P R, Rodrigues H C, et al. Numerical modeling of bone tissue adaptation—A hierarchical approach for bone apparent density and trabecular structure[J]. Journal of Biomechanics, 2009, 42: 830-837.

[100] Coelho P G, Guedes J M, Rodrigues H C. Hierarchical topology optimization applied to layered composite structures[C]//9th World Congress on Structural and Multidisciplinary Optimization, Shizuoka, Japan, 2011: 1-9.

[101] Ferreira R T L, Rodrigues H C A, Guedes J M A, et al. Hierarchical optimization of laminated fiber reinforced composites[C]//10th World Congress on Structural and Multidisciplinary Optimization, Orlando, Florida, 2013: 1-6.

[102] Liu L, Yan J, Cheng G. Optimum structure with homogeneous optimum truss-like material[J]. Computers & Structures, 2008, 86(13-14): 1417-1425.

[103] Yan J, Cheng G, Liu L, et al. Concurrent material and structural optimization of hollow plate with truss-like material[J]. Structural and Multidisciplinary Optimization, 2008, 35: 153-163.

[104] Deng J, Yan J, Cheng G. Multi-objective concurrent topology optimization of thermoelastic structures composed of homogeneous porous material[J]. Structural and Multidisciplinary Optimization, 2012, 47: 583-597.

[105] Niu B, Yan J, Cheng G. Optimum structure with homogeneous optimum cellular material for maximum fundamental frequency[J]. Structural and Multidisciplinary Optimization, 2009, 39(2): 115-132.

[106] Wang B, Cheng G. Design of cellular structures for optimum efficiency of heat dissipation[J]. Structural and Multidisciplinary Optimization, 2005, 30: 447-458.

[107] Yan X L, Huang X D, Xie Y M. Concurrent design of structures and materials based on the bi-directional evolutionary structural optimization[J]. Applied Mechanics and Materials, 2013, 438-439: 445-450.

[108] Yan X, Huang X, Zha Y, et al. Concurrent topology optimization of structures and their composite microstructures[J]. Computers & Structures, 2014, 133: 103-110.

[109] Huang X, Zhou S W, Xie Y M, et al. Topology optimization of microstructures of cellular materials and composites for macrostructures[J]. Computational Materials Science, 2013, 67: 397-407.

[110] Zuo Z H, Huang X, Rong J H, et al. Multi-scale design of composite materials and structures for maximum natural frequencies[J]. Materials and Design, 2013, 51: 1023-1034.

[111] Zhang W, Sun S. Scale-related topology optimization of cellular materials and structures[J]. International Journal for Numerical Methods in Engineering, 2006, 68: 993-1011.

[112] 李涤尘, 贺健康, 田小永, 等. 增材制造: 实现宏微观结构一体化制造 [J]. 机械工程学报, 2013, 49: 129-135.

[113] 卢秉恒, 李涤尘. 增材制造 (3D 打印) 技术发展 [J]. 机械制造与自动化, 2013, 42: 1-4.

第 2 章　周期材料/结构渐近均匀化方法的新数值求解算法

周期结构在现实生活中广泛存在，并被应用于各种不同的领域中，例如汽车、航空航天等领域的结构中，其成功应用离不开对其力学性能的准确预测。周期结构通常具有一定的微结构，从而在微观尺度下具有不均匀性，直接分析这类结构是很困难的。通常是把它们看成一种由宏观均匀材料组成的结构进行分析，其宏观材料的等效性质则设法在分析一个单胞的基础上，由微结构的响应均匀化获得。在获得均匀的宏观结构响应后，再对微结构进行分析。这样的双尺度算法可以节省大量计算时间。

渐近均匀化方法作为基于摄动法的一种常用的预测周期结构等效性能的方法，具有严格的数学基础，其通过求解定义于一个单胞上的偏微分方程组来求得等效性能。但数值求解复杂微结构构型的单胞方程十分复杂，使得该方法难以广泛应用于一般微结构等效性质的求解。本章提出周期材料及周期梁板结构渐近均匀化方法 [1-3] 的新数值实现算法，旨在借助有限元软件，高效地实现采用渐近均匀化方法求解周期结构的等效性质。

本章各节内容如下：2.1 节 ~2.3 节分别介绍周期材料、周期板及周期梁结构的渐近均匀化方法创新数值求解算法；2.4 节对本章进行总结。

2.1　周期材料渐近均匀化方法的新数值求解算法

2.1.1　周期材料渐近均匀化方法简介

考虑如图 2.1 所示的周期材料及单胞。在周期材料渐近均匀化方法 [1-3] 中，首先如 1.1.2 节所介绍，我们从两个尺度上研究周期材料：一个是宏观坐标 $\boldsymbol{x}$ (慢变量)，它可以在宏观尺度上显示材料宏观性质的缓慢变化；另一个是微观坐标 $\boldsymbol{y}$ (快变量)，它可以在微观尺度上表征材料性质的快速振荡变化。假设微观坐标 $\boldsymbol{y}$ 和宏观坐标 $\boldsymbol{x}$ 的单位长度比值为 $\varepsilon(\varepsilon \to 0)$，即 $\boldsymbol{y} = \dfrac{\boldsymbol{x}}{\varepsilon}$，根据摄动理论，可以对域内的函数 $\varPhi^{\varepsilon}$ 利用小参数 ε 进行渐近展开：

$$\varPhi^{\varepsilon}(\boldsymbol{x}) = \varPhi^{(0)}(\boldsymbol{x}, \boldsymbol{y}) + \varepsilon \varPhi^{(1)}(\boldsymbol{x}, \boldsymbol{y}) + \varepsilon^2 \varPhi^{(2)}(\boldsymbol{x}, \boldsymbol{y}) + \cdots \tag{2.1}$$

其中, $\Phi^{(m)}(\boldsymbol{x}, \boldsymbol{y})$ 是周期为单胞尺寸的 $\boldsymbol{y}$ 的周期函数, 即 $\Phi^{(m)}(\boldsymbol{x}, \boldsymbol{y}) = \Phi^{(m)}(\boldsymbol{x}, \boldsymbol{y}+\boldsymbol{l}_n)$, $\boldsymbol{l}_n = \{n_1 l_1, n_2 l_2, n_3 l_3\}^{\mathrm{T}}$, 这里 n_1, n_2, n_3 为任意整数, l_1, l_2, l_3 为单胞沿三个坐标轴方向的尺寸。当对其求导时, 我们可以将快变量和慢变量分离,

$$\frac{\partial}{\partial x_i} \to \frac{\partial}{\partial x_i} + \frac{1}{\varepsilon}\frac{\partial}{\partial y_i} \tag{2.2}$$

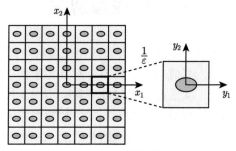

图 2.1　周期性材料和单胞

非均质材料在整个域 Ω_ε 内满足如下弹性力学方程:

$$\begin{aligned}
&\frac{\partial \sigma_{ij}^\varepsilon}{\partial x_j} + f_i = 0, \quad 在\ \Omega_\varepsilon\ 中 \\
&\sigma_{ij}^\varepsilon n_j = p_i, \quad 在\ S_\sigma\ 上 \\
&u_i^\varepsilon = \bar{u}_i, \quad 在\ S_u\ 上 \\
&\sigma_{ij}^\varepsilon = E_{ijkl}\varepsilon_{kl}^\varepsilon, \quad \varepsilon_{ij}^\varepsilon = \frac{1}{2}\left(\frac{\partial u_i^\varepsilon}{\partial x_j} + \frac{\partial u_j^\varepsilon}{\partial x_i}\right)
\end{aligned} \tag{2.3}$$

其中, $\sigma_{ij}^\varepsilon, \varepsilon_{ij}^\varepsilon, E_{ijkl}, f_i$ 和 p_i 分别代表应力、应变、弹性模量、体力以及面力; S_σ 为面力载荷边界; S_u 为位移载荷边界; 重复下标表示求和, 三维问题 $i, j = 1, 2, 3$, 二维问题 $i, j = 1, 2$。将位移渐近展开为

$$u^\varepsilon(\boldsymbol{x}) = u^{(0)}(\boldsymbol{x}) + \varepsilon u^{(1)}(\boldsymbol{x}, \boldsymbol{y}) + \varepsilon^2 u^{(2)}(\boldsymbol{x}, \boldsymbol{y}) + \cdots \tag{2.4}$$

将上式代入应力表达式并利用应力–应变关系及位移–应变关系可以得到

$$\sigma_{ij}^\varepsilon = \varepsilon^{-1}\sigma_{ij}^{(-1)} + \varepsilon^0\sigma_{ij}^{(0)} + \varepsilon^1\sigma_{ij}^{(1)} + \cdots \tag{2.5}$$

其中,

$$\begin{aligned}
&\sigma_{ij}^{(-1)} = E_{ijkl}\frac{\partial u_k^{(0)}}{\partial y_l}, \quad \sigma_{ij}^{(0)} = E_{ijkl}\left(\frac{\partial u_k^{(1)}}{\partial y_l} + \frac{\partial u_k^{(0)}}{\partial x_l}\right), \\
&\sigma_{ij}^{(1)} = E_{ijkl}\left(\frac{\partial u_k^{(2)}}{\partial y_l} + \frac{\partial u_k^{(1)}}{\partial x_l}\right)
\end{aligned} \tag{2.6}$$

将 (2.6) 式代入平衡方程, 并按照小参数 ε 的幂次展开得

$$\varepsilon^{-2}: \frac{\partial \sigma_{ij}^{(-1)}}{\partial y_j} = 0, \quad \varepsilon^{-1}: \frac{\partial \sigma_{ij}^{(-1)}}{\partial x_j} + \frac{\partial \sigma_{ij}^{(0)}}{\partial y_j} = 0, \quad \varepsilon^0: \frac{\partial \sigma_{ij}^{(0)}}{\partial x_j} + \frac{\partial \sigma_{ij}^{(1)}}{\partial y_j} = 0 \quad (2.7)$$

面力边界条件按小参数展开为

$$\varepsilon^{-1}: \sigma_{ij}^{(-1)} n_j = 0, \quad \varepsilon^0: \sigma_{ij}^{(0)} n_j = 0, \quad \varepsilon^1: \sigma_{ij}^{(1)} n_j = 0 \qquad (2.8)$$

下面讨论对各个阶次平衡方程的求解, 对于 ε^{-2} 幂次,

$$\frac{\partial}{\partial y_j} \left(E_{ijkl} \frac{\partial u_k^{(0)}}{\partial y_l} \right) = 0, \quad 在\ Y\ 中$$

$$E_{ijkl} \frac{\partial u_k^{(0)}}{\partial y_l} n_j = 0, \quad 在\ S\ 上 \tag{2.9}$$

因此 $u_k^{(0)} = u_k^{(0)}(\boldsymbol{x}), \sigma_{ij}^{(-1)} = 0$。将其代入 ε^{-1} 幂次控制方程得

$$\frac{\partial}{\partial y_j} \left[E_{ijkl} \left(\frac{\partial u_k^{(1)}}{\partial y_l} + \frac{\partial u_k^{(0)}}{\partial x_l} \right) \right] = 0, \quad 在\ Y\ 中$$

$$E_{ijkl} \left(\frac{\partial u_k^{(1)}}{\partial y_l} + \frac{\partial u_k^{(0)}}{\partial x_l} \right) n_j = 0, \quad 在\ S\ 上 \tag{2.10}$$

根据 (2.10) 式的特点, 不妨令 $u_m^{(1)}(\boldsymbol{x}, \boldsymbol{y}) = \tilde{\chi}_m^{kl}(\boldsymbol{y}) \dfrac{\partial u_k^{(0)}}{\partial x_l} + v_m(\boldsymbol{x})$, 其中 $\tilde{\chi}_m^{kl}(\boldsymbol{y})$ 称为特征位移, 是一个周期位移函数, 满足 $\tilde{\chi}_m^{kl}(\boldsymbol{y}) = \tilde{\chi}_m^{kl}(\boldsymbol{y} + \boldsymbol{l}_n)$, 并考虑宏观位移的任意性, 代入 (2.10) 式得

$$\frac{\partial}{\partial y_j} \left(E_{ijmn} + E_{ijkl} \frac{\partial \tilde{\chi}_k^{mn}}{\partial y_l} \right) = 0, \quad 在\ Y\ 中$$

$$\left(E_{ijmn} + E_{ijkl} \frac{\partial \tilde{\chi}_k^{mn}}{\partial y_l} \right) n_j = 0, \quad 在\ S\ 上$$

$$\tilde{\chi}_k^{mn} \big|_{\omega_{i+}} = \tilde{\chi}_k^{mn} \big|_{\omega_{i-}}, \quad E_{ijkl} \frac{\partial \tilde{\chi}_k^{mn}}{\partial y_l} n_j \bigg|_{\omega_{i+}} = - E_{ijkl} \frac{\partial \tilde{\chi}_k^{mn}}{\partial y_l} n_j \bigg|_{\omega_{i-}}, \quad 在\ \omega_{i\pm}\ 上$$

$$\tag{2.11}$$

上式即为定义在一个单胞内的特征位移满足的单胞方程。将位移场 $u_m^{(1)}$ 代入零阶应力 $\sigma_{ij}^{(0)}$ 得 $\sigma_{ij}^{(0)} = \left(E_{ijmn} + E_{ijkl} \dfrac{\partial \tilde{\chi}_k^{mn}}{\partial y_l} \right) \dfrac{\partial u_m^{(0)}}{\partial x_n}$, 将 $\sigma_{ij}^{(0)}$ 代入 ε^0 阶次控制方程

并在单胞内积分得到宏观控制方程

$$E_{ijmn}^{\mathrm{H}}\frac{\partial^2 u_m^{(0)}}{\partial x_n \partial x_j} = 0, \quad E_{ijmn}^{\mathrm{H}} = \left\langle E_{ijmn} + E_{ijkl}\frac{\partial \tilde{\chi}_k^{mn}}{\partial y_l}\right\rangle \tag{2.12}$$

其中，$\langle\cdot\rangle = \dfrac{1}{|Y|}\displaystyle\int_Y \cdot\,\mathrm{d}\Omega$，与 (1.8) 式中上划线符号定义相同，$E_{ijmn}^{\mathrm{H}}$ 为均匀化后的等效弹性模量。

(2.11) 式、(2.12) 式为求解具有周期微结构材料的等效性质的基本方程。从 (2.12) 式可以看到，特征位移可以看作由单胞结构的非均质性所形成的残差项，正是这一项的存在，避免了等效弹性模量的求解只是简单的单胞内材料性质的平均化。由于渐近均匀化方法的数学公式相对烦琐，且单胞方程的构造和求解困难，所以其应用更多偏重于理论研究，这影响了其在实际工程问题中的推广和使用。但是，下面的讨论将有助于对均匀化方法的理解和应用。

等效弹性模量的计算公式还可以改写成如下能量形式，定义本征应变为 $\varepsilon_{pq}^{0(kl)} = \dfrac{1}{2}\left(\delta_{pk}\delta_{ql} + \delta_{lp}\delta_{kq}\right)$，其中 δ 为克罗内克符号。由单胞方程 (2.11) 式及 $\tilde{\chi}_k^{mn}$ 周期性易知下式成立：

$$\begin{aligned}
&\int_Y \left(E_{ijmn} + E_{ijkl}\frac{\partial \tilde{\chi}_k^{mn}}{\partial y_l}\right)\frac{\partial \tilde{\chi}_i^{pq}}{\partial y_j}\mathrm{d}\Omega \\
&= \int_Y \frac{\partial}{\partial y_j}\left[\tilde{\chi}_i^{pq}\left(E_{ijmn} + E_{ijkl}\frac{\partial \tilde{\chi}_k^{mn}}{\partial y_l}\right)\right]\mathrm{d}\Omega \\
&\quad - \int_Y \tilde{\chi}_i^{pq}\frac{\partial}{\partial y_j}\left(E_{ijmn} + E_{ijkl}\frac{\partial \tilde{\chi}_k^{mn}}{\partial y_l}\right)\mathrm{d}\Omega \\
&= \int_{\partial Y} \tilde{\chi}_i^{pq}\left(E_{ijmn} + E_{ijkl}\frac{\partial \tilde{\chi}_k^{mn}}{\partial y_l}\right)n_j\mathrm{d}\Omega = 0
\end{aligned} \tag{2.13}$$

因此等效性质可以写成

$$\begin{aligned}
E_{ijmn}^{\mathrm{H}} &= \left\langle \varepsilon_{pq}^{0(ij)}E_{pqkl}\left(\varepsilon_{kl}^{0(mn)} + \frac{\partial \tilde{\chi}_k^{mn}}{\partial y_l}\right)\right\rangle \\
&= \left\langle \varepsilon_{pq}^{0(ij)}E_{pqkl}\left(\varepsilon_{kl}^{0(mn)} + \frac{\partial \tilde{\chi}_k^{mn}}{\partial y_l}\right)\right\rangle + \left\langle E_{pqkl}\left(\varepsilon_{kl}^{0(mn)} + \frac{\partial \tilde{\chi}_k^{mn}}{\partial y_l}\right)\frac{\partial \tilde{\chi}_p^{ij}}{\partial y_q}\right\rangle \\
&= \left\langle E_{pqkl}\left(\varepsilon_{pq}^{0(ij)} + \frac{\partial \tilde{\chi}_p^{ij}}{\partial y_q}\right)\left(\varepsilon_{kl}^{0(mn)} + \frac{\partial \tilde{\chi}_k^{mn}}{\partial y_l}\right)\right\rangle \\
&= \left\langle E_{pqkl}\left(\varepsilon_{pq}^{0(ij)} + \bar{\varepsilon}_{pq}^{ij}\right)\left(\varepsilon_{kl}^{0(mn)} + \bar{\varepsilon}_{kl}^{mn}\right)\right\rangle
\end{aligned} \tag{2.14}$$

其中, $\tilde{\varepsilon}_{pq}^{ij} = \frac{1}{2}\left(\frac{\partial \tilde{\chi}_p^{ij}}{\partial y_q} + \frac{\partial \tilde{\chi}_q^{ij}}{\partial y_p}\right)$.

(2.14) 式是在结构拓扑优化和周期性材料设计的逆均匀化方法中常用的。其物理意义很清晰,说明了等效模量等于在本征应变作用下,在周期边界条件下求解单胞时,单胞内的机械应变能。前面在介绍代表体元和平均场理论时提到的,将非均匀介质单胞的应变能和一个均匀材料的应变能相等是求解等效性质的基础。两者的物理含义是完全一致的。这样的结果是非常自然的,严格的数学推导得到的结果应该符合相应的物理意义。值得注意的是,渐近均匀化方法的推导过程证明了使用周期边界条件的正确性。需要注意的是,如果单胞是从非均匀非周期介质中提取的代表体元 (又称 "统计代表体元"),边界条件的选择还要考虑如何从统计上更好反映周围介质的影响,本书将不讨论这一问题。

由于 (2.14) 式清晰的物理意义,文献中经常把 (2.14) 式和 (2.11) 式作为求解等效弹性模量的基本方程,根据它们的物理意义,可以将采用有限元方法求解 (2.11) 式及计算 (2.14) 式的过程简单地描述为: 在周期边界条件下,求解受到本征应变的单胞有限元方程,单胞中的机械应变能即为等效弹性模量。

我们可以通过有限元方法来求解 (2.11) 式和 (2.14) 式得到等效弹性模量。有限元方法求解 (2.11) 式的过程中,通过施加三个 (二维) 或六个 (三维) 载荷工况,并施加周期边界条件求解。

$$K\tilde{\chi}^{kl} = f^{kl} \tag{2.15}$$

其中,刚度矩阵 K 和力向量 f^{kl} 为

$$\begin{aligned} K &= \int_Y B^{\mathrm{T}} E B \mathrm{d}Y \\ f^{kl} &= -\int_Y B^{\mathrm{T}} E \varepsilon^{kl} \mathrm{d}Y \end{aligned} \tag{2.16}$$

式中,E 为本构矩阵;B 为应变位移矩阵;ε^{kl} 对应于三个 (二维) 或者六个 (三维) 单位应变场。例如,在二维和三维问题中分别为

$$\varepsilon = \left\{\begin{array}{c}\varepsilon_{11}\\\varepsilon_{22}\\\gamma_{12}\end{array}\right\}, \quad \varepsilon^{11} = \left\{\begin{array}{c}1\\0\\0\end{array}\right\}, \quad \varepsilon^{22} = \left\{\begin{array}{c}0\\1\\0\end{array}\right\}, \quad \varepsilon^{12} = \left\{\begin{array}{c}0\\0\\1\end{array}\right\}$$

$$\boldsymbol{\varepsilon} = \left\{ \begin{array}{c} \varepsilon_{11} \\ \varepsilon_{22} \\ \varepsilon_{33} \\ \gamma_{12} \\ \gamma_{23} \\ \gamma_{13} \end{array} \right\}, \quad \boldsymbol{\varepsilon}^{11} = \left\{ \begin{array}{c} 1 \\ 0 \\ 0 \\ 0 \\ 0 \\ 0 \end{array} \right\}, \quad \boldsymbol{\varepsilon}^{22} = \left\{ \begin{array}{c} 0 \\ 1 \\ 0 \\ 0 \\ 0 \\ 0 \end{array} \right\}, \quad \boldsymbol{\varepsilon}^{33} = \left\{ \begin{array}{c} 0 \\ 0 \\ 1 \\ 0 \\ 0 \\ 0 \end{array} \right\}, \quad (2.17)$$

$$\boldsymbol{\varepsilon}^{12} = \left\{ \begin{array}{c} 0 \\ 0 \\ 0 \\ 1 \\ 0 \\ 0 \end{array} \right\}, \quad \boldsymbol{\varepsilon}^{23} = \left\{ \begin{array}{c} 0 \\ 0 \\ 0 \\ 0 \\ 1 \\ 0 \end{array} \right\}, \quad \boldsymbol{\varepsilon}^{13} = \left\{ \begin{array}{c} 0 \\ 0 \\ 0 \\ 0 \\ 0 \\ 1 \end{array} \right\}$$

等效弹性模量为

$$\boldsymbol{E}^{\mathrm{H}} = \frac{1}{|Y|} \int_Y \boldsymbol{E} \left(\boldsymbol{\varepsilon} + \tilde{\boldsymbol{\varepsilon}} \right) \mathrm{d}Y \tag{2.18}$$

其中，$\tilde{\boldsymbol{\varepsilon}}^{kl} = \boldsymbol{B}\tilde{\boldsymbol{\chi}}^{kl}$。

　　按照上面的公式来求解这一问题时，研究人员往往需要自行编程。特别是采用逆均匀化方法设计单胞时，除了计算等效性质还要计算其对单元密度的灵敏度，更需要自行编程。为此，需要知道建立单胞有限元模型时采用的有限单元的刚度矩阵和应变–位移矩阵，如果采用的单元是最简单的实体单元，例如平面三角形单元、平面四边形单元、三维四面体单元，则这些矩阵的公式很容易获得，因此如果将单胞用这些实体单元建模，则人们可以自行编写程序完成求解，大多数逆均匀化方法的研究工作就是这样做的。但是，如果材料的微结构是由杆梁板壳组成的组合结构，杆梁的断面尺寸、板壳的厚度尺寸比单胞尺寸小很多，用这些实体单元建立单胞的有限元模型就会需要非常精细的网格剖分，计算量很大。值得提出的是，现有的商用有限元程序，有的已经具备计算等效性质的功能，但是一般都要求用户将单胞用实体单元建模。

2.1.2　等效性质有限元新数值求解算法

　　渐近均匀化方法的新求解算法[4]的核心是将单位应变场 $\boldsymbol{\varepsilon}^{kl}$ (2.17) 式替换为与之相对应的位移场 $\boldsymbol{\chi}^{kl}$，对于二维和三维问题，$\boldsymbol{\chi}^{kl}$ 分别为

$$\boldsymbol{\chi} = \left\{ \begin{array}{c} u \\ v \end{array} \right\}, \quad \boldsymbol{\chi}^{11} = \left\{ \begin{array}{c} y_1 \\ 0 \end{array} \right\}, \quad \boldsymbol{\chi}^{22} = \left\{ \begin{array}{c} 0 \\ y_2 \end{array} \right\}, \quad \boldsymbol{\chi}^{12} = \left\{ \begin{array}{c} y_2/2 \\ y_1/2 \end{array} \right\}$$

$$\boldsymbol{\chi} = \left\{ \begin{array}{c} u \\ v \\ w \end{array} \right\}, \quad \boldsymbol{\chi}^{11} = \left\{ \begin{array}{c} y_1 \\ 0 \\ 0 \end{array} \right\}, \quad \boldsymbol{\chi}^{22} = \left\{ \begin{array}{c} 0 \\ y_2 \\ 0 \end{array} \right\}, \quad \boldsymbol{\chi}^{33} = \left\{ \begin{array}{c} 0 \\ 0 \\ y_3 \end{array} \right\}, \tag{2.19}$$

$$\boldsymbol{\chi}^{12} = \left\{ \begin{array}{c} y_2/2 \\ y_1/2 \\ 0 \end{array} \right\}, \quad \boldsymbol{\chi}^{23} = \left\{ \begin{array}{c} 0 \\ y_3/2 \\ y_2/2 \end{array} \right\}, \quad \boldsymbol{\chi}^{13} = \left\{ \begin{array}{c} y_3/2 \\ 0 \\ y_1/2 \end{array} \right\}$$

将 (2.19) 式代入 (2.16) 式，则节点力矢量可以写成

$$\boldsymbol{f}^{kl} = -\int_Y \boldsymbol{B}^{\mathrm{T}} \boldsymbol{E} \boldsymbol{\varepsilon}^{kl} \mathrm{d}Y = -\int_Y \boldsymbol{B}^{\mathrm{T}} \boldsymbol{E} \boldsymbol{B} \boldsymbol{\chi}^{kl} \mathrm{d}Y = -\int_Y \boldsymbol{B}^{\mathrm{T}} \boldsymbol{E} \boldsymbol{B} \mathrm{d}Y \boldsymbol{\chi}^{kl} = -\boldsymbol{K} \boldsymbol{\chi}^{kl}$$

$$\tag{2.20}$$

因此节点力矢量可以通过把刚度矩阵 $\boldsymbol{K}$ 与位移向量 $\boldsymbol{\chi}^{kl}$ 相乘并取负号得到。在有限元软件中，可以在单胞的每个节点上施加节点位移矢量，进行静力分析，然后直接从软件中输出节点矢量 $\boldsymbol{f}^{kl}$。需要注意的是，这里单胞有限元模型的刚度矩阵 $\boldsymbol{K}$ 是没有加上任何边界条件的，即没有考虑周期边界条件；位移向量 $\boldsymbol{\chi}^{kl}$ 和节点力矢量 $\boldsymbol{f}^{kl}$ 都是施加在单胞的所有节点上，无论该节点是在单胞内部还是单胞的边界；此外，这一所谓 "静力分析" 的运算实际上是未施加任何约束的刚度矩阵和位移向量相乘。

在采用 (2.20) 式计算等效节点力矢量 $\boldsymbol{f}^{kl}$ 后，把该力矢量施加到单胞有限元模型上，并施加周期边界条件，就可以求解 (2.15) 式。这一计算过程可以形式地表述为：周期条件的施加是通过将单胞有限元模型的所有位移自由度 $\tilde{\boldsymbol{\chi}}^{kl}$ (也称为总体自由度)，在满足周期边界条件的约束下，转换为独立的主自由度，记为 $\tilde{\boldsymbol{\chi}}_m^{kl}$，其与总体自由度 $\tilde{\boldsymbol{\chi}}^{kl}$ 通过转换矩阵 $\boldsymbol{T}$ 相关联：

$$\boldsymbol{T} \tilde{\boldsymbol{\chi}}_m^{kl} = \tilde{\boldsymbol{\chi}}^{kl} \tag{2.21}$$

将 (2.21) 式代入 (2.15) 式并左乘 $\boldsymbol{T}^{\mathrm{T}}$ 得

$$\boldsymbol{T}^{\mathrm{T}} \boldsymbol{K} \boldsymbol{T} \tilde{\boldsymbol{\chi}}_m^{kl} = \boldsymbol{T}^{\mathrm{T}} \boldsymbol{f}^{kl} \tag{2.22}$$

需要注意，(2.22) 式中的 $\boldsymbol{T}^{\mathrm{T}} \boldsymbol{K} \boldsymbol{T}$ 是施加周期边界条件后的单胞有限元模型的总刚度矩阵，$\boldsymbol{T}^{\mathrm{T}} \boldsymbol{f}^{kl}$ 是作用在施加周期边界条件后的单胞有限元模型的节点力，而施加周期边界条件后的单胞有限元模型的位移自由度是主自由度。求得 $\tilde{\boldsymbol{\chi}}_m^{kl}$ 后，代入 (2.21) 式即可获得总体自由度 $\tilde{\boldsymbol{\chi}}^{kl}$。

　　注意，上式中 $\boldsymbol{T}$ 矩阵的作用是将矩阵行列进行相加，转换到主自由度上，在编写程序中，并不会实际组集 $\boldsymbol{T}$ 矩阵，而是通过矩阵的行列叠加来实现 $\boldsymbol{T}$ 矩阵的功能，在附录中我们将介绍具体的处理方法。

　　另一方面，注意到等效弹性模量可以表示为能量形式：

$$E_{ijkl}^{\mathrm{H}} = \frac{1}{|Y|} \int_Y E_{pqrs} \left(\varepsilon_{pq}^{ij} + \tilde{\varepsilon}_{pq}^{ij}\right) \left(\varepsilon_{rs}^{kl} + \tilde{\varepsilon}_{rs}^{kl}\right) \mathrm{d}Y \tag{2.23}$$

其有限元形式可以写成

$$E_{ijkl}^{\mathrm{H}} = \frac{1}{|Y|} \left(\boldsymbol{\chi}^{ij} + \tilde{\boldsymbol{\chi}}^{ij}\right)^{\mathrm{T}} \boldsymbol{K} \left(\boldsymbol{\chi}^{kl} + \tilde{\boldsymbol{\chi}}^{kl}\right) \tag{2.24}$$

在有限元软件中，可以通过施加特征位移场 $\tilde{\boldsymbol{\chi}}^{kl}$，进行一次静力分析，得到对应的节点反力 $\tilde{\boldsymbol{f}}^{kl}$：

$$\tilde{\boldsymbol{f}}^{kl} = \boldsymbol{K}\tilde{\boldsymbol{\chi}}^{kl} \tag{2.25}$$

因此 (2.24) 式可以写成

$$E_{ijkl}^{\mathrm{H}} = \frac{1}{|Y|} \left(\boldsymbol{\chi}^{ij} + \tilde{\boldsymbol{\chi}}^{ij}\right)^{\mathrm{T}} \left(\boldsymbol{f}^{kl} + \tilde{\boldsymbol{f}}^{kl}\right) \tag{2.26}$$

　　为了更好地展示新求解算法及其与传统求解算法的不同，我们绘制了两者的流程图，如图 2.2 所示。

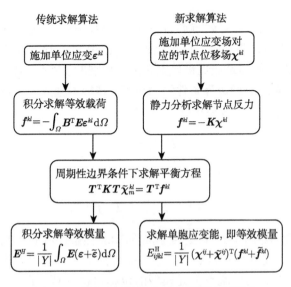

图 2.2　传统求解算法和新求解算法流程图

可以看出，两种求解算法的整个过程主要由三个部分构成：① 得到等效节点力矢量；② 求解平衡方程，得到特征位移；③ 用特征位移来求解等效模量。其中两种方法的第一步和第三步不同，而第二步是相同的。

在传统求解算法中，当组集力矢量和应变能时，我们需要在每个单元上积分，这就要求我们必须清楚与单元相关的矩阵的每一个细节，比如本构矩阵和应变–位移矩阵。对于不同的单元类型，这些与单元相关的矩阵也是不同的，所以我们必须针对不同的单元类型编写对应的列式和程序，比如实体单元、杆单元、梁单元等。这也是目前文献中已有的渐近均匀化方面的工作大多采用最简单的实体单元的原因。另一个问题是，如果模型中存在非常细小的结构，例如细小的杆件或者薄板，而我们仍然采用实体单元来离散这些结构，就会产生大量单元，导致计算量过大。所有以上这些问题对研究者来说都具有一定的挑战性，并很大程度上限制了渐近均匀化方法的应用。

在新的求解算法中，我们可以用有限元软件来完成所有的工作，比如 ANSYS。这样大大降低了新求解算法的使用门槛。在新求解算法中，不再需要在每个单元上积分。力矢量等于节点反力，而应变能可以由节点力和节点位移的乘积得到。所有需要的量都可以很容易地从有限元软件的输出中得到，我们所需要做的仅仅是编写一个脚本，实现图 2.2 所示的新方法的流程。我们可以采用有限元软件中所有可用的单元类型，而不用担心它们是如何具体实现的。如果模型中存在细小的杆件或者薄板，则我们可以用杆单元或者壳单元来离散，这样模型就能保持在较小的规模。新的求解算法像代表体元法一样简单。新方法中施加的单位位移场和应变能的概念与代表体元法中的类似，但是它具有严格的数学理论基础。

2.1.3 数值算例

第一个算例为具有单位边长的正方形单胞，中间含有一个尺寸为 0.4×0.6 的矩形孔，如图 2.3 所示，材料属性为 $E_{11} = E_{22} = 30, E_{12} = E_{66} = 10$，计算结果如表 2.1 所示。可以看出，新求解算法 (NIAH) 与传统求解算法 (TIAH) 的结果吻合良好，而采用狄利克雷边界条件的代表体元法 (RVE) 精度较差。

第二个算例为八面体桁架格栅材料，单胞如图 2.4 所示，该单胞包括一个内部的八面体和八个外部的四面体。所有杆件的长度均为 1.0。内部八面体的下面四根杆件的直径为 0.04，其他所有杆件的直径为 0.10。材料属性为 $E = 1.0, \nu = 0.3$。文献 [5] 中考虑了该结构在不同尺寸下的结果。

从表 2.2 中可以看出，新求解算法和传统求解算法的结果更为接近，代表体元法则有较大误差。传统求解算法使用了大量的四面体单元才达到了足够的精度，而新求解算法只使用了少量的梁单元。当采用越来越细的网格时，传统求解算法的结果逐渐趋近于新求解算法的结果。传统求解算法和新求解算法两者结果的不同是由于采用的单元不同。如果采用越来越细的网格，它们的结果最终会趋于一致。如果在网格数量相当的情况下，新求解算法比传统求解算法得到的结果更准确。新求解算法的计算时间远少于传统求解算法的计算时间。本算例中，新求解算法仅需要几十秒，而传统求解算法则需要几小时。

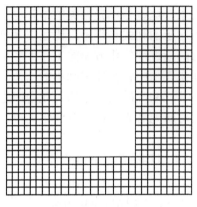

图 2.3　正方形单胞有限元网格

表 2.1　正方形单胞结果比较

方法	E_{11}^{H}	E_{22}^{H}	E_{12}^{H}	E_{66}^{H}	网格
RVE	13.221	17.765	—	3.217	604 4-node
TIAH	12.839	17.422	3.139	2.648	436 8-node
NIAH	12.857	17.435	3.155	2.661	604 4-node

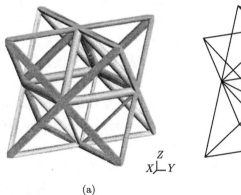
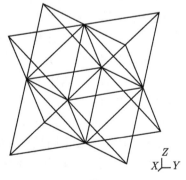

(a)　　　　　　　　　　　　　　　(b)

图 2.4　八面体桁架格栅单胞

(a) 采用实体单元的单胞；(b) 采用梁单元的单胞

表 2.2 桁架格栅材料结果比较

方法	E_{11}^{H}	E_{22}^{H}	E_{33}^{H}	E_{44}^{H}	E_{55}^{H}	E_{66}^{H}	网格
RVE	9.88×10^{-3}	9.88×10^{-3}	8.70×10^{-3}	4.23×10^{-3}	4.23×10^{-3}	5.38×10^{-3}	360 beam
TIAH	1.05×10^{-2}	1.05×10^{-2}	8.13×10^{-3}	4.14×10^{-3}	4.14×10^{-3}	5.86×10^{-3}	91934 Tet
	9.87×10^{-3}	9.87×10^{-3}	7.73×10^{-3}	3.99×10^{-3}	3.99×10^{-3}	5.70×10^{-3}	209640 Tet
	9.38×10^{-3}	9.38×10^{-3}	7.42×10^{-3}	3.86×10^{-3}	3.86×10^{-3}	5.58×10^{-3}	611644 Tet
NIAH	9.28×10^{-3}	9.28×10^{-3}	6.99×10^{-3}	3.79×10^{-3}	3.79×10^{-3}	5.50×10^{-3}	360 beam

2.1.4 周期材料 NIAH 的等价形式

从 NIAH 的等效性质计算公式 (2.24) 式可以发现，计算 $\boldsymbol{E}^{\mathrm{H}}$ 所需要的位移场为 $\bar{\chi}^{kl} = \chi^{kl} + \tilde{\chi}^{kl}$，如果我们可以直接求解位移场 $\bar{\chi}^{kl}$，就可以一步计算出等效性质 $\boldsymbol{E}^{\mathrm{H}}$，从而进一步简化计算流程，提高计算效率。为此，我们仅需要进行简单的变量代换 $\tilde{\chi}^{kl} = \bar{\chi}^{kl} - \chi^{kl}$，并代入单胞方程 (2.11) 式得到位移场 $\bar{\chi}^{kl}$ 的控制方程：

$$\frac{\partial}{\partial y_j}\left(E_{ijkl}\frac{\partial \bar{\chi}_k^{mn}}{\partial y_l}\right) = 0, \quad \text{在 } Y \text{ 中}$$

$$\left(E_{ijkl}\frac{\partial \bar{\chi}_k^{mn}}{\partial y_l}\right)n_j = 0, \quad \text{在 } S \text{ 上}$$

$$\bar{\chi}_k^{mn}\big|_{\omega_{i+}} - \bar{\chi}_k^{mn}\big|_{\omega_{i-}} = \Delta\chi_k^{mn}\big|_{\omega_i},$$

$$E_{ijkl}\frac{\partial \bar{\chi}_k^{mn}}{\partial y_l}n_j\bigg|_{\omega_{i+}} = -\left.E_{ijkl}\frac{\partial \bar{\chi}_k^{mn}}{\partial y_l}n_j\right|_{\omega_{i-}}, \quad \text{在 } \omega_{i\pm} \text{ 上}$$

(2.27)

其中，$\Delta\chi_k^{mn}\big|_{\omega_i} = \chi_k^{mn}\big|_{\omega_{i+}} - \chi_k^{mn}\big|_{\omega_{i-}}$，以二维周期材料为例，$\Delta\chi_k^{mn}\big|_{\omega_i}$ 表示成向量形式为

$$\Delta\boldsymbol{\chi}^{11}\big|_{\omega_1} = \left\{\begin{array}{c} l_1 \\ 0 \end{array}\right\}, \quad \Delta\boldsymbol{\chi}^{22}\big|_{\omega_1} = \left\{\begin{array}{c} 0 \\ 0 \end{array}\right\}, \quad \Delta\boldsymbol{\chi}^{12}\big|_{\omega_1} = \left\{\begin{array}{c} 0 \\ l_1/2 \end{array}\right\}$$

$$\Delta\boldsymbol{\chi}^{11}\big|_{\omega_2} = \left\{\begin{array}{c} 0 \\ 0 \end{array}\right\}, \quad \Delta\boldsymbol{\chi}^{22}\big|_{\omega_2} = \left\{\begin{array}{c} 0 \\ l_2 \end{array}\right\}, \quad \Delta\boldsymbol{\chi}^{12}\big|_{\omega_2} = \left\{\begin{array}{c} l_2/2 \\ 0 \end{array}\right\}$$

(2.28)

下面推导 (2.27) 式的有限元离散形式，令 $\boldsymbol{v}$ 为满足周期边界条件 $\boldsymbol{v}|_{\omega_{i+}} = \boldsymbol{v}|_{\omega_{i-}}$ 的位移场，则 (2.27) 式的等效弱形式为

$$\int_Y v_i\left(E_{ijkl}\bar{\chi}_{k,l}^{mn}\right)_{,j}\mathrm{d}\Omega - \int_S v_i E_{ijkl}\bar{\chi}_{k,l}^{mn}n_j\mathrm{d}A - \int_{\omega_{i\pm}} v_i E_{ijkl}\bar{\chi}_{k,l}^{mn}n_j\mathrm{d}A = 0 \quad (2.29)$$

化简得

$$\int_Y E_{ijkl}\bar{\chi}_{k,l}^{mn}v_{i,j}\mathrm{d}\Omega = 0 \tag{2.30}$$

令 v 为 $\bar{\chi}^{mn}$ 的变分，$v = \delta\bar{\chi}^{mn}$，代入上式得

$$\int_Y E_{ijkl}\bar{\varepsilon}_{kl}^{mn}\delta\varepsilon_{ij}^{mn}\mathrm{d}\Omega = 0 \tag{2.31}$$

其中，mn 不求和，$\delta\varepsilon_{ij}^{mn} = \dfrac{1}{2}\left(\delta\bar{\chi}_{i,j}^{mn} + \delta\bar{\chi}_{j,i}^{mn}\right)$，离散为有限元形式得

$$\left(\delta\bar{\chi}^{mn}\right)^{\mathrm{T}} \boldsymbol{K}\bar{\chi}^{mn} = 0 \tag{2.32}$$

由 (2.27) 式中位移周期边界条件可令

$$\bar{\chi}^{mn} = \boldsymbol{T}\bar{\chi}_m^{mn} + \Delta\boldsymbol{\chi}^{mn} \tag{2.33}$$

其中，$\boldsymbol{T}$ 为 (2.21) 式中的转换矩阵；$\bar{\chi}_m^{mn}$ 为主自由度；$\Delta\boldsymbol{\chi}^{mn}$ 为对应于其边界上取值为 (2.28) 式、单胞域内取值为零的位移向量。对上式变分得

$$\delta\bar{\chi}^{mn} = \boldsymbol{T}\delta\bar{\chi}_m^{mn} \tag{2.34}$$

将 (2.34) 式和 (2.33) 式代入 (2.32) 式，并考虑 $\delta\bar{\chi}_m^{mn}$ 的任意性，(2.32) 式简化为

$$\boldsymbol{T}^{\mathrm{T}}\boldsymbol{K}\boldsymbol{T}\bar{\chi}_m^{mn} = -\boldsymbol{T}^{\mathrm{T}}\boldsymbol{K}\Delta\boldsymbol{\chi}^{mn} \tag{2.35}$$

根据上式求解出 $\bar{\chi}_m^{mn}$ 后代入 (2.33) 式即可求得 $\bar{\chi}^{mn}$。随后根据 (2.24) 式即可求解等效性质 $\boldsymbol{E}^{\mathrm{H}}$，如下式：

$$E_{ijkl}^{\mathrm{H}} = \frac{1}{|Y|}\left(\bar{\chi}^{ij}\right)^{\mathrm{T}} \boldsymbol{K}\bar{\chi}^{kl} = \frac{1}{|Y|}\left(\bar{\chi}^{ij}\right)^{\mathrm{T}} \bar{\boldsymbol{f}}^{kl} \tag{2.36}$$

其中，$\bar{\boldsymbol{f}}^{kl} = \boldsymbol{K}\bar{\chi}^{kl}$。

注意，由 (2.27) 式或 (2.35) 可知，正确求解位移场 $\bar{\chi}^{mn}$ 的关键在于正确求解位移场 $\Delta\boldsymbol{\chi}^{mn}|_{\omega_i} = \boldsymbol{\chi}^{mn}|_{\omega_{i+}} - \boldsymbol{\chi}^{mn}|_{\omega_{i-}}$，其特点是周期边界 $\omega_{i\pm}$ 上位移场 $\boldsymbol{\chi}^{mn}$ 的差值，因此我们仅需正确计算周期边界 $\omega_{i\pm}$ 上 $\boldsymbol{\chi}^{mn}$ 的值，即可正确求解 $\bar{\chi}^{mn}$。对于实体单元而言，$\Delta\boldsymbol{\chi}^{mn}$ 由 (2.28) 式给出；但对于由板壳单元或梁单元建立的单胞，采用 (2.24) 式计算等效性质时则要求将 (2.19) 式中实体单元位移场 $\boldsymbol{\chi}^{mn}$ 在每个板壳/梁单元上进行转换，进而根据 NIAH 流程求解等效性质，但采用 (2.36) 式仅需在周期边界处将 (2.19) 式中实体单元位移场 $\boldsymbol{\chi}^{mn}$ 转换为板壳/梁位移场，并计算差值，即可根据 (2.35) 式求解 $\bar{\chi}^{mn}$，并代入 (2.36) 式计算等效性质。因此，当采用板壳/梁单元进行单元网格划分时，采用本节方法计算等效性质时更加简便高效。最后，还需要指出，本节的求解方法也是求解 1.1.1 节中的单胞控制方程 (1.4) 式的方法，从而进一步说明了代表体元法和渐近均匀化方法的联系。

2.2 周期板渐近均匀化方法的新数值求解算法

2.2.1 周期板壳渐近均匀化方法简介

这里采用文献 [6]~[8] 中的周期板壳结构渐近均匀化方法，为了便于读者阅读，我们下面介绍这一推导过程。考虑一个在面内具有周期性微结构的一般性三维周期板壳结构，如图 2.5(a) 所示，周期性单胞如图 2.5(b) 所示。假设板壳的厚度和单胞尺寸均远小于宏观结构尺寸。周期单胞的特征尺寸由小参数 ε 描述。

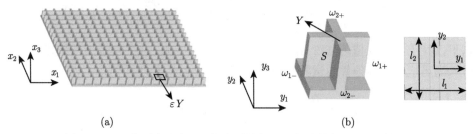

图 2.5 (a) 在面内具有周期性微结构的三维复合材料板；(b) 单胞

宏观板结构由慢变量 x_i $(i=1,2,3)$ 坐标系 $Ox_1x_2x_3$ 描述，所占区域为 Ω^ε，位移边界条件为 S_u^ε，面力边界条件为 S_σ^ε。引入快变量 $y_i = \dfrac{x_i}{\varepsilon}(i=1,2,3)$，单胞由坐标系 $Oy_1y_2y_3$ 描述，单胞所占区域为 Y，周期边界为 $\omega_{1\pm}$ 和 $\omega_{2\pm}$，非周期边界为 S。为了模拟复合材料的不均匀性和周期性，假设随结构内物质点坐标 x_1, x_2, x_3 而变化的弹性系数 $E_{ijkl}(x_1, x_2, x_3)$ 是 x_1, x_2 的周期函数，周期是单胞 Y 在面内方向的尺寸。

按照三维弹性理论，三维板壳的弹性力学问题可以写成

$$
\begin{aligned}
&\frac{\partial \sigma_{ij}^\varepsilon}{\partial x_j} + f_i^\varepsilon = 0, \quad \text{在 } \Omega^\varepsilon \text{ 中} \\
&\sigma_{ij}^\varepsilon n_j = p_i^\varepsilon, \quad \text{在 } S_\sigma^\varepsilon \text{ 上} \\
&u_m^\varepsilon = u^0, \quad \text{在 } S_u^\varepsilon \text{ 上}
\end{aligned}
\tag{2.37}
$$

其中，$\sigma_{ij}^\varepsilon = E_{ijkl}\varepsilon_{kl}^\varepsilon$，$\varepsilon_{kl}^\varepsilon = \dfrac{1}{2}\left(\dfrac{\partial u_k^\varepsilon}{\partial x_l} + \dfrac{\partial u_l^\varepsilon}{\partial x_k}\right)$。$\boldsymbol{\sigma}^\varepsilon$ 为应力张量；$\boldsymbol{u}^\varepsilon$ 为位移张量；$\boldsymbol{f}^\varepsilon$ 和 $\boldsymbol{p}^\varepsilon$ 分别为作用于 Ω^ε 的体力和作用于 S_σ^ε 的面力，其在三个坐标方向的分量与 ε 阶次关系为

$$
\boldsymbol{f}^\varepsilon = \left\{\varepsilon f_1 \quad \varepsilon f_2 \quad \varepsilon^2 f_3\right\}^{\mathrm{T}}, \quad \boldsymbol{p}^\varepsilon = \left\{\varepsilon^2 p_1 \quad \varepsilon^2 p_2 \quad \varepsilon^3 p_3\right\}^{\mathrm{T}}
\tag{2.38}
$$

将位移场按小参数展开为

$$\boldsymbol{u}^{\varepsilon}(\boldsymbol{x}) = \boldsymbol{u}^{(0)}(x_1, x_2, \boldsymbol{y}) + \varepsilon \boldsymbol{u}^{(1)}(x_1, x_2, \boldsymbol{y}) + \varepsilon^2 \boldsymbol{u}^{(2)}(x_1, x_2, \boldsymbol{y}) + \cdots \qquad (2.39)$$

将 (2.39) 式代入应力 $\boldsymbol{\sigma}^{\varepsilon}$ 并考虑求导法则 $\dfrac{\partial}{\partial x_{\alpha}} = \dfrac{\partial}{\partial x_{\alpha}} + \dfrac{1}{\varepsilon}\dfrac{\partial}{\partial y_{\alpha}}, \dfrac{\partial}{\partial x_3} = \dfrac{1}{\varepsilon}\dfrac{\partial}{\partial y_3}$ 得

$$\sigma_{ij}^{\varepsilon} = \sum_{p=-1}^{\infty} \varepsilon^p \sigma_{ij}^{(p)}$$

$$\sigma_{ij}^{(-1)} = E_{ijkl}\frac{\partial u_k^{(0)}}{\partial y_l}, \quad \sigma_{ij}^{(p)} = E_{ijk\alpha}\frac{\partial u_k^{(p)}}{\partial x_{\alpha}} + E_{ijkl}\frac{\partial u_k^{(p+1)}}{\partial y_l}, \quad p \geqslant 0 \qquad (2.40)$$

这里, 拉丁字母取值为 $1, 2, 3$, 希腊字母取值为 $1, 2$, 并采用爱因斯坦求和约定。引入满足位移边界条件的试验函数 $\boldsymbol{v}^{\varepsilon}$, 得到 (2.37) 式的弱形式

$$\int_{\Omega^{\varepsilon}} \sigma_{ij}^{\varepsilon}\frac{\partial v_i^{\varepsilon}}{\partial x_j}\mathrm{d}\Omega = \int_{\Omega^{\varepsilon}} f_i^{\varepsilon} v_i^{\varepsilon}\mathrm{d}\Omega + \int_{S_{\sigma}^{\varepsilon}} p_i^{\varepsilon} v_i^{\varepsilon}\mathrm{d}S \qquad (2.41)$$

将 (2.40) 式代入 (2.41) 式得

$$\sum_{p=-1}^{\infty} \int_{\Omega^{\varepsilon}} \left(\varepsilon^p \sigma_{i\alpha}^{(p)}\frac{\partial v_i^{\varepsilon}}{\partial x_{\alpha}} + \varepsilon^{p-1} \sigma_{ij}^{(p)}\frac{\partial v_i^{\varepsilon}}{\partial y_j} \right)\mathrm{d}\Omega = \int_{\Omega^{\varepsilon}} f_i^{\varepsilon} v_i^{\varepsilon}\mathrm{d}\Omega + \int_{S_{\sigma}^{\varepsilon}} p_i^{\varepsilon} v_i^{\varepsilon}\mathrm{d}S \quad (2.42)$$

令 $\boldsymbol{v}^{\varepsilon} = \boldsymbol{w}(x_1, x_2) = (w_1, w_2, w_3)^{\mathrm{T}}$, 并考虑到 $\varepsilon \to 0$, 得到如下等式:

$$\sum_{p=-1}^{\infty} \varepsilon^{p+1} \int_D \left\langle \sigma_{i\alpha}^{(p)} \right\rangle \frac{\partial w_i}{\partial x_{\alpha}}\mathrm{d}\Omega$$

$$= \varepsilon^2 \int_D [\langle f_{\alpha}^{\varepsilon}\rangle + \langle p_{\alpha}^{\varepsilon}\rangle_S] w_{\alpha}\mathrm{d}\Omega + \varepsilon^3 \int_D [\langle f_3^{\varepsilon}\rangle + \langle p_3^{\varepsilon}\rangle_S] w_3\mathrm{d}S \qquad (2.43)$$

其中, 区域 D 为 Ω^{ε} 在 $x_1 x_2$ 平面上的投影; $\langle \cdot \rangle = \dfrac{1}{|Y|}\int_Y \cdot \mathrm{d}\boldsymbol{y}, \langle \cdot \rangle_S = \dfrac{1}{|Y|}\int_S \cdot \mathrm{d}\boldsymbol{y}$, $|Y| = l_1 l_2$。定义合力 $N_{ij}^{(p)} = \left\langle \sigma_{ij}^{(p)} \right\rangle$, 则 (2.43) 式前三阶等式为

$$\int_D N_{i\alpha}^{(-1)}\frac{\partial w_i}{\partial x_{\alpha}}\mathrm{d}\Omega = 0, \quad \int_D N_{i\alpha}^{(0)}\frac{\partial w_i}{\partial x_{\alpha}}\mathrm{d}\Omega = 0$$

$$\int_D N_{i\alpha}^{(1)}\frac{\partial w_i}{\partial x_{\alpha}}\mathrm{d}\Omega = \int_D [\langle f_{\alpha}^{\varepsilon}\rangle + \langle p_{\alpha}^{\varepsilon}\rangle_s] w_{\alpha}\mathrm{d}\Omega \qquad (2.44)$$

$$\int_D N_{i\alpha}^{(2)}\frac{\partial w_i}{\partial x_{\alpha}}\mathrm{d}\Omega = \int_D [\langle f_3^{\varepsilon}\rangle + \langle p_3^{\varepsilon}\rangle_s] w_3\mathrm{d}S$$

由于位移 $\boldsymbol{w}$ 的任意性，对 (2.44) 式化简得

$$\frac{\partial N_{i\alpha}^{(-1)}}{\partial x_\alpha} = 0, \quad \frac{\partial N_{i\alpha}^{(0)}}{\partial x_\alpha} = 0$$

$$\frac{\partial N_{\alpha\beta}^{(1)}}{\partial x_\beta} + \langle f_\alpha^\varepsilon \rangle + \langle p_\alpha^\varepsilon \rangle_s = 0, \quad \frac{\partial N_{3\beta}^{(1)}}{\partial x_\beta} = 0 \tag{2.45}$$

$$\frac{\partial N_{\alpha\beta}^{(2)}}{\partial x_\beta} = 0, \quad \frac{\partial N_{3\beta}^{(2)}}{\partial x_\beta} + \langle f_3^\varepsilon \rangle + \langle p_3^\varepsilon \rangle_s = 0$$

另一方面，令位移场 $\boldsymbol{v}^\varepsilon = y_3 \boldsymbol{w}\,(\xi_1, \xi_2)$，代入 (2.42) 式并考虑到 $\varepsilon \to 0$，得

$$\sum_{p=-1}^{\infty} \left[\varepsilon^{p+1} \int_D \left\langle y_3 \sigma_{i\alpha}^{(p)} \right\rangle \frac{\partial w_i}{\partial x_\alpha} \mathrm{d}\Omega + \varepsilon^p \int_D \left\langle \sigma_{i3}^{(p)} \right\rangle w_i \mathrm{d}\Omega \right]$$

$$= \varepsilon^2 \int_D \left[\langle y_3 f_\alpha^\varepsilon \rangle + \langle y_3 p_\alpha^\varepsilon \rangle_s \right] w_\alpha \mathrm{d}\Omega + \varepsilon^3 \int_D \left[\langle y_3 f_3^\varepsilon \rangle + \langle y_3 p_3^\varepsilon \rangle_s \right] w_3 \mathrm{d}S \tag{2.46}$$

定义合力矩 $M_{i\alpha}^{(p)} = \left\langle y_3 \sigma_{i\alpha}^{(p)} \right\rangle$，并取上式前四项得

$$\int_D N_{i3}^{(-1)} w_i \mathrm{d}\Omega = 0$$

$$\int_D M_{i\alpha}^{(-1)} \frac{\partial w_i}{\partial x_\alpha} \mathrm{d}\Omega + \int_D N_{i3}^{(0)} w_i \mathrm{d}\Omega = 0$$

$$\int_D M_{i\alpha}^{(0)} \frac{\partial w_i}{\partial x_\alpha} \mathrm{d}\Omega + \int_D N_{i3}^{(1)} w_i \mathrm{d}\Omega = 0 \tag{2.47}$$

$$\int_D M_{i\alpha}^{(1)} \frac{\partial w_i}{\partial x_\alpha} \mathrm{d}\Omega + \int_D N_{i3}^{(2)} w_i \mathrm{d}\Omega = \int_D \left[\langle y_3 f_\alpha^\varepsilon \rangle + \langle y_3 p_\alpha^\varepsilon \rangle_s \right] w_\alpha \mathrm{d}\Omega$$

对上式分部积分，并考虑 $\boldsymbol{w}$ 的任意性得

$$N_{i3}^{(-1)} = 0$$

$$\frac{\partial M_{i\alpha}^{(-1)}}{\partial \xi_\alpha} - N_{i3}^{(0)} = 0, \quad \frac{\partial M_{i\alpha}^{(0)}}{\partial \xi_\alpha} - N_{i3}^{(1)} = 0 \tag{2.48}$$

$$\frac{\partial M_{\alpha\beta}^{(1)}}{\partial \xi_\beta} - N_{3\beta}^{(2)} + \langle y_3 f_\alpha^\varepsilon \rangle + \langle y_3 p_\alpha^\varepsilon \rangle_s = 0$$

另一方面，将 (2.40) 式代入 (2.37) 式，并依 ε 幂次展开得

$$
\varepsilon^{-2}:\begin{cases} \dfrac{\partial \sigma_{ij}^{(-1)}}{\partial y_j}=0, & \text{在 } Y \text{ 中} \\[3mm] \sigma_{ij}^{(-1)}n_j=0, & \text{在 } S \text{ 上} \end{cases}; \qquad \varepsilon^{-1}:\begin{cases} \dfrac{\partial \sigma_{i\alpha}^{(-1)}}{\partial x_\alpha}+\dfrac{\partial \sigma_{ij}^{(0)}}{\partial y_j}=0, & \text{在 } Y \text{ 中} \\[3mm] \sigma_{ij}^{(0)}n_j=0, & \text{在 } S \text{ 上} \end{cases};
$$

$$
\varepsilon^{0}:\begin{cases} \dfrac{\partial \sigma_{i\alpha}^{(0)}}{\partial x_\alpha}+\dfrac{\partial \sigma_{ij}^{(1)}}{\partial y_j}=0, & \text{在 } Y \text{ 中} \\[3mm] \sigma_{ij}^{(1)}n_j=0, & \text{在 } S \text{ 上} \end{cases}
$$

$$
\tag{2.49}
$$

其中 $\boldsymbol{n}$ 为边界 S 的单位外法线向量。对 ε^{-2} 项展开得

$$
\begin{cases} \dfrac{\partial}{\partial y_j}\left(E_{ijkl}\dfrac{\partial u_k^{(0)}}{\partial y_l}\right)=0, & \text{在 } Y \text{ 中} \\[4mm] \left(E_{ijkl}\dfrac{\partial u_k^{(0)}}{\partial y_l}\right)n_j=0, & \text{在 } S \text{ 上} \end{cases}
\tag{2.50}
$$

因此 $\boldsymbol{u}^{(0)}$ 仅为慢坐标的函数且 $\sigma_{ij}^{(-1)}=0$, 所以

$$
u_k^{(0)}=u_k^{(0)}\left(x_1,x_2\right), \quad \sigma_{ij}^{(-1)}=0, \quad N_{ij}^{(-1)}=0, \quad M_{ij}^{(-1)}=0
\tag{2.51}
$$

将 ε^{-1} 项展开得

$$
\begin{cases} \dfrac{\partial}{\partial y_j}\left(E_{ijk\alpha}\dfrac{\partial u_k^{(0)}}{\partial x_\alpha}+E_{ijkl}\dfrac{\partial u_k^{(1)}}{\partial y_l}\right)=0, & \text{在 } Y \text{ 中} \\[4mm] \left(E_{ijk\alpha}\dfrac{\partial u_k^{(0)}}{\partial x_\alpha}+E_{ijkl}\dfrac{\partial u_k^{(1)}}{\partial y_l}\right)n_j=0, & \text{在 } S \text{ 上} \end{cases}
\tag{2.52}
$$

由上式可假设 $u_k^{(1)}$ 形式为

$$
u_k^{(1)}=U_k^{m\beta}\left(\boldsymbol{y}\right)\dfrac{\partial u_m^{(0)}}{\partial x_\beta}+v_k\left(x_1,x_2\right)
\tag{2.53}
$$

其中 $U_k^{m\beta}\left(\boldsymbol{y}\right)$ 为周期函数, 周期是单胞 Y 在面内方向的尺寸。易知当 $m=3$ 时, $U_k^{3\beta}\left(\boldsymbol{y}\right)$ 可以表示为 $U_k^{3\beta}=-y_3\delta_{k\beta}$, 因此 $u_k^{(1)}$ 可以表示为

$$
u_k^{(1)}=-y_3\delta_{k\beta}\dfrac{\partial u_3^{(0)}}{\partial x_\beta}+U_k^{\alpha\beta}\left(\boldsymbol{y}\right)\dfrac{\partial u_\alpha^{(0)}}{\partial x_\beta}+v_k\left(x_1,x_2\right)
\tag{2.54}
$$

因此 $N_{ij}^{(0)}=\left\langle E_{ij\alpha\beta}+E_{ijkl}J_{nl}\dfrac{\partial U_k^{\alpha\beta}}{\partial y_n}\right\rangle\dfrac{\partial u_\alpha^{(0)}}{\partial \xi_\beta}$。将 $N_{ij}^{(0)}$ 代入 (2.45) 式, 并考虑边

界条件 $u_\alpha^{(0)} = 0\,(\partial D)$，得 $u_\alpha^{(0)} = 0, \sigma_{ij}^{(0)} = 0, N_{ij}^{(0)} = 0, M_{ij}^{(0)} = 0$。$u_k^{(1)}$ 为

$$u_k^{(1)} = -y_3 \delta_{k\beta} \frac{\partial u_3^{(0)}}{\partial x_\beta} + \delta_{\alpha k} v_\alpha \left(x_1, x_2 \right) \tag{2.55}$$

考虑式 (2.51) 中 $u_k^{(0)}$ 和式 (2.53) 中 $u_k^{(1)}$，并对 (2.49) 式中 ε^0 项展开得

$$\begin{cases} \dfrac{\partial}{\partial y_j} \left(-y_3 E_{ij\alpha\beta} \dfrac{\partial^2 u_3^{(0)}}{\partial x_\alpha \partial x_\beta} + E_{ij\alpha\beta} \dfrac{\partial v_\alpha}{\partial x_\beta} + E_{ijkl} \dfrac{\partial u_k^{(2)}}{\partial y_l} \right) = 0, \quad \text{在 } Y \text{ 中} \\[4mm] \left(-y_3 E_{ij\alpha\beta} \dfrac{\partial^2 u_3^{(0)}}{\partial x_\alpha \partial x_\beta} + E_{ij\alpha\beta} \dfrac{\partial v_\alpha}{\partial \xi_\beta} + E_{ijkl} \dfrac{\partial u_k^{(2)}}{\partial y_l} \right) n_j = 0, \quad \text{在 } S \text{ 上} \end{cases} \tag{2.56}$$

令 $u_k^{(2)} = U_k^{\alpha\beta}(\boldsymbol{y}) \dfrac{\partial v_\alpha}{\partial x_\beta} - U_k^{*\alpha\beta}(\boldsymbol{y}) \dfrac{\partial^2 u_3^{(0)}}{\partial x_\alpha \partial x_\beta} + v'(x_1, x_2)$，并代入 (2.56) 式得到单胞方程

$$\begin{cases} \dfrac{\partial}{\partial y_j} \left(E_{ij\alpha\beta} + E_{ijkl} \dfrac{\partial U_k^{\alpha\beta}}{\partial y_l} \right) = 0, \quad \text{在 } Y \text{ 中} \\[4mm] \left(E_{ij\alpha\beta} + E_{ijkl} \dfrac{\partial U_k^{\alpha\beta}}{\partial y_l} \right) n_j = 0, \quad \text{在 } S \text{ 上} \\[6mm] \dfrac{\partial}{\partial y_j} \left(y_3 E_{ij\alpha\beta} + E_{ijkl} \dfrac{\partial U_k^{*\alpha\beta}}{\partial y_l} \right) = 0, \quad \text{在 } Y \text{ 中} \\[4mm] \left(y_3 E_{ij\alpha\beta} + E_{ijkl} \dfrac{\partial U_k^{*\alpha\beta}}{\partial y_l} \right) n_j = 0, \quad \text{在 } S \text{ 上} \end{cases} \tag{2.57}$$

其中，$U_k^{\alpha\beta}$ 和 $U_k^{*\alpha\beta}$ 均为周期函数，周期是单胞 Y 在面内方向的尺寸，满足下式：

$$U_k^{\alpha\beta}\Big|_{\omega_{\alpha+}} = U_k^{\alpha\beta}\Big|_{\omega_{\alpha-}}, \quad U_k^{*\alpha\beta}\Big|_{\omega_{\alpha+}} = U_k^{*\alpha\beta}\Big|_{\omega_{\alpha-}} \quad (\alpha = 1, 2) \tag{2.58}$$

方便起见，定义下式：

$$\begin{aligned} & b_{ij}^{\alpha\beta} = E_{ij\alpha\beta} + E_{ijkl} \frac{\partial U_k^{\alpha\beta}}{\partial y_l}, \quad b_{ij}^* = y_3 E_{ij\alpha\beta} + E_{ijkl} \frac{\partial U_k^{*\alpha\beta}}{\partial y_l}, \\ & \varepsilon_{\alpha\beta} = \frac{1}{2} \left(\frac{\partial v_\alpha}{\partial x_\beta} + \frac{\partial v_\beta}{\partial x_\alpha} \right), \quad \kappa_{\alpha\beta} = -\frac{\partial^2 u_3^{(0)}}{\partial x_\alpha \partial x_\beta} \end{aligned} \tag{2.59}$$

因此单胞方程简化为

$$\begin{cases} \dfrac{\partial b_{ij}^{\alpha\beta}}{\partial y_j} = 0, & 在 Y 中 \\ b_{ij}^{\alpha\beta} n_j = 0, & 在 S 上 \end{cases}, \quad \begin{cases} \dfrac{\partial b_{ij}^{*\alpha\beta}}{\partial y_j} = 0, & 在 Y 中 \\ b_{ij}^{*\alpha\beta} n_j = 0, & 在 S 上 \end{cases} \tag{2.60}$$

所以应力 $\sigma_{ij}^{(1)}$, 合力 $N_{ij}^{(1)}$ 和合力矩 $M_{ij}^{(1)}$ 可以写为

$$\sigma_{ij}^{(1)} = b_{ij}^{\alpha\beta} \varepsilon_{\alpha\beta} + b_{ij}^{*\alpha\beta} \kappa_{\alpha\beta}$$

$$N_{ij}^{(1)} = \left\langle b_{ij}^{\alpha\beta} \right\rangle \varepsilon_{\alpha\beta} + \left\langle b_{ij}^{*\alpha\beta} \right\rangle \kappa_{\alpha\beta}, \quad M_{ij}^{(1)} = \left\langle y_3 b_{ij}^{\alpha\beta} \right\rangle \varepsilon_{\alpha\beta} + \left\langle y_3 b_{ij}^{*\alpha\beta} \right\rangle \kappa_{\alpha\beta} \tag{2.61}$$

另一方面, 易知下式成立:

$$\left\langle b_{3i}^{\alpha\beta} \right\rangle = 0, \quad \left\langle y_3 b_{3i}^{\alpha\beta} \right\rangle = 0, \quad \left\langle b_{3i}^{*\alpha\beta} \right\rangle = 0, \quad \left\langle y_3 b_{3i}^{*\alpha\beta} \right\rangle = 0, \quad \left\langle b_{\mu\nu}^{*\alpha\beta} \right\rangle = \left\langle y_3 b_{\mu\nu}^{\alpha\beta} \right\rangle$$

$$\left\langle b_{\mu\nu}^{\alpha\beta} \right\rangle = \left\langle b_{\alpha\beta}^{\mu\nu} \right\rangle, \quad \left\langle b_{\mu\nu}^{*\alpha\beta} \right\rangle = \left\langle b_{\alpha\beta}^{*\mu\nu} \right\rangle, \quad \left\langle y_3 b_{\mu\nu}^{*\alpha\beta} \right\rangle = \left\langle y_3 b_{\alpha\beta}^{*\mu\nu} \right\rangle \tag{2.62}$$

因此本构方程为

$$N_{\mu\nu}^{(1)} = \left\langle b_{\mu\nu}^{\alpha\beta} \right\rangle \varepsilon_{\alpha\beta} + \left\langle b_{\mu\nu}^{*\alpha\beta} \right\rangle \kappa_{\alpha\beta}, \quad M_{\mu\nu}^{(1)} = \left\langle y_3 b_{\mu\nu}^{\alpha\beta} \right\rangle \varepsilon_{\alpha\beta} + \left\langle y_3 b_{\mu\nu}^{*\alpha\beta} \right\rangle \kappa_{\alpha\beta} \tag{2.63}$$

对应的宏观平衡方程为

$$\frac{\partial N_{\alpha\beta}^{(1)}}{\partial \xi_\beta} + \langle f_\alpha^\varepsilon \rangle + \langle p_\alpha^\varepsilon \rangle_s = 0, \quad \frac{\partial N_{3\beta}^{(2)}}{\partial \xi_\beta} + \langle f_3^\varepsilon \rangle + \langle p_3^\varepsilon \rangle_s = 0$$

$$\frac{\partial M_{\alpha\beta}^{(1)}}{\partial \xi_\beta} - N_{3\beta}^{(2)} + \langle y_3 f_\alpha^\varepsilon \rangle + \langle y_3 p_\alpha^\varepsilon \rangle_s = 0 \tag{2.64}$$

求解单胞方程 (2.60) 式后, 即可求解等效性质 (2.63) 式。(2.63) 式也可以写成如下矩阵形式:

$$\begin{bmatrix} N_{11}^{(1)} \\ N_{22}^{(1)} \\ N_{12}^{(1)} \\ M_{11}^{(1)} \\ M_{22}^{(1)} \\ M_{12}^{(1)} \end{bmatrix} = \begin{bmatrix} \langle b_{11}^{11} \rangle & \langle b_{11}^{22} \rangle & \langle b_{11}^{12} \rangle & \langle z b_{11}^{11} \rangle & \langle z b_{11}^{22} \rangle & \langle z b_{11}^{12} \rangle \\ \langle b_{11}^{22} \rangle & \langle b_{22}^{22} \rangle & \langle b_{22}^{12} \rangle & \langle z b_{11}^{22} \rangle & \langle z_{22}^{22} \rangle & \langle z b_{22}^{12} \rangle \\ \langle b_{11}^{12} \rangle & \langle b_{22}^{12} \rangle & \langle b_{12}^{12} \rangle & \langle z b_{11}^{12} \rangle & \langle z b_{22}^{12} \rangle & \langle z b_{12}^{12} \rangle \\ \langle b_{11}^{*11} \rangle & \langle b_{11}^{*22} \rangle & \langle b_{11}^{*12} \rangle & \langle z b_{11}^{*11} \rangle & \langle z b_{11}^{*22} \rangle & \langle z b_{11}^{*12} \rangle \\ \langle b_{11}^{*22} \rangle & \langle b_{22}^{*22} \rangle & \langle b_{22}^{*12} \rangle & \langle z b_{11}^{*22} \rangle & \langle z b_{22}^{*22} \rangle & \langle z b_{22}^{*12} \rangle \\ \langle b_{11}^{*12} \rangle & \langle b_{22}^{*12} \rangle & \langle b_{12}^{*12} \rangle & \langle z b_{11}^{*12} \rangle & \langle z b_{22}^{*12} \rangle & \langle z b_{12}^{*12} \rangle \end{bmatrix} \begin{bmatrix} \varepsilon_{11} \\ \varepsilon_{22} \\ 2\varepsilon_{12} \\ \kappa_{11} \\ \kappa_{22} \\ 2\kappa_{12} \end{bmatrix}$$

$$\tag{2.65}$$

将应力和弯矩分别记为 $N_1 = N_{11}^{(1)}, N_2 = N_{22}^{(1)}, M_1 = M_{11}^{(1)}, M_2 = M_{22}^{(1)}$，等效刚度记为拉伸刚度 $\boldsymbol{A}$，耦合刚度 $\boldsymbol{B}$ 和弯曲刚度 $\boldsymbol{D}$，则 (2.65) 式也可以写成

$$
\begin{bmatrix} N_1 \\ N_2 \\ N_{12} \\ M_1 \\ M_2 \\ M_{12} \end{bmatrix} = \begin{bmatrix} A_{11} & A_{12} & A_{16} & B_{11} & B_{12} & B_{16} \\ A_{12} & A_{22} & A_{26} & B_{12} & B_{22} & B_{26} \\ A_{16} & A_{26} & A_{66} & B_{16} & B_{26} & B_{66} \\ B_{11} & B_{12} & B_{16} & D_{11} & D_{12} & D_{16} \\ B_{12} & B_{22} & B_{26} & D_{12} & D_{22} & D_{26} \\ B_{16} & B_{26} & B_{66} & D_{16} & D_{26} & D_{66} \end{bmatrix} \begin{bmatrix} \varepsilon_{11} \\ \varepsilon_{22} \\ 2\varepsilon_{12} \\ \kappa_{11} \\ \kappa_{22} \\ 2\kappa_{12} \end{bmatrix} \tag{2.66}
$$

2.2.2 等效刚度有限元求解列式

前面提到的板壳结构的单胞方程从形式上看起来很难求解，因此在采用这一渐近均匀化方法的应用方面，文献主要集中在解析求解一些微结构很简单的问题的单胞方程，推导得到等效性质的解析解。他们没有考虑单胞问题的数值解法。然而，数值解法，尤其是有限元方法，是求解具有复杂微结构的实际问题和计算等效性质的非常有效的一类方法。本节将推导均匀化方法的有限元列式。

首先单胞方程可以写成

$$
\begin{cases} \dfrac{\partial b_{ij}^{\alpha\beta}}{\partial y_j} = 0, & \text{在 } Y \text{ 中} \\ b_{ij}^{\alpha\beta} n_j = 0, & \text{在 } S \text{ 上} \end{cases} , \quad \begin{cases} \dfrac{\partial b_{ij}^{*\alpha\beta}}{\partial y_j} = 0, & \text{在 } Y \text{ 中} \\ b_{ij}^{*\alpha\beta} n_j = 0, & \text{在 } S \text{ 上} \end{cases} \tag{2.67}
$$

其中，

$$
\begin{aligned} b_{ij}^{\lambda\mu} &= E_{ijnk} \dfrac{\partial U_n^{\lambda\mu}}{\partial y_k} + E_{ij\lambda\mu} \\ b_{ij}^{*\lambda\mu} &= E_{ijnk} \dfrac{\partial V_n^{\lambda\mu}}{\partial y_k} + y_3 E_{ij\lambda\mu} \end{aligned} \tag{2.68}
$$

对所有的 $\lambda\mu$ 均成立。(2.67) 式与弹性理论中的平衡方程、边界条件及本构方程在形式上十分相似。下面推导其等效积分弱形式

$$
\begin{aligned} \int_{\Omega} v_i^{\lambda\mu} b_{ij,j}^{\lambda\mu} \mathrm{d}\Omega - \int_S v_i^{\lambda\mu} n_j^{\pm} b_{ij}^{\lambda\mu} \mathrm{d}S &= 0 \\ \int_{\Omega} v_i^{\lambda\mu} b_{ij,j}^{*\lambda\mu} \mathrm{d}\Omega - \int_S v_i^{\lambda\mu} n_j^{\pm} b_{ij}^{*\lambda\mu} \mathrm{d}S &= 0 \end{aligned} \tag{2.69}
$$

其中，$v_i^{\lambda\mu}$ 为任意可能的广义虚位移，且 $\lambda\mu$ 不求和。对上式体积分进行分部积分得

$$
\begin{aligned}
\int_{\Omega} v_i^{\lambda\mu} b_{ij,j}^{\lambda\mu} \mathrm{d}\Omega &= \int_{\Omega} \left(v_i^{\lambda\mu} b_{ij}^{\lambda\mu} \right)_{,j} \mathrm{d}\Omega - \int_{\Omega} v_{i,j}^{\lambda\mu} b_{ij}^{\lambda\mu} \mathrm{d}\Omega \\
&= \int_{S} v_i^{\lambda\mu} n_j^{\pm} b_{ij}^{\lambda\mu} \mathrm{d}S - \int_{\Omega} v_{i,j}^{\lambda\mu} b_{ij}^{\lambda\mu} \mathrm{d}\Omega \\
\int_{\Omega} v_i^{\lambda\mu} b_{ij,j}^{*\lambda\mu} \mathrm{d}\Omega &= \int_{\Omega} \left(v_i^{\lambda\mu} b_{ij}^{*\lambda\mu} \right)_{,j} \mathrm{d}\Omega - \int_{\Omega} v_{i,j}^{\lambda\mu} b_{ij}^{*\lambda\mu} \mathrm{d}\Omega \\
&= \int_{S} v_i^{\lambda\mu} n_j^{\pm} b_{ij}^{*\lambda\mu} \mathrm{d}S - \int_{\Omega} v_{i,j}^{\lambda\mu} b_{ij}^{*\lambda\mu} \mathrm{d}\Omega
\end{aligned}
\tag{2.70}
$$

将 (2.70) 式回代至 (2.69) 式得

$$
\begin{aligned}
\int_{\Omega} v_{i,j}^{\lambda\mu} b_{ij}^{\lambda\mu} \mathrm{d}\Omega &= \int_{\Omega} v_{i,j}^{\lambda\mu} \left(E_{ijnk} U_{n,k}^{\lambda\mu} + E_{ij\lambda\mu} \right) \mathrm{d}\Omega = 0 \\
\int_{\Omega} v_{i,j}^{\lambda\mu} b_{ij}^{*\lambda\mu} \mathrm{d}\Omega &= \int_{\Omega} v_{i,j}^{\lambda\mu} \left(E_{ijnk} V_{n,k}^{\lambda\mu} + y_3 E_{ij\lambda\mu} \right) \mathrm{d}\Omega = 0
\end{aligned}
\tag{2.71}
$$

进一步化简为

$$
\begin{aligned}
\int_{\Omega} v_{i,j}^{\lambda\mu} b_{ij}^{\lambda\mu} \mathrm{d}\Omega &= \int_{\Omega} v_{i,j}^{\lambda\mu} \left(E_{ijnk} U_{n,k}^{\lambda\mu} + E_{ijmn} \varepsilon_{mn}^{\lambda\mu} \right) \mathrm{d}\Omega = 0 \\
\int_{\Omega} v_{i,j}^{\lambda\mu} b_{ij}^{*\lambda\mu} \mathrm{d}\Omega &= \int_{\Omega} v_{i,j}^{\lambda\mu} \left(E_{ijnk} V_{n,k}^{\lambda\mu} + y_3 E_{ijmn} \varepsilon_{mn}^{\lambda\mu} \right) \mathrm{d}\Omega = 0
\end{aligned}
\tag{2.72}
$$

上式中，$\varepsilon_{mn}^{\lambda\mu} = \dfrac{1}{2} \left(\delta_{\lambda m} \delta_{\mu n} + \delta_{\lambda n} \delta_{\mu m} \right)$ 为单位应变。令上式中 $\boldsymbol{v}^{\lambda\mu}$ 分别为 $\boldsymbol{U}^{\lambda\mu}$ 和 $\boldsymbol{V}^{\lambda\mu}$ 的变分，并进行有限元离散得

$$
\begin{aligned}
\int_{\Omega} \boldsymbol{B}^{\mathrm{T}} \boldsymbol{E} \boldsymbol{B} \mathrm{d}\Omega \tilde{\boldsymbol{\chi}}^{\lambda\mu} &= -\int_{\Omega} \boldsymbol{B}^{\mathrm{T}} \boldsymbol{E} \varepsilon^{\lambda\mu} \mathrm{d}\Omega \\
\int_{\Omega} \boldsymbol{B}^{\mathrm{T}} \boldsymbol{E} \boldsymbol{B} \mathrm{d}\Omega \tilde{\boldsymbol{\chi}}^{*\lambda\mu} &= -\int_{\Omega} y_3 \boldsymbol{B}^{\mathrm{T}} \boldsymbol{E} \varepsilon^{\lambda\mu} \mathrm{d}\Omega
\end{aligned}
\tag{2.73}
$$

其中，$\tilde{\boldsymbol{\chi}}^{\lambda\mu}$ 和 $\tilde{\boldsymbol{\chi}}^{*\lambda\mu}$ 分别为 $\boldsymbol{U}^{\lambda\mu}$ 和 $\boldsymbol{V}^{\lambda\mu}$ 有限元离散后的位移向量；$\boldsymbol{B}$ 为应变位移矩阵；$\boldsymbol{E}$ 为弹性张量矩阵；$\varepsilon^{\lambda\mu}$ 为单位应变向量，如下式：

$$
\varepsilon^{11} = \left\{ \begin{array}{c} 1 \\ 0 \\ 0 \\ 0 \\ 0 \\ 0 \end{array} \right\}, \quad
\varepsilon^{22} = \left\{ \begin{array}{c} 0 \\ 1 \\ 0 \\ 0 \\ 0 \\ 0 \end{array} \right\}, \quad
\varepsilon^{12} = \left\{ \begin{array}{c} 0 \\ 0 \\ 0 \\ 0 \\ 0 \\ 1 \end{array} \right\}
\tag{2.74}
$$

(2.73) 式化简得

$$K\tilde{\chi}^{\lambda\mu} = f^{\lambda\mu}, \quad K\tilde{\chi}^{*\lambda\mu} = f^{*\lambda\mu}$$

$$K = \int_{\Omega} B^{\mathrm{T}} c B \mathrm{d}\Omega$$

$$f^{\lambda\mu} = -\int_{\Omega} B^{\mathrm{T}} c \varepsilon^{\lambda\mu} \mathrm{d}\Omega \qquad (2.75)$$

$$f^{*\lambda\mu} = -\int_{\Omega} y_3 B^{\mathrm{T}} c \varepsilon^{\lambda\mu} \mathrm{d}\Omega$$

其中，K 是总刚度矩阵；$f^{\lambda\mu}, f^{*\lambda\mu}$ 为总体载荷向量；$\tilde{\chi}^{\lambda\mu}, \tilde{\chi}^{*\lambda\mu}$ 为总体节点位移向量；上标 $\lambda\mu$ 表示载荷工况 $\lambda\mu \in \{11, 22, 12\}$，共六个载荷工况 (即六个有限元方程)，对应的六个单位应变场为

$$\varepsilon^{11} = \begin{Bmatrix} 1 \\ 0 \\ 0 \\ 0 \\ 0 \\ 0 \end{Bmatrix}, \quad \varepsilon^{22} = \begin{Bmatrix} 0 \\ 1 \\ 0 \\ 0 \\ 0 \\ 0 \end{Bmatrix}, \quad \varepsilon^{12} = \begin{Bmatrix} 0 \\ 0 \\ 0 \\ 0 \\ 0 \\ 1 \end{Bmatrix},$$

$$y_3\varepsilon^{11} = \begin{Bmatrix} y_3 \\ 0 \\ 0 \\ 0 \\ 0 \\ 0 \end{Bmatrix}, \quad y_3\varepsilon^{22} = \begin{Bmatrix} 0 \\ y_3 \\ 0 \\ 0 \\ 0 \\ 0 \end{Bmatrix}, \quad y_3\varepsilon^{12} = \begin{Bmatrix} 0 \\ 0 \\ 0 \\ 0 \\ 0 \\ y_3 \end{Bmatrix} \qquad (2.76)$$

在周期边界条件下求解 (2.75) 式后，由 (2.65) 式在单胞上求平均得到对应于 (2.66) 式中的等效刚度系数

$$\left\langle b_{\alpha\beta}^{\lambda\mu} \right\rangle = \frac{1}{|\Omega|} \int_{\Omega} E_{\alpha\beta mn} \left(\varepsilon_{mn}^{\lambda\mu} + \tilde{\varepsilon}_{mn}^{\lambda\mu} \right) \mathrm{d}\Omega$$

$$\left\langle b_{\alpha\beta}^{*\lambda\mu} \right\rangle = \left\langle y_3 b_{mn}^{\lambda\mu} \right\rangle = \frac{1}{|\Omega|} \int_{\Omega} E_{\alpha\beta mn} \left(y_3 \varepsilon_{mn}^{\lambda\mu} + \tilde{\varepsilon}_{mn}^{*\lambda\mu} \right) \mathrm{d}\Omega \qquad (2.77)$$

$$\left\langle y_3 b_{\alpha\beta}^{*\lambda\mu} \right\rangle = \frac{1}{|\Omega|} \int_{\Omega} y_3 E_{\alpha\beta mn} \left(y_3 \varepsilon_{mn}^{\lambda\mu} + \tilde{\varepsilon}_{mn}^{*\lambda\mu} \right) \mathrm{d}\Omega$$

其中，$\tilde{\varepsilon}^{\lambda\mu}, \tilde{\varepsilon}^{*\lambda\mu}$ 为对应于位移场 $\tilde{\chi}^{\lambda\mu}, \tilde{\chi}^{*\lambda\mu}$ 的应变场。

2.2.3　等效刚度有限元新求解列式

需要注意的是，在采用有限元方法进行数值实现时，对于不同的单元类型，研究者需要在单胞问题的有限元格式推导和编程方面做更多的工作，例如当单胞有限元模型中含有细杆、梁和板等结构元时，因此直接有限元编程求解计算量会很大。程耿东等提出了预测周期板等效性质的渐近均匀化方法新求解算法 [9]。该方法以有限元软件为黑箱来实现单胞方程的求解，并可以利用有限元软件提供的各种单元和建模技术以及成熟的分析算法，避免复杂的有限元编程工作，能够简单高效地实现等效刚度的计算。

(2.76) 式中应变 ε^{11}, ε^{22}, ε^{12} 分别对应于沿 y_1 轴单位拉伸应变，沿 y_2 轴单位拉伸应变，Oy_1y_2 单位面内剪切应变；$y_3\varepsilon^{11}$, $y_3\varepsilon^{22}$ 和 $y_3\varepsilon^{12}$ 分别对应于 y_1 轴单位曲率，y_2 轴单位曲率和单位扭率。首先引入与应变 $\varepsilon^{\lambda\mu}$ 及 $y_3\varepsilon^{\lambda\mu}$ 相等价的位移场：

$$\boldsymbol{\chi}^{11} = \left\{ \begin{array}{c} y_1 \\ 0 \\ 0 \end{array} \right\}, \quad \boldsymbol{\chi}^{22} = \left\{ \begin{array}{c} 0 \\ y_2 \\ 0 \end{array} \right\}, \quad \boldsymbol{\chi}^{12} = \left\{ \begin{array}{c} y_2/2 \\ y_1/2 \\ 0 \end{array} \right\}$$

$$\boldsymbol{\chi}^{*11} = \left\{ \begin{array}{c} y_3 y_1 \\ 0 \\ -y_1^2/2 \end{array} \right\}, \quad \boldsymbol{\chi}^{*22} = \left\{ \begin{array}{c} 0 \\ y_3 y_2 \\ -y_2^2/2 \end{array} \right\}, \quad \boldsymbol{\chi}^{*12} = \left\{ \begin{array}{c} y_3 y_2/2 \\ y_3 y_1/2 \\ -y_1 y_2/2 \end{array} \right\}$$

$$(2.78)$$

易知，上式中位移满足 $\varepsilon_{ij}^{\lambda\mu} = \dfrac{1}{2}\left(\dfrac{\partial \chi_i^{\lambda\mu}}{\partial y_j} + \dfrac{\partial \chi_j^{\lambda\mu}}{\partial y_i}\right), y_3\varepsilon_{ij}^{\lambda\mu} = \dfrac{1}{2}\left(\dfrac{\partial \chi_i^{*\lambda\mu}}{\partial y_j} + \dfrac{\partial \chi_j^{*\lambda\mu}}{\partial y_i}\right)$。将上式代入 (2.75) 式中右端载荷向量得

$$\begin{aligned} \boldsymbol{f}^{\lambda\mu} &= -\int_\Omega \boldsymbol{B}^{\mathrm{T}} \boldsymbol{c} \boldsymbol{\varepsilon}^{\lambda\mu} \mathrm{d}\Omega = -\int_\Omega \boldsymbol{B}^{\mathrm{T}} \boldsymbol{c} \boldsymbol{B} \boldsymbol{\chi}^{\lambda\mu} \mathrm{d}\Omega \\ &= -\int_\Omega \boldsymbol{B}^{\mathrm{T}} \boldsymbol{c} \boldsymbol{B} \mathrm{d}\Omega \boldsymbol{\chi}^{\lambda\mu} = -\boldsymbol{K}\boldsymbol{\chi}^{\lambda\mu} \\ \boldsymbol{f}^{*\lambda\mu} &= -\int_\Omega \boldsymbol{B}^{\mathrm{T}} \boldsymbol{c} \boldsymbol{\varepsilon}^{*\lambda\mu} \mathrm{d}\Omega = -\int_\Omega \boldsymbol{B}^{\mathrm{T}} \boldsymbol{c} \boldsymbol{B} \boldsymbol{\chi}^{*\lambda\mu} \mathrm{d}\Omega \\ &= -\int_\Omega \boldsymbol{B}^{\mathrm{T}} \boldsymbol{c} \boldsymbol{B} \mathrm{d}\Omega \boldsymbol{\chi}^{*\lambda\mu} = -\boldsymbol{K}\boldsymbol{\chi}^{*\lambda\mu} \end{aligned}$$

$$(2.79)$$

该式表示节点载荷可以由刚度矩阵 $\boldsymbol{K}$ 和位移场 $\boldsymbol{\chi}^{\lambda\mu}, \boldsymbol{\chi}^{*\lambda\mu}$ 相乘得到。在有限元软件中，可以直接施加节点位移场，进行一次静力分析，然后从有限元软件中输出节点力 $\boldsymbol{f}^{\lambda\mu}$ 和 $\boldsymbol{f}^{*\lambda\mu}$。

计算出载荷向量 $\boldsymbol{f}^{\lambda\mu}$ 和 $\boldsymbol{f}^{*\lambda\mu}$ 后，将其施加至单胞有限元模型每个节点上，在周期边界条件下求解有限元方程 (2.75)。按照 2.1.2 节中的介绍，我们引入转换矩阵 $\boldsymbol{T}$ 以形式地表示周期边界条件的施加，该转换矩阵是由 0 和 1 组成的矩阵 (在程序中，通过对矩阵行列进行叠加来实现与 $\boldsymbol{T}$ 矩阵相同的功能)，可以将单胞模型的主自由度转换到全自由度上，即

$$\boldsymbol{T}\tilde{\boldsymbol{\chi}}_m^{\lambda\mu} = \tilde{\boldsymbol{\chi}}^{\lambda\mu}, \quad \boldsymbol{T}\tilde{\boldsymbol{\chi}}_m^{*\lambda\mu} = \tilde{\boldsymbol{\chi}}^{*\lambda\mu} \tag{2.80}$$

这里，$\tilde{\boldsymbol{\chi}}^{\lambda\mu}, \tilde{\boldsymbol{\chi}}^{*\lambda\mu}$ 和 $\tilde{\boldsymbol{\chi}}_m^{\lambda\mu}, \tilde{\boldsymbol{\chi}}_m^{*\lambda\mu}$ 分别是模型的全自由度向量和主自由度向量。将 (2.80) 式代入 (2.75) 式，并在方程两端左乘 $\boldsymbol{T}^{\mathrm{T}}$，得到

$$\boldsymbol{T}^{\mathrm{T}}\boldsymbol{K}\boldsymbol{T}\tilde{\boldsymbol{\chi}}_m^{\lambda\mu} = \boldsymbol{T}^{\mathrm{T}}\boldsymbol{f}^{\lambda\mu}, \quad \boldsymbol{T}^{\mathrm{T}}\boldsymbol{K}\boldsymbol{T}\tilde{\boldsymbol{\chi}}_m^{*\lambda\mu} = \boldsymbol{T}^{\mathrm{T}}\boldsymbol{f}^{*\lambda\mu} \tag{2.81}$$

求解出主自由度向量 $\tilde{\boldsymbol{\chi}}_m^{\lambda\mu}, \tilde{\boldsymbol{\chi}}_m^{*\lambda\mu}$ 后，将其代入 (2.80) 式得到总体自由度。在有限元软件中，可以在每个节点上施加节点力 $\boldsymbol{f}^{\lambda\mu}, \boldsymbol{f}^{*\lambda\mu}$，施加周期边界条件，进行静力分析，然后从软件中直接输出特征位移场 $\tilde{\boldsymbol{\chi}}^{\lambda\mu}, \tilde{\boldsymbol{\chi}}^{*\lambda\mu}$。

得到位移场 $\tilde{\boldsymbol{\chi}}^{\lambda\mu}, \tilde{\boldsymbol{\chi}}^{*\lambda\mu}$ 后，能量形式的等效刚度可以表示为

$$\left\langle b_{\beta\zeta}^{\lambda\mu} \right\rangle = \frac{1}{|Y|} \left(\boldsymbol{\chi}^{\beta\zeta} + \tilde{\boldsymbol{\chi}}^{\beta\zeta} \right)^{\mathrm{T}} \boldsymbol{K} \left(\boldsymbol{\chi}^{\lambda\mu} + \tilde{\boldsymbol{\chi}}^{\lambda\mu} \right)$$

$$\left\langle b_{\beta\zeta}^{*\lambda\mu} \right\rangle = \left\langle y_3 b_{\lambda\mu}^{\beta\zeta} \right\rangle = \frac{1}{|Y|} \left(\boldsymbol{\chi}^{\beta\zeta} + \tilde{\boldsymbol{\chi}}^{\beta\zeta} \right)^{\mathrm{T}} \boldsymbol{K} \left(\boldsymbol{\chi}^{\lambda\mu} + \tilde{\boldsymbol{\chi}}^{*\lambda\mu} \right) \tag{2.82}$$

$$\left\langle y_3 b_{\beta\zeta}^{*\lambda\mu} \right\rangle = \frac{1}{|Y|} \left(\boldsymbol{\chi}^{*\beta\zeta} + \tilde{\boldsymbol{\chi}}^{*\beta\zeta} \right)^{\mathrm{T}} \boldsymbol{K} \left(\boldsymbol{\chi}^{*\lambda\mu} + \tilde{\boldsymbol{\chi}}^{*\lambda\mu} \right)$$

上式中需要单胞的刚度矩阵 $\boldsymbol{K}$，从有限元软件中不容易直接获得，可以在每个节点上施加特征位移 $\tilde{\boldsymbol{\chi}}^{\lambda\mu}, \tilde{\boldsymbol{\chi}}^{*\lambda\mu}$，进行一次静力分析，得到节点反力 $\tilde{\boldsymbol{f}}^{\lambda\mu}, \tilde{\boldsymbol{f}}^{*\lambda\mu}$

$$\tilde{\boldsymbol{f}}^{\lambda\mu} = \boldsymbol{K}\tilde{\boldsymbol{\chi}}^{\lambda\mu}, \quad \tilde{\boldsymbol{f}}^{*\lambda\mu} = \boldsymbol{K}\tilde{\boldsymbol{\chi}}^{*\lambda\mu} \tag{2.83}$$

这样 (2.82) 式可以进一步写成

$$\left\langle b_{\beta\zeta}^{\lambda\mu} \right\rangle = \frac{1}{|Y|} \left(\boldsymbol{\chi}^{\beta\zeta} + \tilde{\boldsymbol{\chi}}^{\beta\zeta} \right)^{\mathrm{T}} \left(\boldsymbol{f}^{\lambda\mu} + \tilde{\boldsymbol{f}}^{\lambda\mu} \right)$$

$$\left\langle b_{\beta\zeta}^{*\lambda\mu} \right\rangle = \left\langle y_3 b_{\lambda\mu}^{\beta\zeta} \right\rangle = \frac{1}{|Y|} \left(\boldsymbol{\chi}^{\beta\zeta} + \tilde{\boldsymbol{\chi}}^{\beta\zeta} \right)^{\mathrm{T}} \left(\boldsymbol{f}^{*\lambda\mu} + \tilde{\boldsymbol{f}}^{*\lambda\mu} \right) \tag{2.84}$$

$$\left\langle y_3 b_{\beta\zeta}^{*\lambda\mu} \right\rangle = \frac{1}{|Y|} \left(\boldsymbol{\chi}^{*\beta\zeta} + \tilde{\boldsymbol{\chi}}^{*\beta\zeta} \right)^{\mathrm{T}} \left(\boldsymbol{f}^{*\lambda\mu} + \tilde{\boldsymbol{f}}^{*\lambda\mu} \right)$$

注意到，上式中的量或者是给定的，或者可以直接从有限元软件中得到，因此可以用有限元软件求解等效刚度。图 2.6 给出了周期板结构渐近均匀化方法的新求解算法流程图。

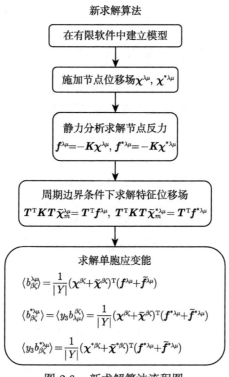

图 2.6　新求解算法流程图

新求解算法流程分为三个部分：

(1) 得到等效节点载荷 $f^{\lambda\mu}$, $f^{*\lambda\mu}$；

(2) 求解平衡方程，得到位移场 $\tilde{\chi}^{\lambda\mu}$, $\tilde{\chi}^{*\lambda\mu}$；

(3) 求解等效刚度。

板壳结构的新求解算法与 2.1 节介绍的周期材料等效性质的新求解算法类似，除了以下不同点：

(1) 对于周期板壳结构，单位应变场包括三个面内应变和三个弯曲应变，我们需要利用它们对应的位移场 (2.78) 式，相应的载荷向量包括三个面内合力和三个弯矩。

(2) 对于周期性板壳结构，只有面内两个方向是周期边界条件，沿厚度方向的上下两个面是自由边界条件。

2.2.4　数值算例

第一个算例是如图 2.7 所示的蜂窝板，板厚度为 $\delta = 1$，单胞面内尺寸为 $h_1 = 6, h_2 = 2\sqrt{3}, l_1 = l_2 = 2, t_1 = t_2 = 0.1, t_3 = 0.05$，因此单胞为正六角蜂窝，倾角为 $\alpha = 120°$，实体材料属性为 $E = 1, \nu = 0.3$。

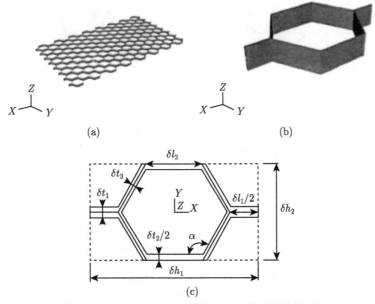

图 2.7　(a) 蜂窝板；(b) 单胞；(c) 单胞面内尺寸

采用不同的方法计算得到的等效刚度如表 2.3 所示，DH Chen, AH, NIAH 的结果吻合良好，但 RVE 方法的结果误差较大，因为 NIAH 是用有限元软件作为黑箱，我们还可以利用有限元软件提供的各种单胞类型，如梁单元、壳单元等。本例中，蜂窝的壁厚远小于壁长，所以适合采用壳单元来离散单胞。NIAH 采用壳单元可以极大地减少计算时间，由 AH 方法所需的一小时减少到几十秒。

表 2.3　蜂窝板比较结果

方法	A_{11}	A_{22}	A_{12}	A_{66}	网格
RVE	9.51×10^{-3}	1.13×10^{-2}	—	4.74×10^{-5}	51400 shell
DH Chen	8.67×10^{-3}	8.67×10^{-3}	8.65×10^{-3}	2.16×10^{-5}	—
AH	8.81×10^{-3}	8.78×10^{-3}	8.75×10^{-3}	2.38×10^{-5}	301920 Hex
NIAH	8.63×10^{-3}	8.61×10^{-3}	8.60×10^{-3}	2.29×10^{-5}	1400 shell
方法	D_{11}	D_{22}	D_{12}	D_{66}	网格
RVE	7.93×10^{-4}	9.43×10^{-4}	—	3.95×10^{-6}	1400 shell
DH Chen	7.31×10^{-4}	7.26×10^{-4}	7.16×10^{-4}	3.48×10^{-5}	—
AH	7.49×10^{-4}	7.36×10^{-4}	7.20×10^{-4}	3.33×10^{-5}	301920 Hex
NIAH	7.20×10^{-4}	7.13×10^{-4}	7.05×10^{-4}	3.17×10^{-5}	1400 shell

第二个算例为如图 2.8 所示的加肋板,肋板形式包括正三角形、正六边形、Kagome 形。所有肋板厚 1mm, 高 10mm, 面板厚 1mm。正三角形肋板边长 30mm, 正六边形肋板边长 10mm, Kagome 形肋板中三角形边长为 15mm, 这样的尺寸能够保证其相对密度相同, 约为 0.115。实体材料属性为 $E = 2.1 \times 10^{11} \mathrm{Pa}, \nu = 0.3$。

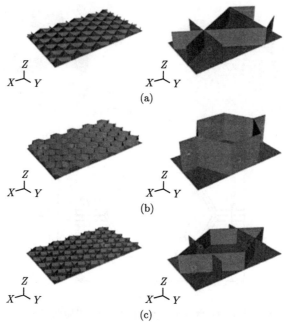

图 2.8　加肋板: (a) 正三角形;(b) 正六边形;(c) Kagome 形

采用 NIAH 计算得到的等效刚度如表 2.4 所示。本例中, 面板和肋板的壁厚远小于壁长, 所以适合采用壳单元来离散单胞。从结果中可以看到, 对于 A_{11}, A_{22}, D_{11}, D_{22}, 正三角形加肋板最大, 正六边形最小;对于 A_{12}, D_{12}, 正六边形加肋板最大, 正三角形最小;对于 A_{66}, D_{66}, Kagome 形加肋板最大, 正六边形最小。

表 2.4　加肋板结果比较

肋板形式	A_{11}	A_{22}	A_{12}	A_{66}	网格
正三角形	3.01×10^8	2.97×10^8	8.87×10^7	1.04×10^8	5360 shell
正六边形	2.76×10^8	2.74×10^8	1.04×10^8	8.54×10^7	1800 shell
Kagome 形	2.98×10^8	2.95×10^8	9.08×10^7	1.05×10^8	5388 shell
肋板形式	D_{11}	D_{22}	D_{12}	D_{66}	网格
正三角形	1.76×10^3	1.44×10^3	3.19×10^3	6.36×10^2	5360 shell
正六边形	7.26×10^2	1.08×10^3	5.85×10^3	7.20×10^1	1800 shell
Kagome 形	1.52×10^3	1.37×10^3	4.46×10^2	6.49×10^2	5388 shell

2.2.5 周期板 NIAH 的等价形式

类似地，从 (2.82) 式可知计算等效性质所需要的位移场为 $\bar{\chi}^{\alpha\beta} = \chi^{\alpha\beta} + \tilde{\chi}^{\alpha\beta}$ 和 $\bar{\chi}^{*\alpha\beta} = \chi^{*\alpha\beta} + \tilde{\chi}^{*\alpha\beta}$，直接求解位移场 $\bar{\chi}^{\alpha\beta}, \bar{\chi}^{*\alpha\beta}$，可以一步计算出等效性质，从而进一步简化计算流程，提高计算效率。进行变量替换 $\tilde{\chi}^{\alpha\beta} = \bar{\chi}^{\alpha\beta} - \chi^{\alpha\beta}, \tilde{\chi}^{*\alpha\beta} = \bar{\chi}^{*\alpha\beta} - \chi^{*\alpha\beta}$，并将其代入 (2.67) 式得

$$
\begin{cases}
\dfrac{\partial}{\partial y_j}\left(E_{ijkl}\dfrac{\partial \bar{\chi}_k^{\alpha\beta}}{\partial y_l}\right) = 0, & \text{在 } Y \text{ 中} \\[3mm]
\left(E_{ijkl}\dfrac{\partial \bar{\chi}_k^{\alpha\beta}}{\partial y_l}\right)n_j = 0, & \text{在 } S \text{ 上} \\[3mm]
\bar{\chi}_k^{\alpha\beta}\Big|_{\omega_{\gamma+}} - \bar{\chi}_k^{\alpha\beta}\Big|_{\omega_{\gamma-}} = \Delta\chi_k^{\alpha\beta}\Big|_{\omega_\gamma}, & \text{在 } \omega_{\gamma\pm} \text{ 上} \\[3mm]
E_{ijkl}\dfrac{\partial \bar{\chi}_k^{\alpha\beta}}{\partial y_l}n_j\bigg|_{\omega_{\gamma+}} = -E_{ijkl}\dfrac{\partial \bar{\chi}_k^{\alpha\beta}}{\partial y_l}n_j\bigg|_{\omega_{\gamma-}}, & \text{在 } \omega_{\gamma\pm} \text{ 上}
\end{cases}
$$

$$
\begin{cases}
\dfrac{\partial}{\partial y_j}\left(E_{ijkl}\dfrac{\partial \bar{\chi}_k^{*\alpha\beta}}{\partial y_l}\right) = 0, & \text{在 } Y \text{ 中} \\[3mm]
\left(E_{ijkl}\dfrac{\partial \bar{\chi}_k^{*\alpha\beta}}{\partial y_l}\right)n_j = 0, & \text{在 } S \text{ 上} \\[3mm]
\bar{\chi}_k^{*\alpha\beta}\Big|_{\omega_{\gamma+}} - \bar{\chi}_k^{*\alpha\beta}\Big|_{\omega_{\gamma-}} = \Delta\chi_k^{*\alpha\beta}\Big|_{\omega_\gamma}, & \text{在 } \omega_{\gamma\pm} \text{ 上} \\[3mm]
E_{ijkl}\dfrac{\partial \bar{\chi}_k^{*\alpha\beta}}{\partial y_l}n_j\bigg|_{\omega_{\gamma+}} = -E_{ijkl}\dfrac{\partial \bar{\chi}_k^{*\alpha\beta}}{\partial y_l}n_j\bigg|_{\omega_{\gamma-}}, & \text{在 } \omega_{\gamma\pm} \text{ 上}
\end{cases}
\tag{2.85}
$$

其中，$\Delta\boldsymbol{\chi}^{\alpha\beta}\big|_{\omega_\gamma} = \boldsymbol{\chi}^{\alpha\beta}\big|_{\omega_{\gamma+}} - \boldsymbol{\chi}^{\alpha\beta}\big|_{\omega_{\gamma-}}$，$\Delta\boldsymbol{\chi}^{*\alpha\beta}\big|_{\omega_\gamma} = \boldsymbol{\chi}^{*\alpha\beta}\big|_{\omega_{\gamma+}} - \boldsymbol{\chi}^{*\alpha\beta}\big|_{\omega_{\gamma-}}$，表示成向量形式为

$$
\Delta\boldsymbol{\chi}^{11}\big|_{\omega_1} = \left\{\begin{array}{c} l_1 \\ 0 \\ 0 \end{array}\right\}, \quad
\Delta\boldsymbol{\chi}^{11}\big|_{\omega_2} = \left\{\begin{array}{c} 0 \\ 0 \\ 0 \end{array}\right\}, \quad
\Delta\boldsymbol{\chi}^{22}\big|_{\omega_1} = \left\{\begin{array}{c} 0 \\ 0 \\ 0 \end{array}\right\},
$$

$$
\Delta\boldsymbol{\chi}^{22}\big|_{\omega_2} = \left\{\begin{array}{c} 0 \\ l_2 \\ 0 \end{array}\right\}, \quad
\Delta\boldsymbol{\chi}^{12}\big|_{\omega_1} = \left\{\begin{array}{c} 0 \\ l_1/2 \\ 0 \end{array}\right\}, \quad
\Delta\boldsymbol{\chi}^{12}\big|_{\omega_2} = \left\{\begin{array}{c} l_2/2 \\ 0 \\ 0 \end{array}\right\},
$$

$$
\Delta\boldsymbol{\chi}^{*11}\big|_{\omega_1} = \left\{\begin{array}{c} l_1 y_3 \\ 0 \\ 0 \end{array}\right\}, \quad
\Delta\boldsymbol{\chi}^{*11}\big|_{\omega_2} = \left\{\begin{array}{c} 0 \\ 0 \\ 0 \end{array}\right\}, \quad
\Delta\boldsymbol{\chi}^{*22}\big|_{\omega_1} = \left\{\begin{array}{c} 0 \\ 0 \\ 0 \end{array}\right\},
$$

$$\Delta\pmb{\chi}^{*22}\big|_{\omega_2} = \left\{ \begin{array}{c} 0 \\ l_2 y_3 \\ 0 \end{array} \right\}, \quad \Delta\pmb{\chi}^{*12}\big|_{\omega_1} = \left\{ \begin{array}{c} 0 \\ l_1 y_3/2 \\ -l_1 y_2/2 \end{array} \right\}, \quad \Delta\pmb{\chi}^{*12}\big|_{\omega_2} = \left\{ \begin{array}{c} l_2 y_3/2 \\ 0 \\ -l_2 y_1/2 \end{array} \right\} \tag{2.86}$$

下面推导 (2.85) 式的有限元离散形式, 令 $\pmb{v}$ 为满足周期边界条件 $\pmb{v}|_{\omega_{\gamma+}} = \pmb{v}|_{\omega_{\gamma-}}$ 的位移场, 则其等效弱形式为

$$\int_Y v_i \left(E_{ijkl}\bar{\chi}_{k,l}^{\alpha\beta} \right)_{,j} \mathrm{d}\Omega - \int_S v_i E_{ijkl}\bar{\chi}_{k,l}^{\alpha\beta} n_j \mathrm{d}A - \int_{\omega_{i\pm}} v_i E_{ijkl}\bar{\chi}_{k,l}^{\alpha\beta} n_j \mathrm{d}A = 0$$

$$\int_Y v_i \left(E_{ijkl}\bar{\chi}_{k,l}^{*\alpha\beta} \right)_{,j} \mathrm{d}\Omega - \int_S v_i E_{ijkl}\bar{\chi}_{k,l}^{*\alpha\beta} n_j \mathrm{d}A - \int_{\omega_{i\pm}} v_i E_{ijkl}\bar{\chi}_{k,l}^{*\alpha\beta} n_j \mathrm{d}A = 0 \tag{2.87}$$

化简得

$$\int_Y E_{ijkl}\bar{\chi}_{k,l}^{\alpha\beta} v_{i,j} \mathrm{d}\Omega = 0, \quad \int_Y E_{ijkl}\bar{\chi}_{k,l}^{*\alpha\beta} v_{i,j} \mathrm{d}\Omega = 0 \tag{2.88}$$

分别令 $\pmb{v}$ 为 $\bar{\pmb{\chi}}^{\alpha\beta}, \bar{\pmb{\chi}}^{*\alpha\beta}$ 和的变分 $\pmb{v} = \delta\bar{\pmb{\chi}}^{\alpha\beta}, \pmb{v} = \delta\bar{\pmb{\chi}}^{*\alpha\beta}$, 代入上式得

$$\int_Y E_{ijkl}\bar{\varepsilon}_{kl}^{\alpha\beta}\delta\varepsilon_{ij}^{\alpha\beta} \mathrm{d}\Omega = 0, \quad \int_Y E_{ijkl}\bar{\varepsilon}_{kl}^{*\alpha\beta}\delta\varepsilon_{ij}^{*\alpha\beta} \mathrm{d}\Omega = 0 \tag{2.89}$$

其中, $\alpha\beta$ 不求和, $\delta\varepsilon_{ij}^{\alpha\beta} = \dfrac{1}{2}\left(\delta\bar{\chi}_{i,j}^{\alpha\beta} + \delta\bar{\chi}_{j,i}^{\alpha\beta}\right), \delta\varepsilon_{ij}^{*\alpha\beta} = \dfrac{1}{2}\left(\delta\bar{\chi}_{i,j}^{*\alpha\beta} + \delta\bar{\chi}_{j,i}^{*\alpha\beta}\right)$, 离散为有限元形式得

$$\left(\delta\bar{\pmb{\chi}}^{\alpha\beta}\right)^{\mathrm{T}} \pmb{K}\bar{\pmb{\chi}}^{\alpha\beta} = 0, \quad \left(\delta\bar{\pmb{\chi}}^{*\alpha\beta}\right)^{\mathrm{T}} \pmb{K}\bar{\pmb{\chi}}^{*\alpha\beta} = 0 \tag{2.90}$$

由 (2.85) 式中位移周期边界条件可令

$$\bar{\pmb{\chi}}^{\alpha\beta} = \pmb{T}\bar{\pmb{\chi}}_m^{\alpha\beta} + \Delta\pmb{\chi}^{\alpha\beta}, \quad \bar{\pmb{\chi}}^{*\alpha\beta} = \pmb{T}\bar{\pmb{\chi}}_m^{*\alpha\beta} + \Delta\pmb{\chi}^{*\alpha\beta} \tag{2.91}$$

其中, $\pmb{T}$ 为转换矩阵; $\bar{\pmb{\chi}}_m^{\alpha\beta}, \bar{\pmb{\chi}}_m^{*\alpha\beta}$ 为主自由度向量; $\Delta\pmb{\chi}^{\alpha\beta}, \Delta\pmb{\chi}^{*\alpha\beta}$ 为对应于其边界上取值为 (2.86) 式、单胞域内取值为零的位移向量。对上式变分得

$$\delta\bar{\pmb{\chi}}^{\alpha\beta} = \pmb{T}\delta\bar{\pmb{\chi}}_m^{\alpha\beta}, \quad \delta\bar{\pmb{\chi}}^{*\alpha\beta} = \pmb{T}\delta\bar{\pmb{\chi}}_m^{*\alpha\beta} \tag{2.92}$$

将 (2.92) 式和 (2.91) 式代入 (2.90) 式, 并考虑 $\delta\bar{\pmb{\chi}}_m^{\alpha\beta}, \delta\bar{\pmb{\chi}}_m^{*\alpha\beta}$ 的任意性, (2.90) 式简化为

$$\pmb{T}^{\mathrm{T}}\pmb{K}\pmb{T}\bar{\pmb{\chi}}_m^{\alpha\beta} = -\pmb{T}^{\mathrm{T}}\pmb{K}\Delta\pmb{\chi}^{\alpha\beta}, \quad \pmb{T}^{\mathrm{T}}\pmb{K}\pmb{T}\bar{\pmb{\chi}}_m^{*\alpha\beta} = -\pmb{T}^{\mathrm{T}}\pmb{K}\Delta\pmb{\chi}^{*\alpha\beta} \tag{2.93}$$

根据上式求解出 $\bar{\chi}_m^{\alpha\beta}, \bar{\chi}_m^{*\alpha\beta}$ 后代入 (2.33) 式即可求得 $\bar{\chi}^{\alpha\beta}, \bar{\chi}^{*\alpha\beta}$。随后根据 (2.84) 式即可求解等效性质 $\boldsymbol{E}^{\mathrm{H}}$,如下式:

$$
\left\langle b_{\beta\zeta}^{\lambda\mu} \right\rangle = \frac{1}{|Y|} \left(\bar{\chi}^{\beta\zeta} \right)^{\mathrm{T}} \bar{\boldsymbol{f}}^{\lambda\mu}, \quad \left\langle b_{\beta\zeta}^{*\lambda\mu} \right\rangle = \left\langle y_3 b_{\lambda\mu}^{\beta\zeta} \right\rangle = \frac{1}{|Y|} \left(\bar{\chi}^{\beta\zeta} \right)^{\mathrm{T}} \bar{\boldsymbol{f}}^{*\lambda\mu},
$$
$$
\left\langle y_3 b_{\beta\zeta}^{*\lambda\mu} \right\rangle = \frac{1}{|Y|} \left(\bar{\chi}^{*\beta\zeta} \right)^{\mathrm{T}} \bar{\boldsymbol{f}}^{*\lambda\mu} \tag{2.94}
$$

其中,$\bar{\boldsymbol{f}}^{\alpha\beta} = \boldsymbol{K}\bar{\chi}^{\alpha\beta}, \bar{\boldsymbol{f}}^{*\alpha\beta} = \boldsymbol{K}\bar{\chi}^{*\alpha\beta}$。

注意,由 (2.85) 式或 (2.93) 式可知,正确求解位移场 $\bar{\chi}^{\alpha\beta}, \bar{\chi}^{*\alpha\beta}$ 的关键在于正确求解位移场 $\Delta\chi^{\alpha\beta}|_{\omega_\gamma} = \chi^{\alpha\beta}|_{\omega_{\gamma+}} - \chi^{\alpha\beta}|_{\omega_{\gamma-}}, \Delta\chi^{*\alpha\beta}|_{\omega_\gamma} = \chi^{*\alpha\beta}|_{\omega_{\gamma+}} - \chi^{\alpha\beta}|_{\omega_{\gamma-}}$,其特点是周期边界 $\omega_{\gamma\pm}$ 上位移场 $\chi^{\alpha\beta}, \chi^{*\alpha\beta}$ 的差值,因此我们仅需正确计算周期边界 $\omega_{\gamma\pm}$ 上 $\chi^{\alpha\beta}, \chi^{*\alpha\beta}$ 的值,即可正确求解 $\bar{\chi}^{\alpha\beta}, \bar{\chi}^{*\alpha\beta}$。类似地,对于实体单元而言,$\Delta\chi^{\alpha\beta}, \Delta\chi^{*\alpha\beta}$ 由 (2.86) 式给出;但对于由板壳单元或梁单元建立的单胞,采用 (2.84) 式计算等效性质时要求将实体单元位移场 $\chi^{\alpha\beta}, \chi^{*\alpha\beta}$ 在每个板壳/梁单元上进行转换,进而根据 NIAH 流程求解等效性质,但采用 (2.93) 式仅需在周期边界处将实体单元位移场 $\chi^{\alpha\beta}, \chi^{*\alpha\beta}$ 转换为板壳/梁位移场,并计算差值,即可根据 (2.93) 式求解 $\bar{\chi}^{\alpha\beta}, \bar{\chi}^{*\alpha\beta}$,并代入 (2.94) 式计算等效性质。因此,当采用板壳/梁单元进行单元网格划分时,采用本节方法计算等效性质将更加简便高效。

2.3 周期梁结构渐近均匀化方法的新数值求解算法

Kolpakov 和 Kalamkarov[10−12] 给出一维周期性结构均匀化理论的理论模型和基本假设,为了便于读者阅读,我们下面介绍这一推导过程。本节在此基础上,进一步提出适应于有限元的等效刚度新数值求解算法。

2.3.1 周期梁结构渐近均匀化方法简介

本节考虑的结构是在宏观轴向尺寸远大于其他两方向尺寸,且只在轴向具有周期性的细长复合梁结构。如图 2.9 所示,假设梁在 x_1 方向上具有周期性,定义其一个周期内的梁段 Y 为单胞。设单胞长度与全梁长的比值为 ε,ε 为一个小量,随着梁的长度的增加,ε 趋近于 0。宏观细长梁的结构域定义为 $\Omega_\varepsilon = \{(x_1, x_2, x_3)| -a/2 \leqslant x_1 \leqslant a/2, (x_2, x_3) \in \Omega(x_1, x_2, x_3)\}$,边界域分别由 S_ε 和 S_u 两部分组成,即 $\partial\Omega_\varepsilon = S_\varepsilon \cup S_u$。而微观周期性单胞定义为 $Y = \{(y_1, y_2, y_3)| -l/2 \leqslant y_1 \leqslant l/2 (y_2, y_3) \in \Omega(y_1)\}$,其边界域分别定义为周期边界 $\omega_\pm$ 和非周期边界 S。这里 L_1 和 d_1 分别是宏观梁模型和微观单胞在轴向的长度。

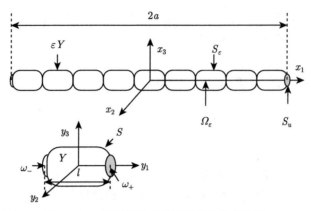

图 2.9　一维周期性非均质梁结构及其单胞

整个宏观结构内遵循线性弹性力学理论，平衡方程为

$$\frac{\partial \sigma_{ij}^{\varepsilon}}{\partial x_j} + f_i^{\varepsilon} = 0, \quad 在\ \Omega_{\varepsilon}\ 中$$

$$\sigma_{ij}^{\varepsilon} n_j = p_i^{\varepsilon}, \quad 在\ S_{\varepsilon}\ 上 \tag{2.95}$$

$$u_i^{\varepsilon} = 0, \quad 在\ S_u\ 上$$

其中，应力 $\sigma_{ij}^{\varepsilon} = E_{ijkl}\varepsilon_{kl}^{\varepsilon}$；应变 $\varepsilon_{kl}^{\varepsilon} = \dfrac{1}{2}\left(\dfrac{\partial u_k^{\varepsilon}}{\partial x_l} + \dfrac{\partial u_l^{\varepsilon}}{\partial x_k}\right)$；体力 $\boldsymbol{f}^{\varepsilon} = \{\varepsilon^1 f_1 \quad \varepsilon^2 f_2 \quad \varepsilon^2 f_3\}^{\mathrm{T}}$；面力 $\boldsymbol{p}^{\varepsilon} = \{\varepsilon^2 p_1 \quad \varepsilon^3 p_2 \quad \varepsilon^3 p_3\}^{\mathrm{T}}$。引入小参数 ε，则微观坐标 $\boldsymbol{x}$ 与宏观坐标 $\boldsymbol{y}$ 的关系为

$$(y_1, y_2, y_3) = \frac{1}{\varepsilon}(x_1, x_2, x_3) \tag{2.96}$$

针对周期梁结构仅在 x_1 方向具有周期性，函数 Φ^{ε} 对于慢变量 x_i 和快变量 y_i 的导数可以写为

$$\frac{\partial \Phi^{\varepsilon}}{\partial x_1} = \frac{\partial \Phi^{\varepsilon}}{\partial x_1} + \frac{1}{\varepsilon}\frac{\partial \Phi^{\varepsilon}}{\partial y_1}, \quad \frac{\partial \Phi^{\varepsilon}}{\partial x_2} = \frac{1}{\varepsilon}\frac{\partial \Phi^{\varepsilon}}{\partial y_2}, \quad \frac{\partial \Phi^{\varepsilon}}{\partial x_3} = \frac{1}{\varepsilon}\frac{\partial \Phi^{\varepsilon}}{\partial y_3} \tag{2.97}$$

将位移场和应力场按小参数展开得

$$u_i(x_1, \boldsymbol{y}) = u_i^{(0)}(x_1) + \varepsilon u_i^{(1)}(x_1, \boldsymbol{y}) + \varepsilon^2 u_i^{(2)}(x_1, \boldsymbol{y}) + \cdots$$

$$\sigma_{ij}(x_1, \boldsymbol{y}) = \sigma_{ij}^{(0)}(x_1, \boldsymbol{y}) + \varepsilon \sigma_{ij}^{(1)}(x_1, \boldsymbol{y}) + \varepsilon^2 \sigma_{ij}^{(2)}(x_1, \boldsymbol{y}) + \cdots \tag{2.98}$$

其中，$\sigma_{ij}^{(p)} = E_{ijmn}\dfrac{\partial u_m^{(p+1)}}{\partial y_n} + E_{ijm1}\dfrac{\partial u_m^{(p)}}{\partial x_1}, p = 1, 2, 3, \cdots$。

引入试验函数 $\boldsymbol{v} = \boldsymbol{v}(x_1, \boldsymbol{y})$，满足 $\boldsymbol{v}|_{S_u} = \boldsymbol{0}$，因此平衡方程的等效弱形式为

$$\int_{G_\varepsilon} \sigma_{ij}^\varepsilon \frac{\partial v_i}{\partial x_j} \mathrm{d}\boldsymbol{x} = \int_{S_\varepsilon} \boldsymbol{p}^\varepsilon \boldsymbol{v} \mathrm{d}\boldsymbol{x} + \int_{G_\varepsilon} \boldsymbol{f}^\varepsilon \boldsymbol{v} \mathrm{d}\boldsymbol{x} \tag{2.99}$$

将 (2.98) 式代入上式得

$$\sum_{p=0}^{\infty} \int_{G_\varepsilon} \left(\varepsilon^p \sigma_{i1}^{(p)} \frac{\partial v_i}{\partial x_1} + \varepsilon^{p-1} \sigma_{ij}^{(p)} \frac{\partial v_i}{\partial y_j} \right) \mathrm{d}\boldsymbol{x}$$

$$= \varepsilon^2 \int_{S_\varepsilon} p_1^\varepsilon v_1 \mathrm{d}\boldsymbol{x} + \varepsilon^3 \int_{S_\varepsilon} p_\alpha^\varepsilon v_\alpha \mathrm{d}\boldsymbol{x} + \varepsilon^1 \int_{G_\varepsilon} f_1^\varepsilon v_1 \mathrm{d}\boldsymbol{x} + \varepsilon^2 \int_{G_\varepsilon} f_\alpha^\varepsilon v_\alpha \mathrm{d}\boldsymbol{x} \tag{2.100}$$

其中，希腊字母 $\alpha = 2, 3$，重复下标表示求和，下同。令 $\boldsymbol{v} = \boldsymbol{w}(x_1)$，$\boldsymbol{w}|_{S_u} = 0$，代入上式并令 $N_{ij}^{(p)} = \left\langle \sigma_{ij}^{(p)} \right\rangle$，$\varepsilon \to 0$ 得

$$\sum_{p=0}^{\infty} \int_{-a}^{a} \varepsilon^{p+2} N_{i1}^{(p)} \frac{\partial w_i}{\partial x_1} \mathrm{d}\boldsymbol{x}$$

$$= \varepsilon^4 \int_{-a}^{a} \langle p_\alpha^\varepsilon \rangle_S w_\alpha \mathrm{d}\boldsymbol{x} + \varepsilon^3 \int_{-a}^{a} \langle p_1^\varepsilon \rangle_S w_1 \mathrm{d}\boldsymbol{x} \tag{2.101}$$

$$+ \varepsilon^4 \int_{-a}^{a} \langle f_\alpha^\varepsilon \rangle w_\alpha \mathrm{d}\boldsymbol{x} + \varepsilon^3 \int_{-a}^{a} \langle f_1^\varepsilon \rangle w_1 \mathrm{d}\boldsymbol{x}$$

将上式按 ε 幂次展开。考虑 $\boldsymbol{w}$ 的任意性，ε^2 次幂项简化为

$$\frac{\partial N_{i1}^{(0)}}{\partial x_1} = 0 \tag{2.102}$$

ε^3 次幂项为

$$\frac{\partial N_{\alpha 1}^{(1)}}{\partial x_1} = 0, \quad \frac{\partial N_{11}^{(1)}}{\partial x_1} + \langle p_1^\varepsilon \rangle_S + \langle f_1^\varepsilon \rangle = 0 \tag{2.103}$$

ε^4 次幂项为

$$\frac{\partial N_{\alpha 1}^{(2)}}{\partial x_1} + \langle p_\alpha^\varepsilon \rangle_S + \langle f_\alpha^\varepsilon \rangle = 0, \quad \frac{\partial N_{11}^{(2)}}{\partial x_1} = 0 \tag{2.104}$$

另一方面，令 $\boldsymbol{v} = y_\beta \boldsymbol{w}(x_1)$，$M_{i\beta}^{(p)} = \left\langle \sigma_{i1}^{(p)} y_\beta \right\rangle$，并代入 (2.99) 式，令 $\varepsilon \to 0$ 得

$$\sum_{p=0}^{\infty} \int_{-a}^{a} \left(\varepsilon^{p+2} M_{i\beta}^{(p)} \frac{\partial w_i}{\partial x_1} + \varepsilon^{p+1} N_{i\beta}^{(p)} w_i \right) \mathrm{d}x_3$$

$$= \varepsilon^4 \int_{-a}^{a} \langle p_{\alpha}^{\varepsilon} y_{\beta} \rangle_S \, w_{\alpha} \mathrm{d}\boldsymbol{x} + \varepsilon^3 \int_{-a}^{a} \langle p_1^{\varepsilon} y_{\beta} \rangle_S \, w_1 \mathrm{d}\boldsymbol{x} \tag{2.105}$$

$$+ \varepsilon^4 \int_{-a}^{a} \langle f_{\alpha}^{\varepsilon} y_{\beta} \rangle \, w_{\alpha} \mathrm{d}\boldsymbol{x} + \varepsilon^3 \int_{-a}^{a} \langle f_1^{\varepsilon} y_{\beta} \rangle \, w_1 \mathrm{d}\boldsymbol{x}$$

将上式按 ε 幂次展开。考虑 $\boldsymbol{w}$ 的任意性，ε^1 次幂项简化为

$$N_{i\beta}^{(0)} = 0 \tag{2.106}$$

ε^2 次幂项简化为

$$\frac{\partial M_{i\beta}^{(0)}}{\partial x_1} - N_{i\beta}^{(1)} = 0 \tag{2.107}$$

ε^3 次幂项简化为

$$\frac{\partial M_{i\beta}^{(1)}}{\partial x_1} - N_{i\beta}^{(2)} + \delta_{i1} \left(\langle p_1^{\varepsilon} y_{\beta} \rangle_S + \langle f_1^{\varepsilon} y_{\beta} \rangle \right) = 0 \tag{2.108}$$

定义扭矩为 $M = M_{32}^{(1)} - M_{23}^{(1)}$，上式化简为

$$\frac{\partial M}{\partial x_1} = 0, \quad \frac{\partial M_{11}^{(1)}}{\partial x_1} - N_{11}^{(2)} + \langle p_1^{\varepsilon} y_{\beta} \rangle_S + \langle f_1^{\varepsilon} y_{\beta} \rangle = 0 \tag{2.109}$$

下面将 (2.98) 式代入 (2.95) 式，并依小参数 ε 幂次展开。ε^{-1} 幂次平衡方程为

$$\frac{\partial}{\partial y_j} \left(E_{ijmn} \frac{\partial u_m^{(1)}}{\partial y_n} + E_{ijm1} \frac{\partial u_m^{(0)}}{\partial x_1} \right) = 0, \quad \text{在 } Y \text{ 中}$$

$$\left(E_{ijmn} \frac{\partial u_m^{(1)}}{\partial y_n} + E_{ijm3} \frac{\partial u_m^{(0)}}{\partial x_1} \right) n_j = 0, \quad \text{在 } S \text{ 上} \tag{2.110}$$

其中，$u_m^{(1)}$ 满足 y_1 周期性。令 $u_k^{(1)}(x_1, \boldsymbol{y}) = X_k^{0m}(\boldsymbol{y}) \dfrac{\partial u_m^{(0)}}{\partial x_1} + v_k^{(1)}(x_1)$，代入上式得

$$\frac{\partial}{\partial y_j} \left(E_{ijkl} \frac{\partial X_k^{0m}}{\partial y_l} + E_{ijm1} \right) = 0, \quad \text{在 } Y \text{ 中}$$

$$\left(E_{ijkl} \frac{\partial X_k^{0m}}{\partial y_l} + E_{ijm1} \right) n_j = 0, \quad \text{在 } S \text{ 上} \tag{2.111}$$

其中, $X_k^{0m}(\boldsymbol{y})$ 为 y 周期函数。易知当 $m = \alpha$ 时, 有解 $X_k^{0\alpha} = -y_\alpha \delta_{k3}$, 因此

$$
u_k^{(1)} = -y_\alpha \delta_{k1} \frac{\partial u_\alpha^{(0)}}{\partial x_1} + X_k^{01} \frac{\partial u_1^{(0)}}{\partial x_1} + e_{\alpha\beta} y_\alpha \delta_{\beta k} \phi(x_1) + v_k^{(1)}(x_1) \tag{2.112}
$$

其中, 符号 $e_{\alpha\beta}$ 定义为 $e_{23} = 1, e_{32} = -1, e_{22} = e_{33} = 0$。因此 (2.111) 式化简为

$$
\begin{aligned}
&\frac{\partial}{\partial y_j}\left(E_{ijkl}\frac{\partial X_k^{01}}{\partial y_l} + E_{ij11}\right) = 0, \quad \text{在 } Y \text{ 中} \\
&\left(E_{ijkl}\frac{\partial X_k^{01}}{\partial y_l} + E_{ij11}\right)n_j = 0, \quad \text{在 } S \text{ 上}
\end{aligned} \tag{2.113}
$$

所以 $\left\langle c_{kl11}\dfrac{\partial X_k^{01}}{\partial y_l} + c_{1111}\right\rangle \dfrac{\partial^2 u_1^{(0)}}{\partial x_1^2} = 0, \ u_1^{(0)}\Big|_{S_u} = 0$, 推出 $u_1^{(0)} = 0$, 因此

$$
u_k^{(1)} = -y_\alpha \delta_{k1} \frac{\partial u_\alpha^{(0)}}{\partial x_1} + e_{\alpha\beta} y_\alpha \delta_{\beta k} \phi(x_1) + v_k^{(1)}(x_1) \tag{2.114}
$$

考虑 ε^0 次幂项

$$
\begin{aligned}
&\frac{\partial}{\partial y_j}\left(E_{ijmn}\frac{\partial u_m^{(2)}}{\partial y_n} + E_{ijm1}\frac{\partial u_m^{(1)}}{\partial x_1}\right) = 0, \quad \text{在 } Y \text{ 中} \\
&\left(E_{ijmn}\frac{\partial u_m^{(2)}}{\partial y_n} + E_{ijm1}\frac{\partial u_m^{(1)}}{\partial x_1}\right)n_j = 0, \quad \text{在 } S \text{ 上}
\end{aligned} \tag{2.115}
$$

将 (2.114) 式代入上式, 并且假设 $u_k^{(2)}$ 为

$$
u_k^{(2)} = -X_k^{1\alpha}\frac{\partial^2 u_\alpha^{(0)}}{\partial x_1^2} - y_\alpha \delta_{k1}\frac{\partial v_\alpha^{(1)}}{\partial x_1} + X_k^{03}\frac{\partial v_1^{(1)}}{\partial x_1} + X_k^3 \frac{\partial \phi}{\partial x_1} + e_{\alpha\beta}y_\alpha\delta_{\beta k}\psi(x_1) + v_k^{(2)}(x_1) \tag{2.116}
$$

将上式代入 (2.115) 式得

$$
\begin{aligned}
&\frac{\partial}{\partial y_j}\left(E_{ijkl}\frac{\partial X_k^{1\alpha}}{\partial y_l} + y_\alpha E_{ij11}\right)\left(-\frac{\partial^2 u_\alpha^{(0)}}{\partial x_1^2}\right) + \frac{\partial}{\partial y_j}\left(E_{ijkl}\frac{\partial X_k^{01}}{\partial y_l} + E_{ij11}\right)\frac{\partial v_1^{(1)}}{\partial x_1} \\
&+ \frac{\partial}{\partial y_j}\left(E_{ijkl}\frac{\partial X_k^3}{\partial y_l} + E_{ij\beta 1}e_{\alpha\beta}y_\alpha\right)\frac{\partial \phi}{\partial x_1} = 0, \quad \text{在 } Y \text{ 中} \\
&\left(E_{ijkl}\frac{\partial X_k^{1\alpha}}{\partial y_l} + y_\alpha E_{ij11}\right)n_j\left(-\frac{\partial^2 u_\alpha^{(0)}}{\partial x_1^2}\right) + \left(E_{ijkl}\frac{\partial X_k^{01}}{\partial y_l} + E_{ij11}\right)n_j\frac{\partial v_1^{(1)}}{\partial x_1} \\
&+ \left(E_{ijkl}\frac{\partial X_k^3}{\partial y_l} + E_{ij\beta 1}e_{\alpha\beta}y_\alpha\right)n_j\frac{\partial \phi}{\partial x_1} = 0, \quad \text{在 } S \text{ 上}
\end{aligned} \tag{2.117}
$$

其中，$-\dfrac{\partial^2 u_\alpha^{(0)}}{\partial x_1^2}$，$\dfrac{\partial v_1^{(1)}}{\partial x_1}$，$\dfrac{\partial \phi}{\partial x_1}$ 分别为宏观梁的弯曲、拉伸及扭转变形，由其任意性可知

$$
\begin{cases}
\dfrac{\partial}{\partial y_j}\left(E_{ijkl}\dfrac{\partial X_k^{1\alpha}}{\partial y_l}+y_\alpha E_{ij11}\right)=0, & \text{在 } Y \text{ 中} \\[3mm]
\left(E_{ijkl}\dfrac{\partial X_k^{1\alpha}}{\partial y_l}+y_\alpha E_{ij11}\right)n_j=0, & \text{在 } S \text{ 上}
\end{cases}
$$

$$
\begin{cases}
\dfrac{\partial}{\partial y_j}\left(E_{ijkl}\dfrac{\partial X_k^{01}}{\partial y_l}+E_{ij11}\right)=0, & \text{在 } Y \text{ 中} \\[3mm]
\left(E_{ijkl}\dfrac{\partial X_k^{01}}{\partial y_l}+E_{ij11}\right)n_j=0, & \text{在 } S \text{ 上}
\end{cases} \tag{2.118}
$$

$$
\begin{cases}
\dfrac{\partial}{\partial y_j}\left(E_{ijkl}\dfrac{\partial X_k^{3}}{\partial y_l}+E_{ij\beta1}e_{\alpha\beta}y_\alpha\right)=0, & \text{在 } Y \text{ 中} \\[3mm]
\left(E_{ijkl}\dfrac{\partial X_k^{3}}{\partial y_l}+E_{ij\beta1}e_{\alpha\beta}y_\alpha\right)n_j=0, & \text{在 } S \text{ 上}
\end{cases}
$$

上式即为单胞方程，其中第一式对应于拉伸变形，第二式对应于弯曲变形，第三式对应于扭转变形。定义下式：

$$
b_{ij}=E_{ijkl}\dfrac{\partial X_k^{01}}{\partial y_l}+E_{ij11}, \quad b_{ij}^{*\alpha}=E_{ijkl}\dfrac{\partial X_k^{1\alpha}}{\partial y_l}+y_\alpha E_{ij11},
$$
$$
b_{ij}^{**}=E_{ijkl}\dfrac{\partial X_k^{3}}{\partial y_l}+E_{ij\beta3}e_{\alpha\beta3}y_\alpha \tag{2.119}
$$

则应力为

$$
\sigma_{ij}^{(0)}=0, \quad \sigma_{ij}^{(1)}=\varepsilon\left(b_{ij}\dfrac{\partial v_1^{(1)}}{\partial x_1}+b_{ij}^{*\alpha}\left(-\dfrac{\partial^2 u_\alpha^{(0)}}{\partial x_1^2}\right)+b_{ij}^{**}\dfrac{\partial \phi}{\partial x_1}\right) \tag{2.120}
$$

合力为

$$
N_1=\left\langle\sigma_{11}^{(1)}\right\rangle=\langle b_{11}\rangle\dfrac{\partial v_1^{(1)}}{\partial x_1}+\langle b_{11}^{*\alpha}\rangle\left(-\dfrac{\partial^2 u_\alpha^{(0)}}{\partial x_1^2}\right)+\langle b_{11}^{**}\rangle\dfrac{\partial \phi}{\partial x_1}
$$

$$
M_\alpha=\left\langle y_\alpha\sigma_{11}^{(1)}\right\rangle=\langle y_\alpha b_{11}\rangle\dfrac{\partial v_1^{(1)}}{\partial x_1}+\left\langle y_\alpha b_{11}^{*\beta}\right\rangle\left(-\dfrac{\partial^2 u_\beta^{(0)}}{\partial x_1^2}\right)+\langle y_\alpha b_{11}^{**}\rangle\dfrac{\partial \phi}{\partial x_1}
$$

$$
M=\left\langle e_{\alpha\beta}y_\beta\sigma_{\alpha1}^{(1)}\right\rangle=\langle e_{\alpha\beta}y_\beta b_{\alpha1}\rangle\dfrac{\partial v_1^{(1)}}{\partial x_1}+\left\langle e_{\alpha\beta}y_\beta b_{\alpha1}^{*\gamma}\right\rangle\left(-\dfrac{\partial^2 u_\gamma^{(0)}}{\partial x_1^2}\right)
$$

$$+ \langle e_{\alpha\beta} y_\beta b_{\alpha1}^{**} \rangle \frac{\partial \phi}{\partial x_1} \tag{2.121}$$

其中，$N_1 = N_{11}^{(1)}, M_\alpha = M_{1\alpha}^{(1)}$。令 $\varepsilon_1 = \dfrac{\partial v_1^{(1)}}{\partial x_1}, \kappa_2 = -\dfrac{\partial^2 u_2^{(0)}}{\partial x_1^2}, \kappa_3 = -\dfrac{\partial^2 u_3^{(0)}}{\partial x_1^2}, \kappa_1 = \dfrac{\partial \phi}{\partial x_1}$，则上式表示为矩阵形式为

$$
\left\{
\begin{array}{c}
N_1 \\
M_2 \\
M_3 \\
T_1
\end{array}
\right\}
=
\left[
\begin{array}{cccc}
\langle b_{11} \rangle & \langle b_{11}^{*2} \rangle & \langle b_{11}^{*3} \rangle & \langle b_{11}^{**} \rangle \\
\langle y_2 b_{11} \rangle & \langle y_2 b_{11}^{*2} \rangle & \langle y_2 b_{11}^{*3} \rangle & \langle y_2 b_{11}^{**} \rangle \\
\langle y_3 b_{11} \rangle & \langle y_3 b_{11}^{*2} \rangle & \langle y_3 b_{11}^{*3} \rangle & \langle y_3 b_{11}^{**} \rangle \\
\langle \varepsilon_{\alpha\beta} y_\beta b_{\alpha1} \rangle & \langle \varepsilon_{\alpha\beta} y_\beta b_{\alpha1}^{*2} \rangle & \langle \varepsilon_{\alpha\beta} y_\beta b_{\alpha1}^{*3} \rangle & \langle \varepsilon_{\alpha\beta} y_\beta b_{\alpha1}^{**} \rangle
\end{array}
\right]
\left\{
\begin{array}{c}
\varepsilon_1 \\
\kappa_2 \\
\kappa_3 \\
\kappa_1
\end{array}
\right\}
$$

$$
=
\left[
\begin{array}{cccc}
D_{11} & D_{12} & D_{13} & D_{14} \\
D_{21} & D_{22} & D_{23} & D_{24} \\
D_{31} & D_{32} & D_{33} & D_{34} \\
D_{41} & D_{42} & D_{43} & D_{44}
\end{array}
\right]
\left\{
\begin{array}{c}
\varepsilon_1 \\
\kappa_2 \\
\kappa_3 \\
\kappa_1
\end{array}
\right\}
\tag{2.122}
$$

其中，D_{11} 是周期性方向上的拉伸刚度；D_{22} 和 D_{33} 是弯曲刚度；D_{44} 是扭转刚度；非对角元上的各项是相对应的耦合刚度。

从以上推导可以看到，梁的等效性能预测首先要求解如 (2.118) 式所示的单胞方程问题，得到单胞内的特征位移场 $\boldsymbol{X}^{1\alpha}, \boldsymbol{X}^{01}, \boldsymbol{X}^3$，进而求解 $b_{ij}, b_{ij}^{*\alpha}, b_{ij}^{**}$，最后通过 (2.122) 式得到梁的等效刚度矩阵。

2.3.2 等效刚度有限元求解列式

在 2.4.1 节得到的一维梁均匀化理论的单胞方程从形式上看很难求解，Kolpakov 曾在文献中解析地得到了一些简单结构的结果，但由于其单胞方程与一般的弹性力学方程的形式不同，所以并没有涉及有限元等数值方法的实现。

为了能够通过数值方法求解具有复杂微结构的周期性梁的等效刚度，我们先把单胞方程写成统一的表达形式。定义如下四个应变 $\boldsymbol{\varepsilon}^1, \boldsymbol{\varepsilon}^2, \boldsymbol{\varepsilon}^3, \boldsymbol{\varepsilon}^4$：

$$\varepsilon_{kl}^1 = \delta_{k1}\delta_{l1}, \quad \varepsilon_{kl}^2 = y_2 \delta_{k1}\delta_{l1}, \quad \varepsilon_{kl}^3 = y_3 \delta_{k1}\delta_{l1}, \quad \varepsilon_{kl}^4 = \frac{1}{2}e_{\alpha\beta}y_\alpha\left(\delta_{k\beta}\delta_{l1} + \delta_{k1}\delta_{l\beta}\right)$$
$$\tag{2.123}$$

并且定义 $\tilde{\boldsymbol{\chi}}^1 = \boldsymbol{X}^{01}, \tilde{\boldsymbol{\chi}}^2 = \boldsymbol{X}^{12}, \tilde{\boldsymbol{\chi}}^3 = \boldsymbol{X}^{13}, \tilde{\boldsymbol{\chi}}^4 = \boldsymbol{X}^3, b_{ij}^1 = b_{ij}, b_{ij}^2 = b_{ij}^{*2}, b_{ij}^3 = b_{ij}^{*3}, b_{ij}^4 = b_{ij}^{**}$，则

$$b_{ij}^p = E_{ijkl}\frac{\partial \tilde{\chi}_k^p}{\partial y_l} + E_{ijkl}\varepsilon_{kl}^p \quad (p=1,2,3,4) \tag{2.124}$$

单胞方程 (2.118) 式可以统一写成

$$\begin{cases} \dfrac{\partial b_{ij}^p}{\partial y_j} = 0, & \text{在 } Y \text{ 中} \\[2mm] b_{ij}^p n_j = 0, & \text{在 } S \text{ 上} \\[2mm] b_{ij} n_j|_{\omega_+} = -\,b_{ij} n_j|_{\omega_-}, & \text{在 } \omega_{\pm} \text{ 上} \\[2mm] \tilde{\chi}_i^p|_{\omega_+} = \tilde{\chi}_i^p|_{\omega_-}, & \text{在 } \omega_{\pm} \text{ 上} \end{cases} \quad (2.125)$$

注意到, 上式可以类比于弹性理论中的控制方程和边界条件, 构成了一个完整的弹性理论边值问题。根据虚功原理, 对于任意的广义虚位移场 v, 其等效积分形式可以写为

$$\int_Y v_i b_{ij,j}^p \mathrm{d}Y - \int_S v_i b_{ij}^p n_j \mathrm{d}S - \int_{\omega_+} v_i b_{ij}^p n_j \mathrm{d}S - \int_{\omega_-} v_i b_{ij}^p n_j \mathrm{d}S = 0 \quad (2.126)$$

由于广义虚位移场满足周期边界条件, (2.126) 式中后两项相对的周期边界 $\omega_{\pm}$ 上应力大小相等, 方向相反, 相互抵消。只剩下前两项。对第一项在 Y 单胞域内进行分部积分, 并利用高斯定理将域内积分转化边界积分, 则 (2.126) 式转化为

$$\begin{aligned} &\int_Y v_i b_{ij,j}^p \mathrm{d}Y - \int_S v_i b_{ij}^p n_j \mathrm{d}S \\ =\; & \int_Y \left(v_i b_{ij}^p\right)_{,j} \mathrm{d}Y - \int_Y v_{i,j} b_{ij}^p \mathrm{d}Y - \int_S v_i b_{ij}^p n_j \mathrm{d}S \\ =\; & \int_S v_i b_{ij}^p n_j \mathrm{d}S + \int_{\omega_+} v_i b_{ij}^p n_j \mathrm{d}S + \int_{\omega_-} v_i b_{ij}^p n_j \mathrm{d}S - \int_Y v_{i,j} b_{ij}^p \mathrm{d}Y - \int_S v_i b_{ij}^p n_j \mathrm{d}S \\ =\; & -\int_Y v_{i,j} b_{ij}^p \mathrm{d}Y = 0 \end{aligned}$$

$$(2.127)$$

即可得到其等效积分弱形式

$$\int_Y v_{i,j} b_{ij} \mathrm{d}Y = 0 \quad (2.128)$$

将 (2.124) 式代入 (2.128) 式中, 并对结构位移进行有限元离散, 根据最小势能原理, 便可以得到四个单胞方程的有限元表达式

$$\boldsymbol{T}^{\mathrm{T}} \boldsymbol{K} \boldsymbol{T} \tilde{\chi}_m^i = \boldsymbol{T}^{\mathrm{T}} \boldsymbol{f}^i \quad (i = 1, 2, 3, 4) \quad (2.129)$$

其中, $\boldsymbol{K} = \displaystyle\int_Y \boldsymbol{B}^{\mathrm{T}} \boldsymbol{E} \boldsymbol{B} \mathrm{d}Y$, $\boldsymbol{f}^i = -\displaystyle\int_Y \boldsymbol{B}^{\mathrm{T}} \boldsymbol{E} \boldsymbol{\varepsilon}^i \mathrm{d}Y$。这里 $\boldsymbol{K}$ 是单胞域的总体刚度矩阵, $\boldsymbol{B}$ 是应变位移关系矩阵, $\boldsymbol{E}$ 是材料的弹性本构矩阵, $\boldsymbol{T}$ 为转换矩阵, 将全自由度转换为主自由度。$\tilde{\boldsymbol{\chi}}^i\ (i = 1, 2, 3, 4)$ 为全自由度向量, $\tilde{\chi}_m^i\ (i = 1, 2, 3, 4)$ 为主自由

度向量，全自由度向量与主自由度向量关系为 $\boldsymbol{T}\tilde{\boldsymbol{\chi}}_m^i = \tilde{\boldsymbol{\chi}}^i$，$\boldsymbol{f}^i$ $(i=1,2,3,4)$ 是由广义单位应变场引起的总体载荷节点向量，其对应的广义单位应变场分别定义为

$$\boldsymbol{\varepsilon} = \left\{ \begin{array}{c} \varepsilon_{11} \\ \varepsilon_{22} \\ \varepsilon_{33} \\ \gamma_{12} \\ \gamma_{23} \\ \gamma_{31} \end{array} \right\}, \quad \boldsymbol{\varepsilon}^1 = \left\{ \begin{array}{c} 1 \\ 0 \\ 0 \\ 0 \\ 0 \\ 0 \end{array} \right\}, \quad \boldsymbol{\varepsilon}^2 = \left\{ \begin{array}{c} y_2 \\ 0 \\ 0 \\ 0 \\ 0 \\ 0 \end{array} \right\},$$

$$\boldsymbol{\varepsilon}^3 = \left\{ \begin{array}{c} y_3 \\ 0 \\ 0 \\ 0 \\ 0 \\ 0 \end{array} \right\}, \quad \boldsymbol{\varepsilon}^4 = \left\{ \begin{array}{c} 0 \\ 0 \\ 0 \\ -y_3 \\ 0 \\ y_2 \end{array} \right\} \tag{2.130}$$

四个广义单位应变中，$\boldsymbol{\varepsilon}^1$ 代表拉伸应变；$\boldsymbol{\varepsilon}^2, \boldsymbol{\varepsilon}^3$ 代表两个弯曲应变；$\boldsymbol{\varepsilon}^4$ 代表扭转应变，因此共有四类载荷工况，需要在周期边界条件下求解四个有限元单胞方程。当特征位移求出后，特征应力场可以表示为下列有限元形式：

$$\boldsymbol{b}^i = \boldsymbol{C}\left(\boldsymbol{\varepsilon}^i + \tilde{\boldsymbol{\varepsilon}}^i\right) \quad (i=1,2,3,4) \tag{2.131}$$

其中，$\tilde{\boldsymbol{\varepsilon}}^i = \boldsymbol{B}\tilde{\boldsymbol{\chi}}^i$ $(i=1,2,3,4)$ 是由特征位移产生的特征应变。梁的等效刚度矩阵就可以表示成单胞域内应变能和互应变能的形式：

$$\boldsymbol{D}_{ij}^H = \frac{1}{|Y|} \int_Y (\boldsymbol{\varepsilon}^i + \tilde{\boldsymbol{\varepsilon}}^i)^{\mathrm{T}} \boldsymbol{C}(\boldsymbol{\varepsilon}^j + \tilde{\boldsymbol{\varepsilon}}^j)\mathrm{d}Y, \quad i,j = 1,2,3,4 \tag{2.132}$$

上面我们采用了互应变能的概念，是因为当 i 和 j 不同时，相应的值在结构力学中称为互应变能。

2.3.3 等效刚度有限元新求解列式

虽然得到了上述有限元列式，但如果利用商用软件进行求解计算则仍然有很多困难。首先，四个广义单位应变场的施加在工程软件中很难实现；其次，有限元列式中应变位移关系矩阵 $\boldsymbol{B}$ 是与单元类型相关的，对于不同的单元类型，要重新推导不同的列式以及编写不同的代码，这将带来巨大的编程工作量和计算工作量。这也是均匀化方法并没有像代表体元法一样在工程中广泛应用，且无论单胞的几何有什么特点，文献中都只用实体元来建模的原因。这里采用程耿东等提出

的均匀化新方法 [13]，通过构建广义单位应变场对应的广义位移场来表示载荷项及应变能，从而可以直接利用将商用软件作为黑箱而实现求解计算。

首先，用相应的广义位移场来代替广义单位应变场，则节点力 $\boldsymbol{f}^i$ 可以改写为

$$\boldsymbol{f}^i = -\int \boldsymbol{B}^{\mathrm{T}} \boldsymbol{E} \boldsymbol{\varepsilon}^i \mathrm{d}Y = -\int \boldsymbol{B}^{\mathrm{T}} \boldsymbol{E} \boldsymbol{B} \boldsymbol{\chi}^i \mathrm{d}Y = -\int \boldsymbol{B}^{\mathrm{T}} \boldsymbol{E} \boldsymbol{B} \mathrm{d}Y \boldsymbol{\chi}^i = -\boldsymbol{K} \boldsymbol{\chi}^i$$

$$(2.133)$$

这样总体载荷节点向量写成了总体刚度矩阵与相应节点位移向量的乘积的形式。在有限元软件中，只需要在单胞的每个节点施加相应位移向量 $\boldsymbol{\chi}^i$，进行一次静力分析，提取的节点反力就是节点载荷向量 $\boldsymbol{f}^i$。

对于实体单元，每个节点有三个自由度，则四个广义单位应变场对应的广义位移场为

$$\boldsymbol{\chi} = \left\{ \begin{array}{c} u \\ v \\ w \end{array} \right\}, \quad \boldsymbol{\chi}^1 = \left\{ \begin{array}{c} y_1 \\ 0 \\ 0 \end{array} \right\}, \quad \boldsymbol{\chi}^2 = \left\{ \begin{array}{c} y_1 y_2 \\ -y_1^2/2 \\ 0 \end{array} \right\},$$

$$\boldsymbol{\chi}^3 = \left\{ \begin{array}{c} y_1 y_3 \\ 0 \\ -y_1^2/2 \end{array} \right\}, \quad \boldsymbol{\chi}^4 = \left\{ \begin{array}{c} 0 \\ -y_1 y_3 \\ y_1 y_2 \end{array} \right\}$$

$$(2.134)$$

求得四个广义应变场对应的载荷向量后，就可以求解周期边界条件下的单胞方程。为了更加严谨地描述周期边界条件下的有限元单胞方程列式，我们引入转换矩阵 $\boldsymbol{T}$，其是由 0 和 1 组成的矩阵，可以将单胞模型施加周期边界条件后的主自由度转换到全自由度上，即

$$\boldsymbol{T} \tilde{\boldsymbol{\chi}}_{\mathrm{m}}^i = \tilde{\boldsymbol{\chi}}^i \qquad (2.135)$$

这里，$\tilde{\boldsymbol{\chi}}^i$ 和 $\tilde{\boldsymbol{\chi}}_m^i$ 分别是模型的全自由度向量和施加了周期边界条件的主自由度向量。因此有限元单胞方程可以写成以下形式：

$$\boldsymbol{T}^{\mathrm{T}} \boldsymbol{K} \boldsymbol{T} \tilde{\boldsymbol{\chi}}_m^i = \boldsymbol{T}^{\mathrm{T}} \boldsymbol{f}^i \qquad (2.136)$$

求出 $\tilde{\boldsymbol{\chi}}_m^i$ 后，通过 $\tilde{\boldsymbol{\chi}}^i = \boldsymbol{T} \tilde{\boldsymbol{\chi}}_m^i$ 扩展到单胞的全自由度，就得到所要求的特征位移向量。而实际在商用软件计算中，周期边界条件可以通过对周期性方向两个边界上对应的节点进行自由度耦合来实现。只要在单胞模型上施加节点力 $\boldsymbol{f}^i$ 和周期边界上对应的节点耦合，并将从节点自由度上的节点力施加到所对应的主节点上，利用有限元软件进行一次静力分析，然后从有限元软件中直接输出的节点位移就是特征位移场 $\tilde{\boldsymbol{\chi}}^i$。同时为了避免总体刚度阵奇异，除了施加周期边界条件，

还应在模型中限制 y_1, y_2, y_3 三个方向上的刚体平动位移和绕 y_1 方向的刚体转动位移 (可通过约束任一主节点的自由度实现)。

得到特征位移场 $\tilde{\chi}^i$ 后，等效刚度矩阵就可以写成单胞域内通过初始广义位移场 χ^i 和特征位移场 $\tilde{\chi}^i$ 求解互应变能的形式：

$$D_{ij} = \frac{1}{|Y|} \left(\chi^i + \tilde{\chi}^i \right)^{\mathrm{T}} K \left(\chi^j + \tilde{\chi}^j \right), \quad i, j = 1, 2, 3, 4 \tag{2.137}$$

为了避免组装或提取总刚度矩阵 K，可以进一步在单胞模型的节点上施加特征位移场 $\tilde{\chi}^i$，利用有限元软件进行一次静力分析后得到其节点反力 $\tilde{f}^i$，即

$$\tilde{f}^i = K \tilde{\chi}^i \tag{2.138}$$

等效弹性模量矩阵可以进一步改写为

$$D_{ij} = \frac{1}{|Y|} \left(\chi^i + \tilde{\chi}^i \right)^{\mathrm{T}} \left(f^j + \tilde{f}^j \right) \tag{2.139}$$

(2.139) 式中等号右边所有向量都可以直接给出或通过有限元软件直接输出，所以很容易将有限元软件作为黑箱，直接求得梁的等效模量，其求解流程如图 2.10 所示。

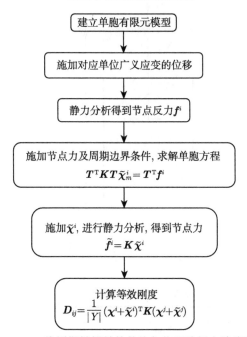

图 2.10　一维周期性梁结构的均匀化理论新方法流程图

由图 2.10 可以看到，一维周期性梁的均匀化理论新方法把有限元软件作为黑箱来处理，所有步骤都是基于有限元模型的节点进行的基本操作，所以可以处理各种类型的单元，对于具有复杂微结构的单胞，有限元建模更容易。例如，如果单胞的微结构由杆梁板膜等组成，我们就可以不采用实体单元建模，从而大大降低了单胞有限元模型的自由度数和单元数，便于在各种有限元软件平台上操作。

2.3.4 数值算例

第一个算例是由两层不同的各向同性材料组成的双层复合梁结构。我们将用 NIAH 得到的结果与 Lee 和 Yu[14] 采用 VABS 得到的结果比较。梁的截面尺寸为 $b = 1\mathrm{m}$ 和 $h = 2\mathrm{m}$ (图 2.11)。梁的材料均匀分布在 x_1 方向上，但在 x_2x_3 平面内呈现异质性。两种各向同性材料的杨氏模量分别为 $E_1 = 2.6\mathrm{GPa}$ 和 $E_2 = 26\mathrm{GPa}$，但有相同的泊松比 $\nu_1 = \nu_2 = 0.3$。由于梁的材料在 x_1 方向均匀分布，三维单胞沿轴向的长度可以任意取值，这里取作 1m。我们采用实体单元建立单胞的有限元模型，单元数量为 2000。表 2.5 给出了用本书 NIAH 和文献中 VABS 方法求得的等效刚度项的结果对比。从结果可以看到，两种方法得到了相同的等效刚度值。在本算例中，拉伸–弯曲耦合项 D_{13} 存在，这是由于截面在 x_3 方向的非均质性使得在图示坐标系下复合梁产生了拉弯耦合。

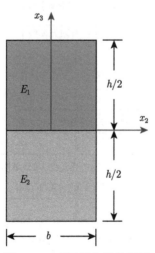

图 2.11 双层复合梁的截面

表 2.5 双层复合梁的结果对比

方法	$D_{11}/(10^{10}\mathrm{N})$	$D_{22}/(10^9\mathrm{N\cdot m^2})$	$D_{33}/(10^9\mathrm{N\cdot m^2})$	$D_{44}/(10^9\mathrm{N\cdot m^2})$	$D_{13}/(10^{10}\mathrm{N\cdot m})$
NIAH	2.86	2.38	9.53	1.87	1.17
VABS	2.86	2.38	9.53	1.87	1.17

钢筋缆绳作为一种常见的梁式结构，广泛应用于桥梁、建筑工程等领域。算例二研究一种简单的 "6+1" 型的直钢筋缆绳结构，包括一股中心圆线和以一定角度缠绕它的 6 股外层螺旋圆线，如图 2.12 所示。缆绳的材料属性为杨氏模量 $E = 200\text{GPa}$，泊松比 $\nu = 0.3$。中心圆线的半径为 $R_\text{C} = 2.675\text{mm}$，螺旋圆线的半径为 $R_\text{S} = 2.59\text{mm}$，其与 x_1 轴形成的螺旋角为 $\alpha = 8.18°$。螺旋圆线的截面由于螺旋角而在 A-A 剖面上呈椭圆形 (图 2.12)。基于环向的周期性特点，单胞长度可以取为一个整周期长度的 1/6，其计算公式为

$$L = \frac{2\pi \left(R_\text{C} + R_\text{S}\right)}{6 \tan \alpha} \tag{2.140}$$

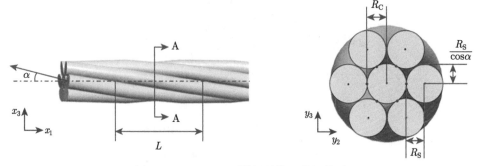

图 2.12 "6 + 1" 型缆绳结构及其梁截面

Nawrocki 等 [15] 和 Cartraud 等 [16] 都曾对这种 "6+1" 型钢筋缆绳结构进行过研究，但其研究主要关心轴向拉伸和扭转刚度，而并未涉及弯曲刚度。这里采用本书的新方法求解等效刚度，并与文献中的结果对比。首先，有限元单胞模型采用全实体单元建模。假设中心圆线与螺旋圆线之间是完美接触的，通过合并节点实现，而螺旋圆线之间没有接触。由于几何模型的复杂性，需要划分大量的实体单元以保证接触的要求和计算的精度。这里采用一种在截面上剖分平面网格后，沿轴向边旋转剖面边扫描创建三维的节点和单元的方法，得到了高质量的网格，如图 2.13 所示。

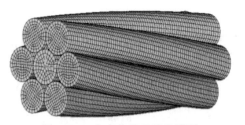

图 2.13 全实体单元单胞模型

　　由于本书的新方法可以通过商用软件使用任意的单元类型以及建模手段，所以可以把单胞模型中的中心圆线和螺旋圆线简化为梁，从而利用梁单元来建模。为了模拟中心圆线和螺旋圆线之间的接触关系，这里在截面内引入刚性梁单元，刚性梁单元的节点之间通过三个平移自由度的耦合来连接，如图 2.14 所示。简化的梁单元单胞模型只需要 560 个梁单元和 792 个刚性梁单元，比全实体单元模型的规模减小了将近两个数量级，这里需要注意到，刚性梁单元实际上并不会增加有限元模型的自由度数量。由于梁单元和建模技术的使用，计算时间和内存显著地降低。

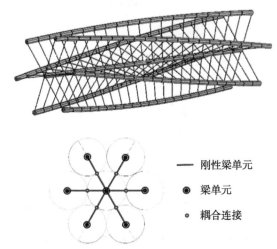

刚性梁单元
梁单元
耦合连接

图 2.14　梁单元单胞模型及其截面示意图

　　表 2.6 中将以上全实体单元模型和梁模型通过新方法得到的等效刚度结果与文献中的结果进行了对比。由表 2.6 结果可知，等效刚度中的拉伸项 D_{11}、扭转项 D_{44} 以及拉扭耦合项 D_{14} 都与文献结果吻合得很好。简化梁单元模型的等效刚度结果比全实体单元模型的结果偏刚，其中弯曲刚度差别较大，但不超过 6.5%，这在工程上是可以接受的。

表 2.6　缆绳结构结果对比

参数	文献 [15]	文献 [16] Solid/7056	NIAH Solid/57600	NIAH Beam/560 Rigid/972
$D_{11}/(10^6 \text{N})$	29.0	29.63	28.37	29.00
$D_{22}/(\text{N·m}^2)$	—	—	339.17	362.2
$D_{33}/(\text{N·m}^2)$	—	—	339.17	362.2
$D_{44}/(\text{N·m}^2)$	55.1	53.49	52.72	53.84
$D_{14}/(10^3 \text{N·m})$	18.5	18.24	18.10	18.52

2.3.5 周期梁 NIAH 的等价形式

类似地，从 (2.139) 式可知，计算等效性质所需要的位移场为 $\bar{\chi}^i = \chi^i + \tilde{\chi}^i$，直接求解位移场 $\bar{\chi}^i$，可以一步计算出等效性质，从而进一步简化计算流程，提高计算效率。进行变量替换 $\tilde{\chi}^i = \bar{\chi}^i - \chi^i$，并将其代入 (2.125) 式得

$$\begin{cases}
\dfrac{\partial}{\partial y_j}\left(E_{ijkl}\dfrac{\partial \bar{\chi}_k^i}{\partial y_l}\right) = 0, & \text{在 } Y \text{ 中} \\[2mm]
\left(E_{ijkl}\dfrac{\partial \bar{\chi}_k^i}{\partial y_l}\right)n_j = 0, & \text{在 } S \text{ 上} \\[2mm]
\bar{\chi}_k^i\big|_{\omega_+} - \bar{\chi}_k^i\big|_{\omega_-} = \Delta\chi_k^i\big|_{\omega}, & \text{在 } \omega_{\pm} \text{ 上} \\[2mm]
E_{ijkl}\dfrac{\partial \bar{\chi}_k^i}{\partial y_l}n_j\bigg|_{\omega_+} = -E_{ijkl}\dfrac{\partial \bar{\chi}_k^i}{\partial y_l}n_j\bigg|_{\omega_-}, & \text{在 } \omega_{\pm} \text{ 上}
\end{cases} \quad (2.141)$$

其中，$\Delta\chi^i\big|_{\omega} = \chi^i\big|_{\omega_+} - \chi^i\big|_{\omega_-}$，表示成向量形式为

$$\Delta\chi^1\big|_{\omega} = \left\{\begin{array}{c} l \\ 0 \\ 0 \end{array}\right\}, \quad \Delta\chi^2\big|_{\omega} = \left\{\begin{array}{c} ly_2 \\ 0 \\ 0 \end{array}\right\},$$

$$\Delta\chi^3\big|_{\omega} = \left\{\begin{array}{c} ly_3 \\ 0 \\ 0 \end{array}\right\}, \quad \Delta\chi^4\big|_{\omega} = \left\{\begin{array}{c} 0 \\ -ly_3 \\ ly_2 \end{array}\right\} \quad (2.142)$$

下面推导 (2.141) 式的有限元离散形式，令 v 为满足周期边界条件 $v|_{\omega_+} = v|_{\omega_-}$ 的位移场，则其等效弱形式为

$$\int_Y v_i\left(E_{ijkl}\bar{\chi}_{k,l}^p\right)_{,j}\mathrm{d}\Omega - \int_S v_i E_{ijkl}\bar{\chi}_{k,l}^p n_j \mathrm{d}A - \int_{\omega_{\pm}} v_i E_{ijkl}\bar{\chi}_{k,l}^p n_j \mathrm{d}A = 0 \quad (2.143)$$

化简得

$$\int_Y E_{ijkl}\bar{\chi}_{k,l}^i v_{i,j}\mathrm{d}\Omega = 0 \quad (2.144)$$

令 v 为 $\bar{\chi}^p$ 的变分，$v = \delta\bar{\chi}^p$，代入上式得

$$\int_Y E_{ijkl}\bar{\varepsilon}_{kl}^p \delta\varepsilon_{ij}^p \mathrm{d}\Omega = 0 \quad (2.145)$$

其中，p 不求和，$\delta\varepsilon_{ij}^p = \dfrac{1}{2}\left(\delta\bar{\chi}_{i,j}^p + \delta\bar{\chi}_{j,i}^p\right)$，离散为有限元形式得

$$\left(\delta\bar{\chi}^p\right)^{\mathrm{T}} K \bar{\chi}^p = 0 \quad (2.146)$$

由 (2.142) 式中位移周期边界条件可令

$$\bar{\chi}^p = T\bar{\chi}_m^p + \Delta\chi^p \tag{2.147}$$

其中, T 为转换矩阵; $\bar{\chi}_m^p$ 为主自由度向量; $\Delta\chi^p$ 为对应于其边界上取值为 (2.142) 式、单胞域内取值为零的位移向量。对上式变分得

$$\delta\bar{\chi}^p = T\delta\bar{\chi}_m^p \tag{2.148}$$

将 (2.148) 式和 (2.147) 式代入 (2.146) 式，并考虑 $\delta\bar{\chi}_m^p$ 的任意性, (2.146) 式简化为

$$T^{\mathrm{T}}KT\bar{\chi}_m^p = -T^{\mathrm{T}}K\Delta\chi^p \tag{2.149}$$

根据上式求解出 $\bar{\chi}_m^p$ 后代入 (2.147) 式即可求得 $\bar{\chi}^p$。随后根据 (2.139) 式即可求解等效性质, 如下式:

$$D_{pq} = \frac{1}{|Y|}(\bar{\chi}^p)^{\mathrm{T}}\bar{f}^q \tag{2.150}$$

其中, $\bar{f}^i = K\bar{\chi}^i$。

2.4　本 章 小 结

本章介绍了周期材料及周期梁板结构的渐近均匀化方法，以及等效刚度的新数值求解算法，在该算法框架下，三者所采用的渐近均匀化求解新方法是非常相似的，可以统一在同一渐近均匀化求解新方法的基本框架内，直接通过有限元软件求解，并充分利用有限元软件中的各类单元类型和建模技术。渐近均匀化求解新方法的基本流程可以统一归纳为:

(1) 通过初始广义应变场构造对应的初始位移场，并通过有限元软件求出等效载荷;

(2) 在单胞施加等效载荷，并根据问题施加周期边界条件，通过有限元软件求解有限元方程，得到广义特征位移场;

(3) 根据初始位移场和特征位移场求解相应问题的等效刚度矩阵。

但是由于三类方法针对不同的边值问题，其模型的假设、单胞方程和等效刚度矩阵的定义都完全不相同，所以三类问题要明确地区分。表 2.7 对三类周期性结构的渐近均匀化求解新方法进行了比较。

由以上对比可见，只要明确区分表 2.7 中不同问题的差别，三维 (二维) 周期性材料、二维周期性板壳结构和一维周期性梁结构都可以统一在同一标准的数值求解框架内完成均匀化降阶。

表 2.7 三类周期性结构的渐近均匀化求解新方法比较

	三维实体结构	二维板壳结构	一维梁结构
模型周期性特征示例			
单胞方程数量 $K\chi^i = f^i$	6 个	6 个	4 个
初始广义应变场定义	$i=1:\ \varepsilon_{11}=1$ $i=2:\ \varepsilon_{22}=1$ $i=3:\ \varepsilon_{33}=1$ $i=4:\ \gamma_{12}=1$ $i=5:\ \gamma_{23}=1$ $i=6:\ \gamma_{31}=1$	$i=1:\ \varepsilon_{11}=1$ $i=2:\ \varepsilon_{22}=1$ $i=3:\ \gamma_{12}=1$ $i=4:\ \varepsilon_{11}=y_3$ $i=5:\ \varepsilon_{22}=y_3$ $i=6:\ \gamma_{12}=y_3$	$i=1:\ \varepsilon_{11}=1$ $i=2:\ \varepsilon_{11}=-y_2$ $i=3:\ \varepsilon_{22}=-y_3$ $i=4:\ \gamma_{12}=-y_3,$ $\gamma_{12}=y_2$
周期边界条件	空间三个方向	面内两个方向	轴向一个方向
等效刚度矩阵 $D_{ij}^H = \dfrac{1}{\|Y\|}\displaystyle\int_Y (\varepsilon_0^i - \varepsilon^i)^{\mathrm{T}}$ $C(\varepsilon_0^j - \varepsilon^j)\mathrm{d}Y$	材料等效弹性模量 $[E]_{6\times6}$	板的等效拉伸刚度、弯曲刚度及耦合刚度 $\begin{bmatrix} A & B \\ B & D \end{bmatrix}_{6\times6}$	梁的等效拉伸、弯曲、扭转及耦合刚度 $[D]_{4\times4}$
均匀化算符中 $\|Y\|$ 的定义	单胞体积	单胞面内面积	单胞轴向长度

注: 表中第 4 行 i 表示第 i 个初始广义应变场, 对于三维实体结构, $i=1\sim6$ 分别对应于沿 1, 2, 3 方向的拉伸应变以及 12, 23, 31 平面内的剪切应变; 对于板壳结构, $i=1\sim6$ 分别对应于 1, 2 方向的单位拉伸应变, 12 平面内的单位剪切应变, 1,2 方向的单位曲率以及单位扭率; 对于梁结构, $i=1\sim4$ 分别对应于单位拉伸应变, 两个方向的单位曲率及单位扭率。

参 考 文 献

[1] Bakhvalov N, Panasenko G. Homogenisation: Averaging Process in Periodic Media[M]. Dordrecht: Kluwer Academic Publ., 1989.

[2] Bensoussan A, Lions J L, Papanicolaou G. Asymptotic Analysis for Periodic Structures[M]. Amsterdam: North Holland Publ., 1978.

[3] Sanchez-Palencia E, Zaoui A. Homogenization Techniques for Composite Media[M]. Berlin: Springer Verlag, 1987.

[4] Cheng G, Cai Y, Xu L. Novel implementation of homogenization method to predict effective properties of periodic materials[J]. Acta Mechanica Sinica, 2013, 29: 550-556.

[5] Deshpande V, Fleck N, Ashby M. Effective properties of the octet-truss lattice material[J]. Journal of the Mechanics and Physics of Solids, 2001, 49(8): 1747-1769.

[6] Kalamkarov A L. Composite and Reinforced Elements of Construction[M]. Chichester, New York: John Wiley & Sons, 1992.

[7] Vignoli L L, Savi M A, Pacheco P M, et al. Comparative analysis of micromechanical models for the elastic composite laminae[J]. Composites Part B: Engineering, 2019, 174: 106961.

[8] Kalamkarov A L, Andrianov I V, Danishevskyy V V. Asymptotic homogenization of composite materials and structures[J]. Applied Mechanics Reviews, 2009, 62(3): 030802-1-030802-20.

[9] Cai Y, Xu L, Cheng G. Novel numerical implementation of asymptotic homogenization method for periodic plate structures[J]. International Journal of Solids and Structures, 2014, 51: 284-292.

[10] Kalamkarov A L, Kolpakov A G. Analysis, Design and Optimization of Composite Structures[M]. Chichester, New York: John Wiley & Sons, 1997.

[11] Kolpakov A G. Calculation of the characteristics of thin elastic rods with a periodic structure[J]. Journal of Applied Mathematics and Mechanics, 1991, 55(3): 358-365.

[12] Kolpakov A G. Stressed Composite Structures: Homogenized Models for Thin-walled Non-homogeneous Structures with Initial Stresses[M]. Berlin, New York: Springer-Verlag, 2004.

[13] Yi S, Xu L, Cheng G, et al. FEM formulation of homogenization method for effective properties of periodic heterogeneous beam and size effect of basic cell in thickness direction[J]. Computers & Structures, 2015, 156:1-11.

[14] Lee C Y, Yu W. Variational asymptotic modeling of composite beams with spanwise heterogeneity[J]. Computers & Structures, 2011, 89(15-16): 1503-1511.

[15] Nawrocki A, Labrosse M. A finite element model for simple straight wire rope strands[J]. Computers & Structures, 2000, 77(4): 345-359.

[16] Cartraud P, Messager T. Computational homogenization of periodic beam-like structures[J]. International Journal of Solids and Structures, 2006, 43(3): 686-696.

第 3 章　周期梁结构等效剪切刚度预测
方法及数值求解

前面我们介绍了采用渐近均匀化方法将一维具有周期微结构的梁结构降阶为具有等效刚度的一维经典欧拉–伯努利梁，但在工程结构中，有限长度的具有周期微结构的梁结构在受到横向载荷作用下，剪切变形不可忽略，欧拉–伯努利梁模型不满足实际工程需要，将其等效为铁摩辛柯梁更为合理。

本章首先从力学角度对梁的 NIAH 提出新的诠释，通过类比该诠释，提出具有周期微结构的梁结构等效铁摩辛柯梁模型的剪切刚度的预测方法 [1]。该方法宏观上构造与剪切刚度相关的应力–应变状态，求得剪切刚度与宏观梁段应变能的关系式；微观上首先施加与宏观状态相关的微观单胞位移场，然后通过梁上下表面外力为零的条件和周期边界位移及面力的连续性条件来构造叠加位移场，从而在微观单胞上构造与宏观状态相一致的应力–应变状态，计算微观单胞的应变能。最后通过宏微观应变能等价来求解等效剪切刚度。根据这一思想，我们随后给出等效剪切刚度的有限元求解列式以及有限元数值实现方法。该方法以有限元软件为黑箱，利用有限元分析输出的节点物理量计算等效剪切刚度，保留了 NIAH 实现简单的优点，可以简单快速地预测具有周期微结构的梁的等效剪切性质。最后使用该方法对具有周期微结构的梁结构的位移及应力响应进行预测，并与传统渐近均匀化方法结果进行比较。

本章内容如下，3.1 节提出周期梁结构 NIAH 的物理意义；3.2 节提出等效剪切刚度预测方法；3.3 节推导剪切刚度的有限元数值实现步骤；3.4 节利用新方法对具有周期微结构的梁结构进行在外力作用下的结构位移及应力响应预测；3.5 节为本章小结。

3.1　周期梁结构 NIAH 的物理意义

本节从力学直观的角度诠释梁结构 NIAH 求解等效性质的过程及结果的物理意义。该诠释分别考虑一维宏观均匀梁和三维微观单胞，将两者受力状态进行比对，在微观单胞上构造与宏观均匀梁一致的应力–应变状态，利用宏微观能量等价来求解等效性质。

首先考虑如图 3.1(b) 所示宏观均匀梁，假设图 3.1(a) 中的非均匀、具有周期微结构的梁结构均匀化后得到如图 3.1(b) 所示的具有等效刚度的均匀欧拉–伯努利梁，其坐标系为 $Ox_1x_2x_3$，本构方程为

$$
\left\{
\begin{array}{c}
N_1 \\
M_2 \\
M_3 \\
T_1
\end{array}
\right\}
=
\left[
\begin{array}{cccc}
D_{11} & D_{12} & D_{13} & D_{14} \\
D_{12} & D_{22} & D_{23} & D_{24} \\
D_{13} & D_{23} & D_{33} & D_{34} \\
D_{14} & D_{24} & D_{34} & D_{44}
\end{array}
\right]
\left\{
\begin{array}{c}
\varepsilon_1 \\
\kappa_2 \\
\kappa_3 \\
\kappa_1
\end{array}
\right\}
\tag{3.1}
$$

其中，N_1 表示轴力，M_2, M_3 分别表示关于 x_2 轴和 x_3 轴的弯矩，T_1 表示扭矩，N_1, T_1, M_2, M_3 又称为广义应力，如图 3.1 所示；ε_1 表示轴向拉伸应变，κ_2, κ_3 分别表示关于 x_2 轴和 x_3 轴的曲率，κ_1 表示扭率，$\varepsilon_1, \kappa_1, \kappa_2, \kappa_3$ 又称为广义应变。

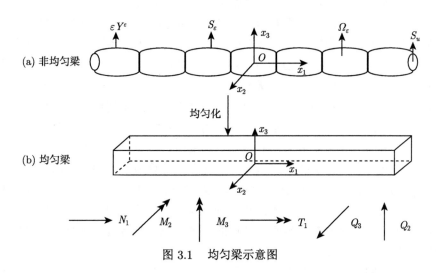

图 3.1　均匀梁示意图

均匀梁的几何方程为

$$
\frac{\mathrm{d}u\,(x_1)}{\mathrm{d}x_1} = \varepsilon_1, \qquad -\frac{\mathrm{d}^2 w\,(x_1)}{\mathrm{d}x_1^2} = \kappa_2, \qquad -\frac{\mathrm{d}^2 v\,(x_1)}{\mathrm{d}x_1^2} = \kappa_3, \qquad \frac{\mathrm{d}\phi\,(x_1)}{\mathrm{d}x_1} = \kappa_1 \tag{3.2}
$$

其中，u, v, w, ϕ 分别表示均匀梁轴线上的点沿 x_1, x_2, x_3 方向的位移以及关于 x_1 轴的扭转角。

均匀梁的平衡方程为

$$
\frac{\mathrm{d}N_1}{\mathrm{d}x_1} + f_1 = 0, \qquad \frac{\mathrm{d}M_2}{\mathrm{d}x_1} = Q_2, \qquad \frac{\mathrm{d}Q_2}{\mathrm{d}x_1} + f_3 = 0
$$

$$
\frac{\mathrm{d}M_3}{\mathrm{d}x_1} = Q_3, \qquad \frac{\mathrm{d}Q_3}{\mathrm{d}x_1} + f_2 = 0, \qquad \frac{\mathrm{d}T_1}{\mathrm{d}x_1} + t_1 = 0
\tag{3.3}
$$

其中, f_1, f_2, f_3 分别表示沿 x_1, x_2, x_3 方向的分布外力; t_1 表示关于 x_1 轴的分布扭矩; Q_2, Q_3 分别表示沿 x_3, x_2 方向的剪力。

为了计算该均匀梁的等效刚度, 比如等效弯曲刚度 D_{22}, 我们考虑该梁处于与之对应的广义应变状态, 即单位曲率 κ_2:

$$\varepsilon_1 = 0, \quad \kappa_2 = 1, \quad \kappa_3 = 0, \quad \kappa_1 = 0 \tag{3.4}$$

由 (3.1) 式计算得到均匀梁的外力分布为

$$\begin{cases} N_1 = D_{12}, \quad M_2 = D_{22}, \quad M_3 = D_{23}, \quad T_1 = D_{24}, \quad Q_1 = Q_2 = 0 \\ f_1 = f_2 = f_3 = t_1 = 0 \end{cases} \tag{3.5}$$

取出长为 L 的梁段, 计算其应变能为

$$E = \frac{1}{2} \int_L (N_1 \varepsilon_1 + M_2 \kappa_2 + M_3 \kappa_3 + T_1 \kappa_1) \, dx = \frac{L D_{22}}{2} \tag{3.6}$$

从上式可知, 如果能够求解得到应变能 E, 就可以得到梁的等效弯曲刚度 D_{22}。由于均匀梁的应变能应该同与其对应的具有周期微结构的梁段相等, 则我们可以通过对具有周期微结构的梁段或微观单胞分析得到。需要注意的是, 均匀梁在单位曲率 κ_2 下的上下表面 (非周期边界 S) 的外载荷为零, 在构造与宏观梁段状态相一致的微单胞应力–应变状态中我们需要满足该条件。

下面对微观单胞进行分析, 将宏观长为 L 的均匀梁段替换为长度为 l 的微单胞, 并建立微观单胞的坐标系为 $Oy_1y_2y_3$。我们设法构造与宏观梁段受力状态相同的微观单胞应力状态, 计算其应变能, 令其与 (3.6) 式中的应变能 E 相等, 从而得到等效刚度。

首先将对应于 (3.4) 式的广义应变场施加到单胞上。位移场 $\boldsymbol{\chi}^2$ 对应于宏观式中的单位曲率 κ_2, 因此, NIAH 中的第一步即为对单胞施加相应于单位曲率 κ_2 的位移场 $\boldsymbol{\chi}^2$。

将位移场 $\boldsymbol{\chi}^2$ 作用到单胞后, 容易计算出该位移场对应的体力 $_Y\boldsymbol{f}^2$ 以及非周期边界 S 上的面力 $_S\boldsymbol{f}^2$。注意到 (3.5) 式中宏观均匀梁段的外力为零, 对应的微观单胞外力也应当为零。因此需要在此位移场基础上叠加一个位移场, 使得 (3.5) 式中外力为零的条件在微单胞上得到满足, 即叠加后的体力和非周期边界 S 上的面力为零。除此以外, 宏观梁段在交界面上面力和位移连续, 因此叠加一个位移场后, 相邻的两个微单胞在交界面 (即周期边界) 上应满足位移和面力连续条件。

设待求的需要叠加的位移场为 $\tilde{\tilde{\chi}}^2$，则外力为零的条件为

$$\begin{cases} \dfrac{\partial}{\partial y_i}\left(E_{ijkl}\dfrac{\partial \tilde{\tilde{\chi}}_k^2}{\partial y_l}\right) = {}_Y f_i^2, & \text{在 } Y \text{ 中} \\[3mm] \left(E_{ijkl}\dfrac{\partial \tilde{\tilde{\chi}}_k^2}{\partial y_l}\right)n_j\bigg|_S = -{}_S f_i^2, & \text{在 } S \text{ 上} \end{cases} \tag{3.7}$$

下面考虑两个相邻单胞交界面上的连续条件。我们在原单胞的右侧再延拓一个单胞，如图 3.2 所示，将位移场 χ^2 同时作用到两个单胞上，注意到空间同一点在原单胞坐标系 $Oy_1y_2y_3$ 及局部坐标系 $O'y_1'y_2'y_3'$ 下的坐标满足 $y_1 = y_1' + l, y_3 = y_3'$，则右侧单胞位移场在其原单胞坐标系 $Oy_1y_2y_3$ 及局部坐标系 $O'y_1'y_2'y_3'$ 下的表达式分别为

$$\chi^2 = \left\{\begin{array}{c} y_3y_1 \\ 0 \\ -y_1^2/2 \end{array}\right\} = \left\{\begin{array}{c} y_3'y_1' \\ 0 \\ -y_1'^2/2 \end{array}\right\} + \left\{\begin{array}{c} ly_3' \\ 0 \\ -ly_1' \end{array}\right\} + \left\{\begin{array}{c} 0 \\ 0 \\ -l^2/2 \end{array}\right\} \tag{3.8}$$

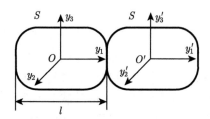

图 3.2　相邻单胞示意图

其中，$O'y_1'y_2'y_3'$ 是右侧单胞的局部坐标系，由坐标系 $Oy_1y_2y_3$ 向右平移长度 l 得到。从 (3.8) 式右端的三项可知，右侧单胞的变形主要分为三个部分：与原单胞一致的弯曲变形，关于 y_2 轴的刚体转动，以及沿 y_3 轴的刚体平移。由于后两项仅表示刚体位移，所以两个单胞处于相同的应变状态，均需要叠加位移场 $\tilde{\tilde{\chi}}^2$。因此，单胞交界面处的位移及面力连续性条件为

$$\begin{aligned} \left(f_i^2\right)_{\text{left}}\bigg|_{y_1=\frac{l}{2}} + \omega_+ \tilde{\tilde{f}}_i^2 &= -\left[\left(f_i^2\right)_{\text{right}}\bigg|_{y_1'=-\frac{l}{2}} + \omega_- \tilde{\tilde{f}}_i^2\right] \\ \left(\chi_i^2\right)_{\text{left}}\bigg|_{y_1=\frac{l}{2}} + \tilde{\tilde{\chi}}_i^2\big|_{\omega_+} &= \left(\chi_i^2\right)_{\text{right}}\bigg|_{y_1'=-\frac{l}{2}} + \tilde{\tilde{\chi}}_i^2\big|_{\omega_-} \end{aligned} \tag{3.9}$$

其中，下标 left 和 right 分别表示左侧单胞和右侧单胞；$\left(f_i^2\right)_{\text{left}}\big|_{y_1=\frac{l}{2}}$，$\left(f_i^2\right)_{\text{right}}\big|_{y_1'=-\frac{l}{2}}$ 分别表示位移场 χ^2 下左侧单胞和右侧单胞在交界面处的面力；$_{\omega_+}\tilde{\tilde{f}}_i^2$，$_{\omega_-}\tilde{\tilde{f}}_i^2$ 表示在

位移场 $\tilde{\chi}^2$ 下周期边界 ω_+ 和 ω_- 上的面力。由于 $\left(f_i^2\right)_{\text{left}}\big|_{y_1=\frac{l}{2}} = -\left(f_i^2\right)_{\text{right}}\big|_{y_1'=-\frac{l}{2}}$，$\left(\chi_i^2\right)_{\text{left}}\big|_{y_1=\frac{l}{2}} = \left(\chi_i^2\right)_{\text{right}}\big|_{y_1'=-\frac{l}{2}}$，代入上式得

$$
\begin{aligned}
&\left(E_{ijkl}\frac{\partial \tilde{\chi}_k^2}{\partial y_l}\right) n_j \bigg|_{\omega_+} = -\left(E_{ijkl}\frac{\partial \tilde{\chi}_k^2}{\partial y_l}\right) n_j \bigg|_{\omega_-}, \quad \text{在 } \omega_\pm \text{ 上} \\
&\tilde{\chi}_k^2\big|_{\omega_+} = \tilde{\chi}_k^2\big|_{\omega_-}, \quad \text{在 } \omega_\pm \text{ 上}
\end{aligned}
\tag{3.10}
$$

由于上式与单胞方程周期边界条件相同，所以两个单胞交界面上的连续性条件本质上是单胞方程的周期边界条件。将 (3.7) 式和 (3.10) 式联立，得到待求的需要叠加位移场 $\tilde{\chi}^2$ 的控制方程：

$$
\begin{cases}
\dfrac{\partial}{\partial y_i}\left(E_{ijkl}\dfrac{\partial \tilde{\chi}_k^2}{\partial y_l}\right) = {}_Y f_i^2, & \text{在 } Y \text{ 中} \\[3mm]
\left(E_{ijkl}\dfrac{\partial \tilde{\chi}_k^2}{\partial y_l}\right) n_j \bigg|_S = -{}_S f_i^2, & \text{在 } S \text{ 上} \\[3mm]
\left(E_{ijkl}\dfrac{\partial \tilde{\chi}_k^2}{\partial y_l}\right) n_j \bigg|_{\omega_+} = -\left(E_{ijkl}\dfrac{\partial \tilde{\chi}_k^2}{\partial y_l}\right) n_j \bigg|_{\omega_-}, & \text{在 } \omega_\pm \text{ 上} \\[3mm]
\tilde{\chi}_k^2\big|_{\omega_+} = \tilde{\chi}_k^2\big|_{\omega_-}, & \text{在 } \omega_\pm \text{ 上}
\end{cases}
\tag{3.11}
$$

(3.11) 式与周期梁结构的单胞方程相一致，可令 $\tilde{\chi}^2$ 等于单胞方程的位移解 $\tilde{\chi}^2$。因此，NIAH 的第二步可以认为是对初始单位曲率 κ_2 的应变状态在满足外力为零以及交界面连续性条件下的修正。

将位移场 $\tilde{\chi}^2$ 叠加到初始对应于单位曲率 κ_2 的位移场 χ^2 上，得到对应于宏观应变状态 (3.4) 式的微观单胞的应力–应变状态。计算单胞的应变能为

$$
\begin{aligned}
&E = \frac{1}{2}\int_Y \left(\varepsilon_{ij}^2 + \tilde{\varepsilon}_{ij}^2\right) E_{ijkl}\left(\varepsilon_{kl}^2 + \tilde{\varepsilon}_{kl}^2\right) \mathrm{d}\Omega \\
&\tilde{\varepsilon}_{ij}^2 = \frac{1}{2}\left(\tilde{\chi}_{i,j}^2 + \tilde{\chi}_{j,i}^2\right)
\end{aligned}
\tag{3.12}
$$

取上式中 L 为单胞长度 l 并化简得

$$
D_{22} = \frac{1}{l}\int_Y \left(\varepsilon_{ij}^2 + \tilde{\varepsilon}_{ij}^2\right) E_{ijkl}\left(\varepsilon_{kl}^2 + \tilde{\varepsilon}_{kl}^2\right) \mathrm{d}\Omega
\tag{3.13}
$$

上式与 NIAH 计算等效刚度的表达式是一致的。因此，NIAH 第三步可以看作是根据应变能等价来计算等效性质。

　　通过上文分析，我们给出周期梁结构 NIAH 的物理意义。

　　第一步，在宏观等效均匀梁段上指定与待求等效刚度对应的广义应变场，求解等效刚度与宏观等效均匀梁应变能的关系式。

　　第二步，将与第一步中广义应变场等价的位移场施加到微单胞上，得到体力以及非周期边界上的面力；利用外力为零以及周期边界位移及面力连续条件来求解需要叠加的位移场，将两步的位移场进行叠加，得到与宏观应变场对应的微单胞应力–应变状态，并计算微观单胞应变能。

　　第三步，利用宏微观应变能等价来计算周期梁结构的等效性质。

　　注: 方便起见，本章中涉及的右上标分别为 1, 2, 3, 4 的四个梁单胞方程及其位移解分别对应于第 2 章中右上标为 1, 3, 2, 4 的梁单胞方程及其位移解。

3.2　周期梁结构等效剪切刚度预测方法

　　上文给出了 NIAH 的新诠释，本节类比该新诠释，在宏观上构造纯剪切状态，即线性弯矩状态对应的广义应变场，微观上求解与之对应的单胞应力–应变状态，利用宏微观应变能等价计算等效剪切刚度。

　　方便起见，我们以柔度矩阵的形式给出等效铁摩辛柯梁的本构方程，并假设弯曲与扭转不耦合 $(S_{24} = S_{34} = 0)$。

$$
\left\{ \begin{array}{c} \varepsilon_1 \\ \kappa_2 \\ \kappa_3 \\ \kappa_1 \end{array} \right\} = \left[\begin{array}{cccc} S_{11} & S_{12} & S_{13} & S_{14} \\ S_{12} & S_{22} & S_{23} & 0 \\ S_{13} & S_{23} & S_{33} & 0 \\ S_{14} & 0 & 0 & S_{44} \end{array} \right] \left\{ \begin{array}{c} N_1 \\ M_2 \\ M_3 \\ T_1 \end{array} \right\} = \boldsymbol{S} \left\{ \begin{array}{c} N_1 \\ M_2 \\ M_3 \\ T_1 \end{array} \right\},
$$
$$
\left\{ \begin{array}{c} \gamma_{12} \\ \gamma_{13} \end{array} \right\} = \left[\begin{array}{cc} E_{11} & E_{12} \\ E_{12} & E_{12} \end{array} \right] \left\{ \begin{array}{c} Q_2 \\ Q_3 \end{array} \right\} = \boldsymbol{E} \left\{ \begin{array}{c} Q_2 \\ Q_3 \end{array} \right\} \tag{3.14}
$$

其中，$\boldsymbol{S}, \boldsymbol{E}$ 均为柔度矩阵；$\boldsymbol{S}$ 矩阵为渐近均匀化方法求得的刚度矩阵 $\boldsymbol{D}$ 的逆矩阵，$\boldsymbol{S} = \boldsymbol{D}^{-1}$；$\boldsymbol{E}$ 为剪切刚度矩阵 $\boldsymbol{K}$ 的逆矩阵，如下式:

$$
\boldsymbol{S}^{-1} = \boldsymbol{D} = \left[\begin{array}{cccc} D_{11} & D_{12} & D_{13} & D_{14} \\ D_{12} & D_{22} & D_{23} & D_{24} \\ D_{13} & D_{23} & D_{33} & D_{34} \\ D_{14} & D_{24} & D_{34} & D_{44} \end{array} \right], \quad \boldsymbol{E}^{-1} = \boldsymbol{K} = \left[\begin{array}{cc} K_{11} & K_{12} \\ K_{12} & K_{22} \end{array} \right] \tag{3.15}
$$

3.2.1　剪切系数 E_{11} 的预测方法

1. 宏观均匀梁段的分析

首先取长度为 L 的宏观均匀梁段，坐标原点取在梁段的中点处。构造与剪切柔度系数 E_{11} 相关的内力状态，如下式，即 x_1x_3 平面内的纯剪切状态：

$$\begin{cases} N_1 = 0, \quad M_2 = \dfrac{x_1}{L}, \quad M_3 = 0, \quad T_1 = 0, \quad Q_2 = \dfrac{1}{L}, \quad Q_3 = 0 \\ f_1 = f_2 = f_3 = t_1 = 0 \end{cases} \tag{3.16}$$

方便起见，在本章中，称宏观梁段处于 (3.16) 式线性弯矩与常剪力的状态为纯剪切状态。将上式中的内力代入本构方程 (3.14) 式得到广义应变：

$$\begin{aligned} \varepsilon_1 &= \frac{S_{12}}{L}x_1, \quad \kappa_2 = \frac{S_{22}}{L}x_1, \quad \kappa_3 = \frac{S_{23}}{L}x_1, \quad \kappa_1 = 0 \\ \gamma_{12} &= \frac{E_{11}}{L}, \quad \gamma_{13} = \frac{E_{12}}{L} \end{aligned} \tag{3.17}$$

需要注意，对应于 (3.16) 式的纯剪切状态，(3.17) 式说明梁段应该发生线性的轴向应变 ε_1 及两个方向的线性曲率 κ_2, κ_3，两个方向的剪切应变 γ_{12}, γ_{13}。该梁段的应变能 e_1 为

$$\begin{aligned} e_1 &= \int_{-L/2}^{L/2} (N_1\varepsilon_1 + M_2\kappa_2 + M_3\kappa_3 + T_1\kappa_1 + Q_1\gamma_{12} + Q_3\gamma_{13}) \, \mathrm{d}x \\ &= \frac{S_{22}L}{24} + \frac{E_{11}}{2L} \end{aligned} \tag{3.18}$$

另一方面，考虑如下只有轴向拉伸应变及扭转应变的常广义应变状态：

$$\begin{aligned} \varepsilon_1 &= a, \quad \kappa_2 = 0, \quad \kappa_3 = 0, \quad \kappa_1 = b \\ \gamma_{12} &= \gamma_{13} = 0 \end{aligned} \tag{3.19}$$

其中，a, b 为任意的常数，代入本构方程得到内力为

$$\begin{aligned} N_1 &= aD_{11} + bD_{14}, \quad M_2 = aD_{12} + bD_{24}, \quad M_3 = aD_{13} + bD_{34} \\ T_1 &= aD_{14} + bD_{44}, \quad Q_1 = Q_2 = 0 \end{aligned} \tag{3.20}$$

将 (3.19) 式和 (3.20) 式的广义应变及广义应力状态分别与 (3.16) 式和 (3.17) 式的广义应变及广义应力状态相加得

$$
\left\{\begin{array}{c} N_1 \\ M_2 \\ M_3 \\ T_1 \end{array}\right\} = a \left\{\begin{array}{c} D_{11} \\ D_{12} \\ D_{13} \\ D_{14} \end{array}\right\} + b \left\{\begin{array}{c} D_{14} \\ D_{24} \\ D_{34} \\ D_{44} \end{array}\right\} + \left\{\begin{array}{c} 0 \\ x_1/L \\ 0 \\ 0 \end{array}\right\},
$$

$$
\left\{\begin{array}{c} \varepsilon_1 \\ \kappa_2 \\ \kappa_3 \\ \kappa_1 \end{array}\right\} = \left\{\begin{array}{c} a \\ 0 \\ 0 \\ 0 \end{array}\right\} + \left\{\begin{array}{c} 0 \\ 0 \\ 0 \\ b \end{array}\right\} + \left\{\begin{array}{c} S_{12} \\ S_{22} \\ S_{23} \\ 0 \end{array}\right\} \frac{x_1}{L}, \tag{3.21}
$$

$$
\left\{\begin{array}{c} Q_2 \\ Q_3 \end{array}\right\} = \left\{\begin{array}{c} \dfrac{1}{L} \\ 0 \end{array}\right\}, \quad \left\{\begin{array}{c} \gamma_{12} \\ \gamma_{13} \end{array}\right\} = \left\{\begin{array}{c} \dfrac{E_{11}}{L} \\ \dfrac{E_{12}}{L} \end{array}\right\}
$$

对应于上式同时发生拉伸应变、扭转应变和纯剪切变形的宏观梁段应变能为

$$
E_1 = \frac{L}{2} \left\{\begin{array}{c} a \\ b \end{array}\right\}^{\mathrm{T}} \left[\begin{array}{cc} D_{11} & D_{14} \\ D_{14} & D_{14} \end{array}\right] \left\{\begin{array}{c} a \\ b \end{array}\right\} + e_1 \tag{3.22}
$$

上式中关于变量 a, b 的二次型是正定二次型，因此纯剪切状态的应变能 e_1 使应变能 E_1 取极小值。

这里我们之所以引入中间状态 (3.21) 式，是由于下文中在微观单胞上无法直接构造对应于宏观梁段纯剪切状态的微观状态，需要先构造对应于中间状态的微单胞应力–应变状态，随后利用极小值的性质求解微观纯剪切状态，计算应变能 e_1，最后根据宏微观应变能等价，利用 (3.18) 式计算剪切系数 E_{11}。

2. 构造与宏观均匀梁段对应的微单胞应力–应变状态

下面类比宏观均匀梁段，推导微单胞对应的应力–应变状态。首先在微单胞上构造与宏观广义线性应变相等价的微观线性应变：

$$
\boldsymbol{\varepsilon} = \left\{\begin{array}{c} \varepsilon_{11} \\ \varepsilon_{22} \\ \varepsilon_{33} \\ \gamma_{12} \\ \gamma_{23} \\ \gamma_{31} \end{array}\right\}, \quad \boldsymbol{\varepsilon}^{l1} = \left\{\begin{array}{c} y_1 \\ 0 \\ 0 \\ 0 \\ 0 \\ 0 \end{array}\right\}, \quad \boldsymbol{\varepsilon}^{l2} = \left\{\begin{array}{c} y_3 y_1 \\ 0 \\ 0 \\ 0 \\ 0 \\ 0 \end{array}\right\},
$$

$$\varepsilon^{l3} = \left\{ \begin{array}{c} y_2 y_1 \\ 0 \\ 0 \\ 0 \\ 0 \\ 0 \end{array} \right\}, \quad \varepsilon^{l4} = \left\{ \begin{array}{c} 0 \\ 0 \\ 0 \\ -y_3 y_1 \\ 0 \\ y_2 y_1 \end{array} \right\} \tag{3.23}$$

其中，ε^{l1} 为线性拉伸应变；ε^{l2}，ε^{l3} 分别为 $y_1 y_3$，$y_1 y_2$ 面内的线性曲率；ε^{l4} 为线性扭率。对应的位移场分别为

$$\boldsymbol{\chi} = \left\{ \begin{array}{c} \chi_1 \\ \chi_2 \\ \chi_3 \end{array} \right\}, \quad \boldsymbol{\chi}^{l1} = \left\{ \begin{array}{c} y_1^2/2 \\ 0 \\ 0 \end{array} \right\}, \quad \boldsymbol{\chi}^{l2} = \left\{ \begin{array}{c} y_3 y_1^2/2 \\ 0 \\ -y_1^3/6 \end{array} \right\},$$

$$\boldsymbol{\chi}^{l3} = \left\{ \begin{array}{c} y_2 y_1^2/2 \\ -y_1^3/6 \\ 0 \end{array} \right\}, \quad \boldsymbol{\chi}^{l4} = \left\{ \begin{array}{c} 0 \\ -y_3 y_1^2/2 \\ y_2 y_1^2/2 \end{array} \right\} \tag{3.24}$$

将与 (3.17) 式应变场等价的微观位移场记为 $\boldsymbol{\chi}^{s2}$：

$$\boldsymbol{\chi}^{s2} = \frac{S_{12}}{l} \boldsymbol{\chi}^{l1} + \frac{S_{22}}{l} \boldsymbol{\chi}^{l2} + \frac{S_{23}}{l} \boldsymbol{\chi}^{l3} \tag{3.25}$$

在该位移场下单胞的体力以及非周期边界上的面力为

$$\left\{ \begin{array}{ll} {}_Y f_i^{s2} = -\dfrac{\partial}{\partial y_j} \left(E_{ijkl} \dfrac{\partial \chi_k^{s2}}{\partial y_l} \right), & \text{在 } Y \text{ 中} \\[4mm] {}_S f_i^{s2} = \left(E_{ijkl} \dfrac{\partial \chi_k^{s2}}{\partial y_l} \right) n_j, & \text{在 } S \text{ 上} \end{array} \right. \tag{3.26}$$

由于宏观均匀梁段的外力为零，对应的微观单胞外力也应当为零。因此需要在此位移场基础上叠加一个位移场，使得外力为零的条件在微观单胞上得到满足，即叠加后的体力和非周期边界上的面力为零。除此以外，宏观梁段在交界面上面力和位移连续，因此微观上相邻的两个微单胞在交界面 (即周期边界) 上也应当满足位移和面力连续条件。将微观需要叠加的位移场记为 $\tilde{\boldsymbol{\chi}}^{s2}$，则叠加后单胞的体力及非周期边界面力为零的条件为

$$\left\{ \begin{array}{ll} \dfrac{\partial}{\partial y_j} \left(E_{ijkl} \dfrac{\partial \tilde{\chi}_k^{s2}}{\partial y_l} \right) = {}_Y f_i^{s2}, & \text{在 } Y \text{ 中} \\[4mm] \left(E_{ijkl} \dfrac{\partial \tilde{\chi}_k^{s2}}{\partial y_l} \right) n_j = -{}_S f_i^{s2}, & \text{在 } S \text{ 上} \end{array} \right. \tag{3.27}$$

　　下面推导连续性条件。首先将位移场 χ^{s2} 作用到图 3.2 中两个相邻的单胞上，即将 $y_1 = y_1' + l, y_2 = y_2', y_3 = y_3'$ 代入 (3.24) 式和 (3.25) 式，右侧单胞的位移场在其局部坐标系中可以表示为

$$\chi^{s2} = \chi'^{s2} + \chi'^{b2} + \chi'^{r} \tag{3.28}$$

三个位移场的表达式分别为

$$\chi'^{s2} = \frac{S_{12}}{l} \left\{ \begin{array}{c} y_1'^2/2 \\ 0 \\ 0 \end{array} \right\} + \frac{S_{22}}{l} \left\{ \begin{array}{c} y_3' y_1'^2/2 \\ 0 \\ -y_1'^3/6 \end{array} \right\} + \frac{S_{23}}{l} \left\{ \begin{array}{c} y_2' y_1'^2/2 \\ -y_1'^3/6 \\ 0 \end{array} \right\} \tag{3.29}$$

$$\chi'^{b2} = S_{12} \left\{ \begin{array}{c} y_1' \\ 0 \\ 0 \end{array} \right\} + S_{22} \left\{ \begin{array}{c} y_3' y_1' \\ 0 \\ -y_1'^2/2 \end{array} \right\} + S_{23} \left\{ \begin{array}{c} y_1' y_2' \\ -y_1'^2/2 \\ 0 \end{array} \right\} \tag{3.30}$$

$$
\begin{aligned}
\chi'^{r} = {} & \frac{S_{12}l}{2} \left\{ \begin{array}{c} 1 \\ 0 \\ 0 \end{array} \right\} + \frac{S_{22}l}{2} \left\{ \begin{array}{c} y_3' \\ 0 \\ -y_1' \end{array} \right\} + \frac{S_{23}l}{2} \left\{ \begin{array}{c} y_2' \\ -y_1' \\ 0 \end{array} \right\} \\
& + S_{22} \left\{ \begin{array}{c} 0 \\ 0 \\ -l^2/6 \end{array} \right\} + S_{23} \left\{ \begin{array}{c} 0 \\ -l^2/6 \\ 0 \end{array} \right\}
\end{aligned} \tag{3.31}
$$

其中，χ'^{s2} 表征的位移场与左侧单胞的位移场 (3.25) 式表示相同的变形状态，只是描述位移的坐标系不同；χ'^{r} 为刚体位移，其五项分别为沿 y_1 轴的刚体平移、关于 y_2 轴的刚体转动、关于 y_3 轴的刚体转动、沿 y_3 轴的刚体平移以及沿 y_2 轴的刚体平移。由 (3.28) 式可知，右侧单胞相对于左侧单胞还多出一个梁单位广义应变对应位移场的线性组合 χ'^{b2}，因此右侧单胞需要叠加的位移场为 $\tilde{\chi}^{s2} + \tilde{\chi}^{b2}$，其中 $\tilde{\chi}^{b2}$ 与 χ'^{b2} 类似，表达式为

$$\tilde{\chi}^{b2} = S_{12}\tilde{\chi}^1 + S_{22}\tilde{\chi}^2 + S_{23}\tilde{\chi}^3 \tag{3.32}$$

其中，$\tilde{\chi}^1$，$\tilde{\chi}^2$ 和 $\tilde{\chi}^3$ 为 2.3 节中周期梁单胞方程的位移解。由叠加位移场后相邻单胞在交界面处满足面力和位移的连续性条件得

$$
\begin{aligned}
& \left(f_i^{s2} \right)_{\text{left}}\Big|_{y_1 = \frac{l}{2}} + \omega_+ \tilde{f}_i^{s2} = -\left[\left(f_i^{s2} \right)_{\text{right}}\Big|_{y_1' = -\frac{l}{2}} + \omega_- \tilde{f}_i^{b2} + \omega_- \tilde{f}_i^{s2} \right] \\
& \left(\chi_i^{s2} \right)_{\text{left}}\Big|_{y_1 = \frac{l}{2}} + \tilde{\chi}_i^{s2}\Big|_{\omega_+} = \left(\chi_i^{s2} \right)_{\text{right}}\Big|_{y_1' = -\frac{l}{2}} + \tilde{\chi}_i^{s2}\Big|_{\omega_-} + \tilde{\chi}_i^{b2}\Big|_{\omega_-}
\end{aligned} \tag{3.33}
$$

其中，$\omega_{\pm}\tilde{f}_i^{s2}=E_{ijkl}\dfrac{\partial\tilde{\chi}_k^{s2}}{\partial y_l}n_j\Big|_{\omega_{\pm}}$，$\omega_{-}\tilde{f}_i^{b2}=E_{ijkl}\dfrac{\partial\tilde{\chi}_k^{b2}}{\partial y_l}n_j\Big|_{\omega_{-}}$。将条件 $(f_i^{s2})_{\text{left}}\big|_{y_1=\frac{1}{2}}=$
$-\left(f_i^{s2}\right)_{\text{right}}\big|_{y_1'=-\frac{l}{2}}$ 和 $(\chi_i^{s2})_{\text{left}}\big|_{y_1=\frac{1}{2}}=(\chi_i^{s2})_{\text{right}}\big|_{y_1'=-\frac{l}{2}}$ 代入上式得

$$\begin{aligned}
&\omega_{+}\tilde{f}_i^{s2}+{}_{\omega_{-}}\tilde{f}_i^{s2}=-{}_{\omega_{-}}\tilde{f}_i^{b2}={}_{\omega_{+}}\tilde{f}_i^{b2}\\
&\tilde{\chi}_i^{s2}\big|_{\omega_{+}}-\tilde{\chi}_i^{s2}\big|_{\omega_{-}}=\tilde{\chi}_i^{b2}\big|_{\omega_{-}}=\tilde{\chi}_i^{b2}\big|_{\omega_{+}}
\end{aligned}\tag{3.34}$$

联立 (3.34) 式和 (3.27) 式得到需要叠加的位移场 $\tilde{\boldsymbol{\chi}}^{s2}$ 的控制方程：

$$\begin{cases}
\dfrac{\partial}{\partial y_j}\left(E_{ijkl}\dfrac{\partial\left(\chi_k^{s2}+\tilde{\chi}_k^{s2}\right)}{\partial y_l}\right)=0, & \text{在 } Y \text{ 中}\\[3mm]
\left(E_{ijkl}\dfrac{\partial\left(\chi_k^{s2}+\tilde{\chi}_k^{s2}\right)}{\partial y_l}\right)n_j=0, & \text{在 } S \text{ 上}\\[3mm]
{}_{\omega_{+}}\tilde{f}_i^{s2}+{}_{\omega_{-}}\tilde{f}_i^{s2}={}_{\omega_{+}}\tilde{f}_i^{b2}, & \text{在 } \omega_{\pm} \text{ 上}\\[2mm]
\tilde{\chi}_i^{s2}\big|_{\omega_{+}}-\tilde{\chi}_i^{s2}\big|_{\omega_{-}}=\tilde{\chi}_i^{b2}\big|_{\omega_{+}}, & \text{在 } \omega_{\pm} \text{ 上}
\end{cases}\tag{3.35}$$

　　设两步叠加后的位移场为 $\bar{\boldsymbol{\chi}}^{s2}=\boldsymbol{\chi}^{s2}+\tilde{\boldsymbol{\chi}}^{s2}$，将 $\tilde{\boldsymbol{\chi}}^{s2}=\bar{\boldsymbol{\chi}}^{s2}-\boldsymbol{\chi}^{s2}$ 代入上式，并化简得到位移场 $\bar{\boldsymbol{\chi}}^{s2}$ 的控制方程：

$$\begin{cases}
\dfrac{\partial}{\partial y_j}\left(E_{ijkl}\dfrac{\partial\bar{\chi}_k^{s2}}{\partial y_l}\right)=0, & \text{在 } Y \text{ 中}\\[3mm]
\left(E_{ijkl}\dfrac{\partial\bar{\chi}_k^{s2}}{\partial y_l}\right)n_j=0, & \text{在 } S \text{ 上}\\[3mm]
{}_{\omega_{+}}\bar{f}_i^{s2}+{}_{\omega_{-}}\bar{f}_i^{s2}={}_{\omega_{+}}\bar{f}_i^{b2}, & \text{在 } \omega_{\pm} \text{ 上}\\[2mm]
\bar{\chi}_i^{s2}\big|_{\omega_{+}}-\bar{\chi}_i^{s2}\big|_{\omega_{-}}=\Delta\chi_i^{s2}+\tilde{\chi}_i^{b2}\big|_{\omega_{+}}, & \text{在 } \omega_{\pm} \text{ 上}
\end{cases}\tag{3.36}$$

其中，$\Delta\boldsymbol{\chi}^{s2}=\boldsymbol{\chi}^{s2}\big|_{\omega_{+}}-\boldsymbol{\chi}^{s2}\big|_{\omega_{-}}=S_{22}\left\{\begin{array}{c}0\\0\\-l^2/24\end{array}\right\}+S_{23}\left\{\begin{array}{c}0\\-l^2/24\\0\end{array}\right\}$，${}_{\omega_{+}}\bar{f}_i^{b2}=$

$E_{ijkl}\dfrac{\partial\bar{\chi}_k^{b2}}{\partial y_l}n_j\Big|_{\omega_{+}}$。注意，在第 2 章中求解单胞方程的位移解 $\tilde{\boldsymbol{\chi}}^i\ (i=1,2,3,4)$ 时，需要限定刚体位移才能唯一确定位移解 $\tilde{\boldsymbol{\chi}}^i\ (i=1,2,3,4)$，因此，不同 $\tilde{\boldsymbol{\chi}}^i\ (i=1,2,3,4)$ 之间相差一个刚体位移。而位移场 $\tilde{\boldsymbol{\chi}}^{b2}$ 是 $\tilde{\boldsymbol{\chi}}^i\ (i=1,2,3,4)$ 的线性组合，因此不同的 $\tilde{\boldsymbol{\chi}}^{b2}$ 之间也会相差一个刚体位移。由于 (3.36) 式中位移周期边界条件包含位

移场 $\tilde{\boldsymbol{\chi}}^{b2}$，因此位移场 $\tilde{\boldsymbol{\chi}}^{s2}$ 表征的单胞变形与限制刚体位移的方法相关，不唯一对应于宏观纯剪切状态。

我们假设不同位移场 $\tilde{\boldsymbol{\chi}}^{b2}$ 中存在一个位移场 $\tilde{\boldsymbol{\chi}}^{*b2}$，使得 (3.36) 式求解得到的位移场 $\bar{\boldsymbol{\chi}}^{*s2}$ 对应于宏观梁段在 (3.36) 式下的纯剪切内力状态。(下文中算例表明，该假设符合真实情况，可以准确地预测梁的剪切刚度、位移及应力响应。)

下面分析纯剪切状态位移场 $\bar{\boldsymbol{\chi}}^{*s2}$ 与位移场 $\bar{\boldsymbol{\chi}}^{s2}$ 之间的关系。首先 $\bar{\boldsymbol{\chi}}^{*s2}, \tilde{\boldsymbol{\chi}}^{*b2}$ 满足 (3.36) 式，即下式成立：

$$
\begin{cases}
\dfrac{\partial}{\partial y_j}\left(E_{ijkl}\dfrac{\partial \bar{\chi}_k^{*s2}}{\partial y_l}\right)=0, & \text{在 } Y \text{ 中} \\[3mm]
\left(E_{ijkl}\dfrac{\partial \bar{\chi}_k^{*s2}}{\partial y_l}\right)n_j=0, & \text{在 } S \text{ 上} \\[3mm]
{}_{\omega_+}\bar{f}_i^{*s2}+{}_{\omega_-}\bar{f}_i^{*s2}={}_{\omega_+}\bar{f}_i^{b2}, & \text{在 } \omega_{\pm} \text{ 上} \\[3mm]
\bar{\chi}_i^{*s2}\big|_{\omega_+}-\bar{\chi}_i^{*s2}\big|_{\omega_-}=\Delta\chi_i^{s2}+\tilde{\chi}_i^{*b2}\big|_{\omega_+}, & \text{在 } \omega_{\pm} \text{ 上}
\end{cases}
\tag{3.37}
$$

其中，${}_{\omega_{\pm}}\bar{f}_i^{*s2}=E_{ijkl}\dfrac{\partial \bar{\chi}_k^{*s2}}{\partial y_l}n_j\Big|_{\omega_{\pm}}$。$\tilde{\boldsymbol{\chi}}^{b2}$ 与 $\tilde{\boldsymbol{\chi}}^{*b2}$ 相差刚体平移和关于 y_1 轴的刚体转动，因此 $\tilde{\boldsymbol{\chi}}^{b2}$ 可以写成下式：

$$
\tilde{\boldsymbol{\chi}}^{b2}=\tilde{\boldsymbol{\chi}}^{*b2}+\sum_{i=1}^{4}a_i\boldsymbol{U}^i
$$

$$
\boldsymbol{U}^1=\left\{\begin{array}{c} l \\ 0 \\ 0 \end{array}\right\}, \quad
\boldsymbol{U}^2=\left\{\begin{array}{c} 0 \\ l \\ 0 \end{array}\right\}, \quad
\boldsymbol{U}^3=\left\{\begin{array}{c} 0 \\ 0 \\ l \end{array}\right\}, \quad
\boldsymbol{U}^4=\left\{\begin{array}{c} 0 \\ -ly_3 \\ ly_2 \end{array}\right\}
\tag{3.38}
$$

其中，位移场 $\boldsymbol{U}^1, \boldsymbol{U}^2, \boldsymbol{U}^3, \boldsymbol{U}^4$ 分别表示沿 y_1, y_2, y_3 三个方向的刚体平移以及关于 y_1 轴的刚体转动；a_i $(i=1,2,3,4)$ 为系数。

将 (3.36) 式与 (3.37) 式相减，令 $\Delta\bar{\boldsymbol{\chi}}^{s2}=\bar{\boldsymbol{\chi}}^{s2}-\bar{\boldsymbol{\chi}}^{*s2}$，则 $\Delta\bar{\boldsymbol{\chi}}^{s2}$ 满足方程：

$$
\begin{cases}
\dfrac{\partial}{\partial y_j}\left(E_{ijkl}\dfrac{\partial \Delta\bar{\chi}_k^{s2}}{\partial y_l}\right)=0, & \text{在 } Y \text{ 中} \\[3mm]
\left(E_{ijkl}\dfrac{\partial \Delta\bar{\chi}_k^{s2}}{\partial y_l}\right)n_j=0, & \text{在 } S \text{ 上} \\[3mm]
{}_{\omega_+}\Delta\bar{f}_i^{s2}+{}_{\omega_-}\Delta\bar{f}_i^{s2}=0, & \text{在 } \omega_{\pm} \text{ 上} \\[3mm]
\Delta\bar{\chi}_i^{s2}\big|_{\omega_+}-\Delta\bar{\chi}_i^{s2}\big|_{\omega_-}=a_1U_i^1+a_2U_i^2+a_3U_i^3+a_4U_i^4, & \text{在 } \omega_{\pm} \text{ 上}
\end{cases}
\tag{3.39}
$$

适当限制刚体位移后，$\Delta\bar{\chi}^{s2}$ 可表示为

$$\Delta\bar{\chi}^{s2} = a_1\bar{\chi}^1 + a_4\bar{\chi}^4 + a_2 \left\{ \begin{array}{c} -y_3 \\ 0 \\ y_1 \end{array} \right\} + a_3 \left\{ \begin{array}{c} -y_2 \\ y_1 \\ 0 \end{array} \right\} \quad (3.40)$$

上式前两项分别对应于宏观拉伸变形及扭转变形，后两项分别为关于 y_2, y_3 轴的刚体转动，不表征单胞变形。对比宏观梁段 (3.19) 式的应变状态可知，上式中的位移场 $\Delta\bar{\chi}^{s2}$ 对应于宏观梁段处于常拉伸应变 $\varepsilon_1 = a_1$ 和常曲率 $\kappa_1 = a_4$ 时的应变状态。由于 $\bar{\chi}^{s2} = \bar{\chi}^{*s2} + \Delta\bar{\chi}^{s2}$，所以位移场 $\bar{\chi}^{s2}$ 对应于常拉伸应变 $\varepsilon_1 = a_1$、常扭率 $\kappa_1 = a_4$ 以及纯剪切状态时宏观梁段的应变状态。注意，由于位移场 $\tilde{\chi}^{*b2}$ 未知，所以无法直接从 (3.37) 式求解位移场 $\bar{\chi}^{*s2}$。

为求解位移场 $\bar{\chi}^{*s2}$，首先引入待定参数 b_1, b_4，构造如下位移场:

$$\bar{\chi}^{s2} + b_1\bar{\chi}^1 + b_2\bar{\chi}^4 = \bar{\chi}^{*s2} + (a_1 + b_1)\bar{\chi}^1 + (a_4 + b_4)\bar{\chi}^4 + \chi^r \quad (3.41)$$

其中，χ^r 为 (3.40) 式中等号右侧的刚体位移。上式对应于宏观中间状态 (3.21) 式中取 $a = a_1 + b_1$, $b = a_4 + b_4$ 时的应变状态。由于宏观梁段处于纯剪切状态的应变能 e_1 使中间状态的应变能 E_1 取极小值，根据宏微观应变能等价，微观单胞应有相同的性质。因此，将 (3.41) 式对应的单胞应变能关于待定系数 b_1, b_4 取极小值时就得到对应于宏观纯剪切状态的微单胞应力–应变状态。根据极小值驻点性质，(3.41) 式对应的单胞应变能对变量 b_1, b_4 的偏导数为 0，即下式成立:

$$\frac{\partial}{\partial b_1} \int_Y E_{ijkl} \left(\bar{\varepsilon}_{ij}^{s2} + b_1\bar{\varepsilon}_{ij}^1 + b_4\bar{\varepsilon}_{ij}^4 \right) \left(\bar{\varepsilon}_{kl}^{s2} + b_1\bar{\varepsilon}_{kl}^1 + b_4\bar{\varepsilon}_{kl}^4 \right) \mathrm{d}\Omega = 0$$
$$\frac{\partial}{\partial b_2} \int_Y E_{ijkl} \left(\bar{\varepsilon}_{ij}^{s2} + b_1\bar{\varepsilon}_{ij}^1 + b_4\bar{\varepsilon}_{ij}^4 \right) \left(\bar{\varepsilon}_{kl}^{s2} + b_1\bar{\varepsilon}_{kl}^1 + b_4\bar{\varepsilon}_{kl}^4 \right) \mathrm{d}\Omega = 0 \quad (3.42)$$

其中，$\bar{\varepsilon}_{ij}^{s2} = \frac{1}{2} \left(\frac{\partial \bar{\chi}_i^{s2}}{\partial y_j} + \frac{\partial \bar{\chi}_j^{s2}}{\partial y_i} \right)$, $\quad \bar{\varepsilon}_{ij}^1 = \frac{1}{2} \left(\frac{\partial \bar{\chi}_i^1}{\partial y_j} + \frac{\partial \bar{\chi}_j^1}{\partial y_i} \right)$, $\quad \bar{\varepsilon}_{ij}^4 = \frac{1}{2} \left(\frac{\partial \bar{\chi}_i^4}{\partial y_j} + \frac{\partial \bar{\chi}_j^4}{\partial y_i} \right)$,
化简上式得

$$\left[\begin{array}{cc} D_{11} & D_{14} \\ D_{14} & D_{44} \end{array} \right] \left\{ \begin{array}{c} b_1 \\ b_4 \end{array} \right\} = \left\{ \begin{array}{c} -\dfrac{1}{l} \displaystyle\int_Y c_{ijkl}\bar{\varepsilon}_{ij}^{s2}\bar{\varepsilon}_{ij}^1 \mathrm{d}\Omega \\ -\dfrac{1}{l} \displaystyle\int_Y c_{ijkl}\bar{\varepsilon}_{ij}^{s2}\bar{\varepsilon}_{ij}^4 \mathrm{d}\Omega \end{array} \right\} \quad (3.43)$$

由于位移场 $\bar{\chi}^1$, $\bar{\chi}^4$ 已在 NIAH 中求得，位移场 $\bar{\chi}^{s2} = \chi^{s2} + \tilde{\chi}^{s2}$，$\tilde{\chi}^{s2}$ 由 (3.35) 式求得，所以由上式求得 b_1, b_4 后回代到 (3.41) 式即可求解对应于宏观纯剪切的

微单胞位移场，如下式：

$$\bar{\boldsymbol{\chi}}^{*s2} = \bar{\boldsymbol{\chi}}^{s2} + b_1 \bar{\boldsymbol{\chi}}^1 + b_4 \bar{\boldsymbol{\chi}}^4 \tag{3.44}$$

最后按照宏微观应变能等价有

$$\frac{S_{22}l}{24} + \frac{E_{11}}{2l} = \frac{1}{2} \int_Y E_{ijkl} \bar{\varepsilon}_{ij}^{*s2} \bar{\varepsilon}_{kl}^{*s2} \mathrm{d}\Omega \tag{3.45}$$

其中，$\bar{\varepsilon}_{ij}^{*s2} = \frac{1}{2}\left(\bar{\chi}_{i,j}^{*s2} + \bar{\chi}_{j,i}^{*s2}\right)$。由上式即可求解等效剪切柔度系数 E_{11}。

3.2.2　剪切系数 E_{22} 的预测方法

本小节类比 3.2.1 节方法，推导剪切系数 E_{22} 的确定方法。其求解流程基本相同，因此下文仅给出相关的求解公式，具体推导过程不再赘述。

首先，给出宏观梁段处于 $x_1 x_2$ 平面内的纯剪切状态，即线性弯矩 M_3 及常剪力 Q_3 的纯剪切内力状态，如下式：

$$\begin{cases} N_1 = 0, \quad M_2 = 0, \quad M_3 = \dfrac{x_1}{L}, \quad T_1 = 0, \quad Q_2 = 0, \quad Q_3 = \dfrac{1}{L} \\ f_1 = f_2 = f_3 = t_1 = 0 \end{cases} \tag{3.46}$$

代入本构方程得到应变场：

$$\begin{aligned} & \varepsilon_1 = \frac{S_{13}}{L}x, \quad \kappa_2 = \frac{S_{23}}{L}x, \quad \kappa_3 = \frac{S_{33}}{L}x, \quad \kappa_1 = 0 \\ & \gamma_{12} = \frac{E_{12}}{L}, \quad \gamma_{13} = \frac{E_{22}}{L} \end{aligned} \tag{3.47}$$

计算处于纯剪切状态的梁段的应变能为

$$e_2 = \frac{S_{33}L}{24} + \frac{E_{22}}{2L} \tag{3.48}$$

另一方面，假设梁段处于如下的应变状态：

$$\begin{aligned} & \varepsilon_1 = a, \quad \kappa_2 = 0, \quad \kappa_3 = 0, \quad \kappa_1 = b \\ & \gamma_{12} = \gamma_{13} = 0 \end{aligned} \tag{3.49}$$

其中，a, b 为任意的常数，代入本构方程求得梁段的内力为

$$\begin{aligned} & N_1 = aD_{11} + bD_{14}, \quad M_2 = aD_{12} + bD_{24}, \\ & M_3 = aD_{13} + bD_{34}, \quad T_1 = aD_{14} + bD_{44}, \\ & Q_1 = Q_2 = 0 \end{aligned} \tag{3.50}$$

将 (3.19) 式和 (3.20) 式的内力状态与 (3.16) 式和 (3.17) 式表征的内力状态相加得

$$
\left\{ \begin{array}{c} N_1 \\ M_2 \\ M_3 \\ T_1 \end{array} \right\} = a \left\{ \begin{array}{c} D_{11} \\ D_{12} \\ D_{13} \\ D_{14} \end{array} \right\} + b \left\{ \begin{array}{c} D_{14} \\ D_{24} \\ D_{34} \\ D_{44} \end{array} \right\} + \left\{ \begin{array}{c} 0 \\ 0 \\ x_1/L \\ 0 \end{array} \right\},
$$

$$
\left\{ \begin{array}{c} \varepsilon_1 \\ \kappa_2 \\ \kappa_3 \\ \kappa_1 \end{array} \right\} = \left\{ \begin{array}{c} a \\ 0 \\ 0 \\ 0 \end{array} \right\} + \left\{ \begin{array}{c} 0 \\ 0 \\ 0 \\ b \end{array} \right\} + \left\{ \begin{array}{c} S_{13} \\ S_{23} \\ S_{33} \\ S_{34} \end{array} \right\} \frac{x_1}{L} \tag{3.51}
$$

$$
\left\{ \begin{array}{c} Q_2 \\ Q_3 \end{array} \right\} = \left\{ \begin{array}{c} 0 \\ \dfrac{1}{L} \end{array} \right\}, \quad \left\{ \begin{array}{c} \gamma_{12} \\ \gamma_{13} \end{array} \right\} = \left\{ \begin{array}{c} \dfrac{E_{12}}{L} \\ \dfrac{E_{22}}{L} \end{array} \right\}
$$

对应于上式梁段的应变能为

$$
E_2 = \frac{L}{2} \left\{ \begin{array}{c} a \\ b \end{array} \right\}^{\mathrm{T}} \left[\begin{array}{cc} D_{11} & D_{14} \\ D_{14} & D_{14} \end{array} \right] \left\{ \begin{array}{c} a \\ b \end{array} \right\} + e_2 \tag{3.52}
$$

上式中关于变量 a, b 的二次型为正定二次型，因此 (3.46) 式所对应的纯剪切内力状态的应变能使 (3.52) 式中的应变能 E_2 取极小值。

下面类比宏观均匀梁段，推导微单胞对应的应力–应变状态。首先给出对应于 (3.47) 式的微观位移场 χ^{s3} 为

$$
\chi^{s3} = \frac{S_{13}}{L} \chi^{l1} + \frac{S_{23}}{L} \chi^{l2} + \frac{S_{33}}{L} \chi^{l3} \tag{3.53}
$$

设叠加的位移场为 $\tilde{\chi}^{s3}$，满足方程:

$$
\left\{ \begin{array}{ll} \dfrac{\partial}{\partial y_j} \left(E_{ijkl} \dfrac{\partial \left(\chi_k^{s3} + \tilde{\chi}_k^{s3} \right)}{\partial y_l} \right) = 0, & \text{在 } Y \text{ 中} \\[3mm] \left(E_{ijkl} \dfrac{\partial \left(\chi_k^{s3} + \tilde{\chi}_k^{s3} \right)}{\partial y_l} \right) n_j = 0, & \text{在 } S \text{ 上} \\[3mm] \omega_+ \tilde{f}_i^{s3} + \omega_- \tilde{f}_i^{s3} = \omega_+ \tilde{f}_i^{b3}, & \text{在 } \omega_{\pm} \text{ 上} \\[3mm] \left. \tilde{\chi}_i^{s3} \right|_{\omega_+} - \left. \tilde{\chi}_i^{s3} \right|_{\omega_-} = \left. \tilde{\chi}_i^{b3} \right|_{\omega_+}, & \text{在 } \omega_{\pm} \text{ 上} \end{array} \right. \tag{3.54}
$$

其中，$_{\omega_\pm}\tilde{f}_i^{s3} = E_{ijkl}\dfrac{\partial\tilde{\chi}_k^{s3}}{\partial y_l}n_j\Big|_{\omega_\pm}$，$_{\omega_+}\tilde{f}_i^{b3} = E_{ijkl}\dfrac{\partial\tilde{\chi}_k^{b3}}{\partial y_l}n_j\Big|_{\omega_+}$，位移场 $\tilde{\chi}^{b3}$ 表达式为

$$\tilde{\chi}^{b3} = S_{13}\tilde{\chi}^1 + S_{23}\tilde{\chi}^2 + S_{33}\tilde{\chi}^3 \tag{3.55}$$

令 $\bar{\chi}^{s3} = \chi^{s3} + \tilde{\chi}^{s3}$，则位移场 $\bar{\chi}^{s3}$ 的控制方程为

$$\begin{cases} \dfrac{\partial}{\partial y_j}\left(E_{ijkl}\dfrac{\partial\bar{\chi}_k^{s3}}{\partial y_l}\right) = 0, & \text{在 } Y \text{ 中} \\[2mm] \left(E_{ijkl}\dfrac{\partial\bar{\chi}_k^{s3}}{\partial y_l}\right)n_j = 0, & \text{在 } S \text{ 上} \\[2mm] _{\omega_+}\bar{f}_i^{s3} + {}_{\omega_-}\bar{f}_i^{s3} = {}_{\omega_+}\bar{f}_i^{b3}, & \text{在 } \omega_\pm \text{ 上} \\[2mm] \bar{\chi}_i^{s3}\big|_{\omega_+} - \bar{\chi}_i^{s3}\big|_{\omega_-} = \Delta\chi_i^{b3} + \tilde{\chi}_i^{b3}\big|_{\omega_+}, & \text{在 } \omega_\pm \text{ 上} \end{cases} \tag{3.56}$$

其中，$\Delta\chi^{s3} = \chi^{s3}\big|_{\omega_+} - \chi^{s3}\big|_{\omega_-} = S_{23}\left\{\begin{array}{c} 0 \\ 0 \\ -l^2/24 \end{array}\right\} + S_{33}\left\{\begin{array}{c} 0 \\ -l^2/24 \\ 0 \end{array}\right\}$，$_{\omega_+}\bar{f}_i^{b3} = $

$E_{ijkl}\bar{\varepsilon}_{kl}^{b3}n_j\big|_{\omega_+}$。设对应于 (3.46) 式的纯剪切状态的位移场为 $\bar{\chi}^{*s3}$，与位移场 $\bar{\chi}^{s3}$ 的关系为

$$\bar{\chi}^{*s3} = \bar{\chi}^{s3} + b_1\bar{\chi}^1 + b_4\bar{\chi}^4 \tag{3.57}$$

其中，参数 b_1, b_4 由下式确定：

$$\begin{bmatrix} D_{11} & D_{14} \\ D_{14} & D_{44} \end{bmatrix}\left\{\begin{array}{c} b_1 \\ b_4 \end{array}\right\} = \left\{\begin{array}{c} -\dfrac{1}{l}\displaystyle\int_Y E_{ijkl}\bar{\varepsilon}_{ij}^{s3}\bar{\varepsilon}_{kl}^1\mathrm{d}\Omega \\[3mm] -\dfrac{1}{l}\displaystyle\int_Y E_{ijkl}\bar{\varepsilon}_{ij}^{s3}\bar{\varepsilon}_{kl}^4\mathrm{d}\Omega \end{array}\right\} \tag{3.58}$$

得到参数 b_1, b_4 后回代 (3.57) 式即可求得单胞纯剪切状态。

根据宏微观应变能等价有

$$\frac{S_{33}l}{24} + \frac{E_{22}}{2l} = \frac{1}{2}\int_Y E_{ijkl}\bar{\varepsilon}_{ij}^{*s3}\bar{\varepsilon}_{kl}^{*s3}\mathrm{d}\Omega \tag{3.59}$$

其中，$\bar{\varepsilon}_{ij}^{*s3} = \dfrac{1}{2}\left(\bar{\chi}_{i,j}^{*s3} + \bar{\chi}_{j,i}^{*s3}\right)$。利用上式即可求解等效剪切柔度系数 E_{22}。

3.2.3 剪切系数 E_{12} 的预测方法

针对宏观梁段，将 3.2.1 节和 3.2.2 节两个纯剪切状态 (3.16) 式和 (3.46) 式叠加，得到梁段内力状态为

$$
\begin{cases}
N_1 = 0, \quad M_2 = \dfrac{x_1}{L}, \quad M_3 = \dfrac{x_1}{L}, \quad T_1 = 0, Q_2 = \dfrac{1}{L}, \quad Q_3 = \dfrac{1}{L} \\
f_1 = f_2 = f_3 = t_1 = 0
\end{cases}
\tag{3.60}
$$

将 (3.60) 式代入本构方程得

$$
\begin{aligned}
&\varepsilon_1 = \frac{S_{12} + S_{13}}{L} x_1, \quad \kappa_2 = \frac{S_{22} + S_{23}}{L} x_1, \quad \kappa_3 = \frac{S_{23} + S_{33}}{L} x_1, \quad \kappa_1 = 0 \\
&\gamma_{12} = \frac{E_{11} + E_{12}}{L}, \quad \gamma_{13} = \frac{E_{12} + E_{22}}{L}
\end{aligned}
\tag{3.61}
$$

计算梁段的应变能:

$$
\begin{aligned}
e_3 &= \frac{1}{2} \int_{-\frac{L}{2}}^{\frac{L}{2}} \left(N_1 \varepsilon_1 + M_2 \kappa_2 + M_3 \kappa_3 + T_1 \kappa_1 + Q_2 \gamma_{12} + Q_3 \gamma_{13} \right) \mathrm{d}x_1 \\
&= \frac{\left(S_{22} + 2S_{23} + S_{33} \right) L}{24} + \frac{E_{11} + 2E_{12} + E_{22}}{2L}
\end{aligned}
\tag{3.62}
$$

上式中出现剪切柔度系数 E_{12}。将 3.2.1 节和 3.2.2 节两个微观单胞的纯剪切状态叠加，就可以得到与 (3.60) 式相等价的微观单胞状态，根据宏微观应变能等价有

$$
\begin{aligned}
&\frac{\left(S_{22} + 2S_{23} + S_{33} \right) l}{24} + \frac{E_{11} + 2E_{12} + E_{22}}{2l} \\
&= \frac{1}{2} \int_Y E_{ijkl} \left(\bar{\varepsilon}_{ij}^{*s2} + \bar{\varepsilon}_{ij}^{*s3} \right) \left(\bar{\varepsilon}_{kl}^{*s2} + \bar{\varepsilon}_{kl}^{*s3} \right) \mathrm{d}\Omega
\end{aligned}
\tag{3.63}
$$

将 (3.45) 式以及 (3.59) 式中求得的 E_{11}, E_{22} 代入上式即可求得系数 E_{12}。得到剪切柔度矩阵 $\boldsymbol{E}$ 后，求逆计算剪切刚度矩阵 $\boldsymbol{K}$。

下面确定单胞剪切中心的位置，将剪切与扭转解耦。易知纯剪切状态 $\bar{\boldsymbol{\chi}}^{*s2}$ 的应力场 $\bar{\boldsymbol{\sigma}}^{*s2}$ 分量 $\bar{\sigma}_{13}^{*s2}, \bar{\sigma}_{12}^{*s2}$ 在单胞上的体积分满足如下等式 [2]:

$$
\int_Y \bar{\sigma}_{13}^{*s2} \mathrm{d}\Omega = 1, \quad \int_Y \bar{\sigma}_{12}^{*s2} \mathrm{d}\Omega = 0
\tag{3.64}
$$

纯剪切状态位移场 $\bar{\boldsymbol{\chi}}^{*s3}$ 的应力场 $\bar{\boldsymbol{\sigma}}^{*s3}$ 分量 $\bar{\sigma}_{13}^{*s3}, \bar{\sigma}_{12}^{*s3}$ 也满足如下等式:

$$
\int_Y \bar{\sigma}_{12}^{*s3} \mathrm{d}\Omega = 1, \quad \int_Y \bar{\sigma}_{13}^{*s3} \mathrm{d}\Omega = 0
\tag{3.65}
$$

设剪切中心在 $y_2 y_3$ 平面内的坐标为 $(\bar{y}_2, \bar{y}_3)$，则由纯剪切状态的剪力相对于剪切中心的扭矩为零可知，如下等式成立：

$$
\begin{aligned}
&\int_Y \left[\bar{\sigma}_{13}^{*s2}\left(y_2 - \bar{y}_2\right) - \bar{\sigma}_{12}^{*s2}\left(y_3 - \bar{y}_3\right) \right] \mathrm{d}\Omega = 0 \\
&\int_Y \left[\bar{\sigma}_{13}^{*s3}\left(y_2 - \bar{y}_2\right) - \bar{\sigma}_{12}^{*s3}\left(y_3 - \bar{y}_3\right) \right] \mathrm{d}\Omega = 0
\end{aligned}
\tag{3.66}
$$

由 (3.64) 式和 (3.65) 式化简上式得

$$
\begin{aligned}
\bar{y}_2 &= \int_Y \left(y_2 \bar{\sigma}_{13}^{*s2} - y_3 \bar{\sigma}_{12}^{*s2} \right) \mathrm{d}\Omega \\
\bar{y}_3 &= -\int_Y \left(y_2 \bar{\sigma}_{13}^{*s3} - y_3 \bar{\sigma}_{12}^{*s3} \right) \mathrm{d}\Omega
\end{aligned}
\tag{3.67}
$$

得到剪切中心后，将坐标轴原点平移至剪切中心处，剪应力关于剪切中心的扭矩为零，剪切和扭转解耦。根据文献 [2]，坐标系的平移不会改变柔度系数 S_{22}, S_{23}, S_{33}，因此剪切柔度矩阵 E (以及剪切刚度矩阵 K) 也不受坐标系的平移影响。

计算得到剪切中心的坐标后，将单胞坐标系原点平移至剪切中心，重新计算等效刚度，剪切刚度矩阵 K 不变，得到均匀化后的具有等效刚度矩阵 D 和 K 的均匀梁结构。坐标原点平移至剪切中心后梁的剪切变形与扭转变形解耦，满足 (3.14) 式宏观等效梁的变形假设。

3.3　等效剪切刚度的数值求解

3.2 节给出了等效剪切刚度的控制方程，但无法直接有限元数值实现。本节推导等效剪切刚度求解的有限元列式，并将其数值实现。

3.3.1　有限元列式及求解步骤

首先推导位移场 $\tilde{\chi}^{s2}$ 的有限元求解列式。方便起见，将位移场 $\tilde{\chi}^{s2}$ 的控制方程 (3.35) 重新列出：

$$
\begin{cases}
\dfrac{\partial}{\partial y_j}\left(E_{ijkl} \dfrac{\partial\left(\chi_k^{s2} + \tilde{\chi}_k^{s2}\right)}{\partial y_l} \right) = 0, & \text{在 } Y \text{ 中} \\[3mm]
\left(E_{ijkl} \dfrac{\partial\left(\chi_k^{s2} + \tilde{\chi}_k^{s2}\right)}{\partial y_l} \right) n_j = 0, & \text{在 } S \text{ 上} \\[3mm]
{}_{\omega_+}\tilde{f}_i^{s2} + {}_{\omega_-}\tilde{f}_i^{s2} = {}_{\omega_+}\tilde{f}_i^{b2}, & \text{在 } \omega_\pm \text{ 上} \\[3mm]
\tilde{\chi}_i^{s2}\big|_{\omega_+} - \tilde{\chi}_i^{s2}\big|_{\omega_-} = \tilde{\chi}_i^{b2}\big|_{\omega_+}, & \text{在 } \omega_\pm \text{ 上}
\end{cases}
\tag{3.68}
$$

上式可以类比弹性理论中的控制方程和边值条件, 构成完整的弹性理论边值问题。根据虚功原理, 对于满足位移边界条件 $v_i|_{\omega_+} - v_i|_{\omega_-} = \tilde{\chi}_i^{b2}\big|_{\omega_+}$ 的虚位移场 v_i, 其等效积分形式可以写成

$$
\int_Y \delta v_i \left[E_{ijkl} \left(\chi_{k,l}^{s2} + \tilde{\chi}_{k,l}^{s2} \right) \right]_{,j} \mathrm{d}\Omega - \int_S \delta v_i \left[E_{ijkl} \left(\chi_{k,l}^{s2} + \tilde{\chi}_{k,l}^{s2} \right) \right] n_j \mathrm{d}S
$$
$$
- \int_{\omega_+} \left({}_{\omega_+}\tilde{f}_i^{s2} - {}_{\omega_+}\tilde{f}_i^{b2} \right) \delta v_i \mathrm{d}S - \int_{\omega_-} \tilde{f}_i^{s2} \delta v_i \mathrm{d}S = 0 \tag{3.69}
$$

将 ${}_{\omega_+}\tilde{f}_i^{s2} = E_{ijkl}\tilde{\chi}_{k,l}^{s2} n_j\big|_{\omega_+}$, ${}_{\omega_+}\tilde{f}_i^{b2} = E_{ijkl}\tilde{\chi}_{k,l}^{b2} n_j\big|_{\omega_+}$, $E_{ijkl}\chi_{k,l}^{s2} n_j\big|_{\omega_+} = E_{ijkl}\chi_{k,l}^{s2} n_j\big|_{\omega_-}$ $= \dfrac{1}{2} E_{ijkl}\chi_{k,l}^{b2} n_j\big|_{\omega_-}$ 代入上式, 并化简得

$$
\int_Y \delta v_{i,j} E_{ijkl}\tilde{\chi}_{k,l}^{s2}\mathrm{d}\Omega = -\int_Y \delta v_{i,j} E_{ijkl}\chi_{k,l}^{s2}\mathrm{d}\Omega + \int_{\omega_+} \delta v_i E_{ijkl}\left(\chi_{k,l}^{b2} + \tilde{\chi}_{k,l}^{b2}\right) n_j \mathrm{d}S
$$
$$
\tag{3.70}
$$

令 $v_i = \tilde{\chi}_i^{s2}$, 代入上式得

$$
\delta\left(\frac{1}{2}\int_Y E_{ijkl}\tilde{\chi}_{i,j}^{s2}\tilde{\chi}_{k,l}^{s2}\mathrm{d}\Omega \right) = -\delta \int_Y E_{ijkl}\tilde{\chi}_{i,j}^{s2}\chi_{k,l}^{s2}\mathrm{d}\Omega
$$
$$
+ \delta \int_{\omega_+} E_{ijkl}\tilde{\chi}_i^{s2}\left(\chi_{k,l}^{b2} + \tilde{\chi}_{k,l}^{b2}\right) n_j \mathrm{d}S \tag{3.71}
$$

对单胞进行有限元离散, 设位移场 $\tilde{\chi}^{s2}$ 离散后对应的节点位移向量为 ${}^{\mathrm{node}}\tilde{\chi}^{s2}$, 其中左上标 node 表示节点向量, 位移向量 ${}^{\mathrm{node}}\tilde{\chi}^{s2}$ 可以写成如下形式:

$$
{}^{\mathrm{node}}\tilde{\chi}^{s2} = \left\{ \begin{array}{c} {}^{\mathrm{node}}_{\omega_+}\tilde{\chi}^{s2} \\ {}^{\mathrm{node}}_{\omega_-}\tilde{\chi}^{s2} \\ {}^{\mathrm{node}}_{\mathrm{rest}}\tilde{\chi}^{s2} \end{array} \right\} \tag{3.72}
$$

其中, ${}^{\mathrm{node}}_{\omega_+}\tilde{\chi}^{s2}$ 和 ${}^{\mathrm{node}}_{\omega_-}\tilde{\chi}^{s2}$ 分别表示 ω_+ 和 ω_- 周期边界上的节点位移向量; ${}^{\mathrm{node}}_{\mathrm{rest}}\tilde{\chi}^{s2}$ 表示内部节点 (即除去周期边界节点剩下的单胞有限元节点) 位移向量, 具体参考图 3.3。ω_- 边界上以及内部节点称为主节点, 主节点位移向量记为 ${}^{\mathrm{node}}_{\mathrm{m}}\tilde{\chi}^{s2}$, 表达式为

$$
{}^{\mathrm{node}}_{\mathrm{m}}\tilde{\chi}^{s2} = \left\{ \begin{array}{c} {}^{\mathrm{node}}_{\omega_-}\tilde{\chi}^{s2} \\ {}^{\mathrm{node}}_{\mathrm{rest}}\tilde{\chi}^{s2} \end{array} \right\} \tag{3.73}
$$

位移场 $\tilde{\chi}^{s2}$ 满足周期边界条件 $\tilde{\chi}_i^{s2}\big|_{\omega_+} - \tilde{\chi}_i^{s2}\big|_{\omega_-} = \tilde{\chi}_i^{b2}\big|_{\omega_+}$, 因此周期边界上的节点位移向量满足下式:

$$
{}^{\mathrm{node}}_{\omega_+}\tilde{\chi}^{s2} - {}^{\mathrm{node}}_{\omega_-}\tilde{\chi}^{s2} = {}^{\mathrm{node}}_{\omega_+}\tilde{\chi}^{b2} \tag{3.74}
$$

将 (3.74) 式和 (3.73) 式代入 (3.72) 式，并化简得

$$
^{\mathrm{node}}\tilde{\boldsymbol{\chi}}^{s2} = \left\{ \begin{array}{c} ^{\mathrm{node}}_{\omega_+}\tilde{\boldsymbol{\chi}}^{s2} \\ ^{\mathrm{node}}_{\omega_-}\tilde{\boldsymbol{\chi}}^{s2} \\ ^{\mathrm{node}}_{\mathrm{rest}}\tilde{\boldsymbol{\chi}}^{s2} \end{array} \right\} = \boldsymbol{T} \left\{ \begin{array}{c} ^{\mathrm{node}}_{\omega_-}\tilde{\boldsymbol{\chi}}^{s2} \\ ^{\mathrm{node}}_{\mathrm{rest}}\tilde{\boldsymbol{\chi}}^{s2} \end{array} \right\} + \left\{ \begin{array}{c} ^{\mathrm{node}}_{\omega_+}\tilde{\boldsymbol{\chi}}^{b2} \\ \mathbf{0} \\ \mathbf{0} \end{array} \right\}
$$

$$
= \boldsymbol{T}_{\mathrm{m}}\,^{\mathrm{node}}\tilde{\boldsymbol{\chi}}^{s2} + \left\{ \begin{array}{c} ^{\mathrm{node}}_{\omega_+}\tilde{\boldsymbol{\chi}}^{b2} \\ \mathbf{0} \\ \mathbf{0} \end{array} \right\} \tag{3.75}
$$

其中，$\boldsymbol{T} = \begin{bmatrix} \boldsymbol{I} & \mathbf{0} \\ \boldsymbol{I} & \mathbf{0} \\ \mathbf{0} & \boldsymbol{I} \end{bmatrix}$ 为转换矩阵，将主自由度转换为全自由度，$\boldsymbol{I}$ 为单位矩阵。

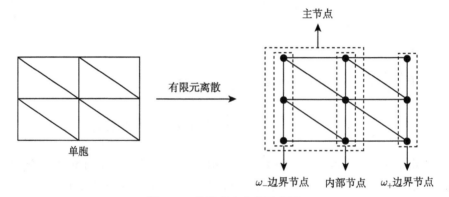

图 3.3　单胞节点分类示意图

下面将 (3.71) 式中的每一项进行有限元离散，等式左侧第一项离散为

$$
\delta \left(\frac{1}{2} \int_Y E_{ijkl} \tilde{\chi}^{s2}_{i,j} \tilde{\chi}^{s2}_{k,l} \mathrm{d}\Omega \right) = \delta \left(^{node}\tilde{\boldsymbol{\chi}}^{s2} \right)^{\mathrm{T}} \boldsymbol{K}\,^{node}\tilde{\boldsymbol{\chi}}^{s2} \tag{3.76}
$$

等式右侧的第一项离散为

$$
-\delta \int_Y E_{ijkl} \tilde{\chi}^{s2}_{i,j} \chi^{s2}_{k,l} \mathrm{d}\Omega = -\delta \left(^{node}\tilde{\boldsymbol{\chi}}^{s2} \right)^{\mathrm{T}} \boldsymbol{K}\,^{node}\boldsymbol{\chi}^{s2} \tag{3.77}
$$

式中，$\boldsymbol{K}\,^{\mathrm{node}}\boldsymbol{\chi}^{s2}$ 对应于已知节点位移向量 $^{\mathrm{node}}\boldsymbol{\chi}^{s2}$ 的节点力向量 $^{\mathrm{node}}\boldsymbol{f}^{s2} = \boldsymbol{K}\,^{\mathrm{node}}\boldsymbol{\chi}^{s2}$，在有限元软件中进行一次静力分析就可以得到，将其代入上式得

$$
-\delta \int_Y E_{ijkl} \tilde{\chi}^{s2}_{i,j} \chi^{s2}_{k,l} \mathrm{d}\Omega = -\delta \left(^{\mathrm{node}}\tilde{\boldsymbol{\chi}}^{s2} \right)^{\mathrm{T}}\,^{\mathrm{node}}\boldsymbol{f}^{s2} \tag{3.78}
$$

上式的物理意义是在单胞的有限元模型上施加节点力向量 $-^{\text{node}}\boldsymbol{f}^{s2}$。

最后考虑等号右边第二项。该项仅在 ω_+ 周期边界上积分，因此该式的物理意义是将单胞在位移场 $\bar{\boldsymbol{\chi}}^{b2} = \boldsymbol{\chi}^{b2} + \tilde{\boldsymbol{\chi}}^{b2}$ 下 ω_+ 周期边界上的面力作用到单胞上。单胞在位移场 $\bar{\boldsymbol{\chi}}^{s2}$ 下的载荷仅有 $\omega_\pm$ 周期边界上的面力不为零，非周期边界 S 上的面力和体力均为零，因此有限元离散后单胞在 $\omega_\pm$ 边界上的节点力向量就是 $\omega_\pm$ 边界上面力离散后的结果，剩下内部节点的节点力向量均为零，表示成有限元的形式就是

$$\boldsymbol{K}^{\text{node}}\bar{\boldsymbol{\chi}}^{b2} = \left\{ \begin{array}{c} ^{\text{node}}_{\omega_+}\bar{\boldsymbol{f}}^{b2} \\ ^{\text{node}}_{\omega_-}\bar{\boldsymbol{f}}^{b2} \\ \boldsymbol{0} \end{array} \right\} \tag{3.79}$$

式中 $\omega_\pm$ 边界上的节点力向量 $^{\text{node}}_{\omega_+}\bar{\boldsymbol{f}}^{b2}, {}^{\text{node}}_{\omega_-}\bar{\boldsymbol{f}}^{b2}$ 为 $\omega_\pm$ 边界上面力离散后的节点力向量。因此 (3.71) 式中等号右端第二项有限元离散后为

$$\delta \int_{\omega_+} E_{ijkl} \tilde{\chi}_i^{s2} \left(\chi_{k,l}^{b2} + \tilde{\chi}_{k,l}^{b2} \right) n_j \mathrm{d}S$$

$$= \delta \left(^{\text{node}}_{\omega_+} \tilde{\boldsymbol{\chi}}^{s2} \right)^{\mathrm{T}} {}^{\text{node}}_{\omega_+}\bar{\boldsymbol{f}}^{b2} = \delta \left(^{\text{node}}\tilde{\boldsymbol{\chi}}^{s2} \right)^{\mathrm{T}} \left\{ \begin{array}{c} ^{\text{node}}_{\omega_+}\bar{\boldsymbol{f}}^{b2} \\ \boldsymbol{0} \\ \boldsymbol{0} \end{array} \right\} \tag{3.80}$$

综上所述，(3.71) 式的有限元表达式为

$$\delta \left(^{\text{node}}\tilde{\boldsymbol{\chi}}^{s2} \right)^{\mathrm{T}} \boldsymbol{K}^{\text{node}}\tilde{\boldsymbol{\chi}}^{s2} = -\delta \left(^{\text{node}}\tilde{\boldsymbol{\chi}}^{s2} \right)^{\mathrm{T}} {}^{\text{node}}\boldsymbol{f}^{s2} + \delta \left(^{\text{node}}\tilde{\boldsymbol{\chi}}^{s2} \right)^{\mathrm{T}} \left\{ \begin{array}{c} ^{\text{node}}_{\omega_+}\bar{\boldsymbol{f}}^{b2} \\ \boldsymbol{0} \\ \boldsymbol{0} \end{array} \right\}$$

$$\tag{3.81}$$

将位移周期边界条件代入上式，并且考虑 $\delta^{\text{node}}_{\text{m}}\tilde{\boldsymbol{\chi}}^{s2}$ 是任意的，得到求解 $^{\text{node}}_{\text{m}}\tilde{\boldsymbol{\chi}}^{s2}$ 的有限元列式为

$$\left(\boldsymbol{T}^{\mathrm{T}}\boldsymbol{K}\boldsymbol{T} \right) {}^{\text{node}}_{\text{m}}\tilde{\boldsymbol{\chi}}^{s2} = -\boldsymbol{T}^{\mathrm{T}}\boldsymbol{K} \left\{ \begin{array}{c} ^{\text{node}}_{\omega_+}\tilde{\boldsymbol{\chi}}^{b2} \\ \boldsymbol{0} \\ \boldsymbol{0} \end{array} \right\} - \boldsymbol{T}^{\mathrm{T}\text{node}}\boldsymbol{f}^{s2} + \boldsymbol{T}^{\mathrm{T}} \left\{ \begin{array}{c} ^{\text{node}}_{\omega_+}\bar{\boldsymbol{f}}^{b2} \\ \boldsymbol{0} \\ \boldsymbol{0} \end{array} \right\} \tag{3.82}$$

限定刚体位移后求得主节点位移向量 $^{\text{node}}_{\text{m}}\tilde{\boldsymbol{\chi}}^{s2}$，回代到 (3.75) 式即可得到整体节点位移向量 $^{\text{node}}\tilde{\boldsymbol{\chi}}^{s2}$。

将节点位移向量 $^{\text{node}}\tilde{\boldsymbol{\chi}}^{s2}$ 与 $^{\text{node}}\boldsymbol{\chi}^{s2}$ 相加得到 $^{\text{node}}\bar{\boldsymbol{\chi}}^{s2}$。代入 (3.43) 式求解系数 b_1, b_4。其有限元形式为

$$\begin{bmatrix} D_{11} & D_{14} \\ D_{14} & D_{44} \end{bmatrix} \begin{Bmatrix} b_1 \\ b_4 \end{Bmatrix} = \begin{Bmatrix} -\dfrac{1}{l} \left(^{\text{node}}\bar{\chi}^{s2}\right)^{\text{T}}{}^{\text{node}}\bar{f}^1 \\ -\dfrac{1}{l} \left(^{\text{node}}\bar{\chi}^{s2}\right)^{\text{T}}{}^{\text{node}}\bar{f}^4 \end{Bmatrix} \tag{3.83}$$

其中，$^{\text{node}}\bar{f}^1, {}^{\text{node}}\bar{f}^4$ 表示对应于位移向量 $^{\text{node}}\bar{\chi}^1, {}^{\text{node}}\bar{\chi}^4$ 的节点力向量，已经在 NIAH 中计算得到。得到系数 b_1, b_4 后，由下式计算节点位移向量 $^{\text{node}}\bar{\chi}^{*s2}$：

$$^{\text{node}}\bar{\chi}^{*s2} = {}^{\text{node}}\bar{\chi}^{s2} + b_1{}^{\text{node}}\bar{\chi}^1 + b_4{}^{\text{node}}\bar{\chi}^4 \tag{3.84}$$

类似地求解节点位移场 $^{\text{node}}\bar{\chi}^{*s3} = {}^{\text{node}}\bar{\chi}^{s3} + c_1{}^{\text{node}}\bar{\chi}^1 + c_4{}^{\text{node}}\bar{\chi}^4$，其中参数 c_1, c_4 由下式确定：

$$\begin{bmatrix} D_{11} & D_{14} \\ D_{14} & D_{44} \end{bmatrix} \begin{Bmatrix} c_1 \\ c_4 \end{Bmatrix} = \begin{Bmatrix} -\dfrac{1}{l} \left(^{\text{node}}\bar{\chi}^{s3}\right)^{\text{T}}{}^{\text{node}}\bar{f}^1 \\ -\dfrac{1}{l} \left(^{\text{node}}\bar{\chi}^{s3}\right)^{\text{T}}{}^{\text{node}}\bar{f}^4 \end{Bmatrix} \tag{3.85}$$

得到两个纯剪切状态的位移场后，等效剪切柔度矩阵 $\boldsymbol{E}$ 参数的计算公式为

$$\begin{aligned} E_{11} &= l\left(^{\text{node}}\bar{\chi}^{*s2}\right)^{\text{T}}{}^{\text{node}}\bar{f}^{*s2} - \frac{S_{22}l^2}{12} \\ E_{22} &= l\left(^{\text{node}}\bar{\chi}^{*s3}\right)^{\text{T}}{}^{\text{node}}\bar{f}^{*s3} - \frac{S_{33}l^2}{12} \\ E_{12} &= \frac{l}{2}\left(^{\text{node}}\bar{\chi}^{*s2}\right)^{\text{T}}{}^{\text{node}}\bar{f}^{*s3} - \frac{S_{23}l^2}{12} = \frac{l}{2}\left(^{\text{node}}\bar{\chi}^{*s3}\right)^{\text{T}}{}^{\text{node}}\bar{f}^{*s2} - \frac{S_{23}l^2}{12} \end{aligned} \tag{3.86}$$

我们将等效剪切刚度及其对应的单胞纯剪切状态的计算步骤总结如下。

(1) 按照周期梁结构 NIAH 计算节点位移向量 $^{\text{node}}\chi^\alpha, {}^{\text{node}}\tilde{\chi}^\alpha (\alpha = 1, 2, 3, 4)$，节点力向量 $^{\text{node}}f^\alpha, {}^{\text{node}}\tilde{f}^\alpha (\alpha = 1, 2, 3, 4)$，计算梁的等效刚度矩阵 $\boldsymbol{D}$ 以及等效柔度矩阵 $\boldsymbol{S}$。

(2) 由 NIAH 的输出结果计算节点力向量 $^{\text{node}}\bar{f}^{b2}, {}^{\text{node}}\bar{f}^{b3}$，并提取其在 ω_+ 周期边界上的节点力向量 $^{\text{node}}_{\omega_+}\bar{f}^{b2}, {}^{\text{node}}_{\omega_+}\bar{f}^{b3}$。计算节点位移向量 $^{\text{node}}\bar{\chi}^{b2}, {}^{\text{node}}\bar{\chi}^{b3}$，并且提取其在 ω_+ 周期边界上的节点位移向量 $^{\text{node}}_{\omega_+}\bar{\chi}^{b2}, {}^{\text{node}}_{\omega_+}\bar{\chi}^{b3}$。

(3) 将节点位移向量 $^{\text{node}}\chi^{s2}$ 施加到单胞有限元模型上，进行有限元静力分析，得到节点力向量 $^{\text{node}}f^{s2}$。

(4) 将节点力向量 $-^{\text{node}}f^{s2}$ 施加到单胞有限元模型上，将节点力向量 $^{\text{node}}_{\omega_+}\bar{f}^{b2}$ 施加到 ω_+ 周期边界的节点上，对单胞 $\omega_\pm$ 周期边界上对应的节点施加位移耦合约束，限制单胞刚体位移后，进行静力分析，得到节点位移向量 $^{\text{node}}\tilde{\chi}^{s2}$。将位移向量 $^{\text{node}}\tilde{\chi}^{s2}$ 重新施加到单胞上，进行静力分析，得到对应的节点力向量 $^{\text{node}}\tilde{f}^{s2}$。

(5) 将 (3), (4) 两步得到的节点位移向量和节点力向量叠加后得到向量 $^{\text{node}}\bar{\chi}^{s2}$ 和 $^{\text{node}}\bar{f}^{s2}$，计算系数 b_1, b_4，计算单胞在 y_1y_3 平面内纯剪切状态的节点位移向量 $^{\text{node}}\bar{\chi}^{*s2}$ 和节点力向量 $^{\text{node}}\bar{f}^{*s2}$。

(6) 重复步骤 (3)~(5)，计算单胞在 y_1y_2 平面内纯剪切状态的节点位移向量 $^{\text{node}}\bar{\chi}^{*s3}$ 和节点力向量 $^{\text{node}}\bar{f}^{*s3}$。

(7) 计算等效剪切柔度矩阵 E，并求逆得到等效剪切刚度矩阵 K。

上述求解步骤的流程图如图 3.4 所示，图中右侧部分为计算剪切刚度所需要

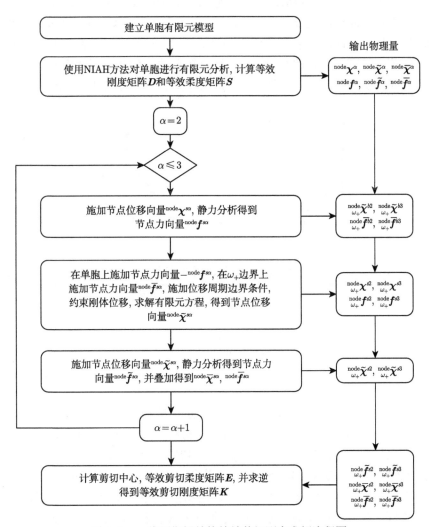

图 3.4 一维周期梁结构等效剪切刚度求解流程图

的节点物理量。可以看出，一维周期梁结构等效剪切刚度的数值求解方法可以以有限元软件为黑箱，利用有限元软件的输出节点向量进行简单的向量运算来计算等效剪切性质，不需要知道中间结果，可以方便地在有限元软件中实现。

3.3.2　数值算例

这里通过三个数值算例，将上文中新方法计算的等效剪切刚度与文献中的结果进行比较，说明新方法的正确性和有效性。在 3.4 节我们还会给出微结构更为复杂的梁的例题。

第一个算例为如图 3.5 所示的矩形及圆形截面梁。梁材料参数为 $E = 210\text{GPa}$，$\nu = 0.3$。矩形截面梁的梁高 $h = 1.0\text{m}$，梁宽 b 从 0.1m 变化到 2.0m。圆形截面梁截面半径为 $r = 1\text{m}$。两者剪切中心与形心重合。计算圆形截面梁的剪切系数为 0.851，与文献 [3] Renton 的结果一致。计算矩形截面梁在不同宽度 b 下的剪切系数，结果如表 3.1 所示。可以看出，新方法计算的结果与文献 [3] 结果完全一致。

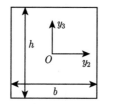 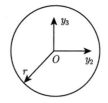

图 3.5　矩形及圆形截面梁截面图

表 3.1　矩形截面梁剪切系数

梁宽 b/m	剪切系数	
	新方法	Renton[3]
2.0	0.784	0.784
1.0	0.828	0.828
0.5	0.833	0.833
0.1	0.833	0.833

第二个算例是倒 T 型梁，如图 3.6 所示，梁截面参数为 $b_1 = b_2 = 1\text{m}$，$b_3 = h_1 = h_2 = 2\text{m}$，材料为各向同性材料，材料参数为 $E = 300\text{GPa}$，$\nu = 0.49$。按照新方法计算剪切中心的位置在 $y_2 y_3$ 平面内的坐标为 (0, 1.446)。等效剪切刚度如表 3.2 所示，并与 VABS 方法 [4] 结果进行比较，两者误差不超过 1‰。

第三个算例为波纹梁，如图 3.7 所示，单胞的尺寸和材料参数与 Leekitwattana 等 [5] 的相同，新方法计算的等效剪切刚度与文献结果的比较见表 3.3，可以看出，三种方法的结果基本一致，验证了新方法计算的正确性。

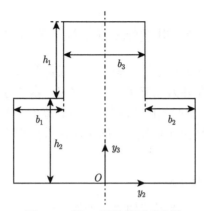

图 3.6　倒 T 型梁截面示意图

表 3.2　倒 T 型梁等效剪切刚度结果对比

方法	K_{22}/N	K_{33}/N
新方法	8.091×10^{11}	8.765×10^{11}
VABS	8.118×10^{11}	8.784×10^{11}

图 3.7　波纹梁单胞示意图

表 3.3　波纹梁等效剪切刚度结果比较

s_x/d	K_{22}		
	新方法	SMM	FEA
0.25	0.0096	0.0102	0.0099
0.50	0.0193	0.0201	0.0196
0.75	0.0256	0.0261	0.0257
1.00	0.0290	0.0292	0.0288
1.25	0.0300	0.0299	0.0295
1.50	0.0294	0.0289	0.0286
1.75	0.0276	0.0268	0.0266
2.00	0.0253	0.0243	0.0241
2.25	0.0227	0.0217	0.0215
2.50	0.0202	0.0192	0.0191
2.75	0.0179	0.0170	0.0168
3.00	0.0158	0.0150	0.0148

3.4　周期梁结构的力学响应预测

对周期性梁结构的均匀化是否正确, 一个很重要的判断标准是等效模型能否足够精确预测此类结构在外力载荷作用下的响应。本节分别以周期梁结构的位移响应以及应力响应为例, 说明相比于欧拉–伯努利梁 (即 AH 方法的预测结果), 将原结构均匀化为铁摩辛柯梁 (即新方法的预测结果) 可以获得更加准确的力学响应预测。

3.4.1　周期梁结构的位移预测

将具有周期微结构的三维梁结构等效为均匀梁结构, 利用均匀梁在外载荷作用下的位移响应来预测原周期梁结构的位移响应时, 除了需要计算等效刚度矩阵 $\boldsymbol{D}$ (均匀化为欧拉–伯努利梁) 及等效剪切刚度矩阵 $\boldsymbol{K}$ (均匀化为铁摩辛柯梁) 外, 还需要将原具有周期微结构的三维梁结构的外载荷等效为均匀梁的集中外载荷形式。例如, 当原周期梁的外载荷为端部分布剪力时, 需要将其等效为端部集中剪力和关于剪切中心的扭矩, 将集中载荷作用在均匀梁上计算位移响应。周期梁结构位移响应预测流程图如图 3.8 所示。

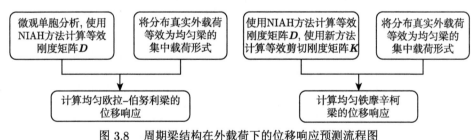

图 3.8　周期梁结构在外载荷下的位移响应预测流程图

下面利用三个数值算例说明对于抗剪能力较弱的梁结构, 铁摩辛柯梁模型可以获得更好的位移预测结果。

算例 1 为如图 3.9 所示的波纹梁, 单胞上层面板厚度为 $t_1 = 0.1\mathrm{m}$, 下层面板厚度为 $t_3 = 0.12\mathrm{m}$, 中间芯层厚度为 $t_2 = 0.08\mathrm{m}$, 芯层高度为 $h = 1.0\mathrm{m}$, 单胞沿 y_1 方向长度为 $l = 2.0\mathrm{m}$, 沿 y_2 方向宽度为 $b = 0.5\mathrm{m}$。材料性质为 $E = 210\mathrm{GPa}$, $\nu = 0.3$。使用 20 节点六面体单元划分网格, 共划分 4240 个单元。剪切中心的位置在 y_2y_3 平面中的坐标为 $(0.000, -8.596\times10^{-3})$, 将坐标原点移至剪切中心处的等效刚度矩阵 $\boldsymbol{D}$ 和 $\boldsymbol{K}$ 的系数如表 3.4 所示。

将单胞沿轴向延拓 n 次得到波纹梁, 左侧固支, 上表面作用均布压力载荷 $p = 10^4\mathrm{Pa}$, 有限元静力分析得到波纹梁 z 方向位移云图, 如图 3.10 所示, 计算

梁右端面所有点沿 z 方向位移的均值 w_{avg}，作为等效均匀梁右端 z 方向位移 w 的比较基准。

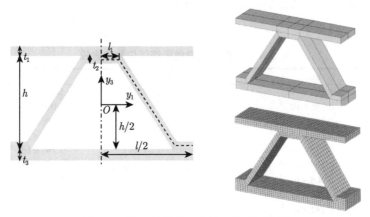

图 3.9 波纹梁单胞及有限元模型示意图

表 3.4 波纹梁单胞等效刚度矩阵系数

D_{11}/N	$D_{12}/(\mathrm{N\cdot m})$	$D_{22}/(\mathrm{N\cdot m^2})$	$D_{33}/(\mathrm{N\cdot m^2})$	$D_{44}/(\mathrm{N\cdot m^2})$	K_{11}/N	K_{22}/N
2.402×10^{10}	-1.088×10^{9}	7.286×10^{9}	5.179×10^{8}	2.336×10^{8}	1.036×10^{9}	8.146×10^{9}

图 3.10 当 $n=7$ 时梁沿 z 方向位移云图

将该周期梁等效为均匀欧拉–伯努利梁和铁摩辛柯梁，它们沿 z 方向位移解析表达式分别为

$$w_{\mathrm{E}} = -\frac{S_{22}pb}{6}\left[\frac{1}{4}(x-nl)^4 + n^3l^3(x-nl) + \frac{3}{4}n^4l^4\right]$$

$$w_{\mathrm{T}} = \frac{E_{11}pb}{2}\left[(x-nl)^2 - n^2l^2\right] - \frac{S_{22}pb}{6}\left[\frac{1}{4}(x-nl)^4 + n^3l^3(x-nl) + \frac{3}{4}n^4l^4\right]$$

$$(3.87)$$

其中，下标 E 和 T 分别表示欧拉–伯努利梁和铁摩辛柯梁。右端 $x=nl$ 处位移分别为 $w_{\mathrm{E}} = -\dfrac{S_{22}pb}{8}n^4l^4$，$w_{\mathrm{T}} = -\dfrac{E_{11}pb}{2}n^2l^2 - \dfrac{S_{22}pb}{8}n^4l^4$。对比不同单胞延拓数量 n 下位移值，如表 3.5 所示。

从表 3.5 可以看出，当 $n=4$ 时，铁摩辛柯梁模型的预测结果与原模型的预测结果误差不超过 5%，$n>5$ 后误差均在 1% 以内；但对于欧拉–伯努利梁模型，

$n = 12$ 时误差才低于 5%，此时的梁长和梁高的比值为 19.7 ($2\times12/1.22$)。值得注意的是，对于实心剖面的梁，通常认为梁长与梁高比大于 5 时就可以不考虑剪切刚度的影响。对于该算例，n 较小时考虑剪切变形，对位移预测结果精度的提升很大。

表 3.5　不同长度波纹梁端部位移值比较

n	w_{avg}	w_{E} (误差)	w_{T} (误差)
3	-2.191×10^{-4}	-1.119×10^{-4} (-49%)	-1.988×10^{-4} (-9.2%)
4	-5.281×10^{-4}	-3.538×10^{-4} (-33%)	-5.083×10^{-4} (-3.7%)
5	-1.125×10^{-3}	-8.638×10^{-4} (-23%)	-1.105×10^{-3} (-1.8%)
6	-2.158×10^{-3}	-1.791×10^{-3} (-17%)	-2.139×10^{-3} (-0.9%)
7	-3.810×10^{-3}	-3.318×10^{-3} (-13%)	-3.791×10^{-3} (-0.5%)
8	-6.297×10^{-3}	-5.661×10^{-3} (-10%)	-6.279×10^{-3} (-0.3%)
9	-9.866×10^{-3}	-9.067×10^{-3} (-8.1%)	-9.849×10^{-3} (-0.2%)
10	-1.480×10^{-2}	-1.382×10^{-2} (-6.6%)	-1.479×10^{-2} (-0.1%)
11	-2.141×10^{-2}	-2.023×10^{-2} (-5.5%)	-2.140×10^{-2} (0.0%)
12	-3.005×10^{-2}	-2.866×10^{-2} (-4.6%)	-3.005×10^{-2} (0.0%)

铁摩辛柯梁模型的端部位移中与剪切相关的量为 $w_{\text{s}} = -\dfrac{E_{11}pb}{2}n^2l^2$，与弯曲相关的量为 $w_{\text{E}} = -\dfrac{S_{22}pb}{8}n^4l^4$，定义两者比值系数 $r = \dfrac{w_{\text{s}}}{w_{\text{E}}} = \dfrac{4E_{11}}{S_{22}}\dfrac{1}{n^2l^2} \approx \dfrac{7.0}{n^2}$。该式说明，随着 n 的增大，剪切变形的影响降低。当 $n > 4$ 后铁摩辛柯梁的预测误差小于 2%，因此可以用 w_{T} 来近似替代周期梁位移值，并利用参数 r 来预测欧拉–伯努利梁结果误差小于 5% 的梁长，即 $\dfrac{w_{\text{E}}}{w_{\text{E}} + w_{\text{s}}} \geqslant 0.95$，化简得 $n \geqslant 11.5$，n 为正整数，因此 $n \geqslant 12$，这与表 3.5 中的结论是一致的。

算例 2 为如图 3.11 所示的方形孔夹层梁单胞，单胞长度为 $l = 2\text{m}$，上下面

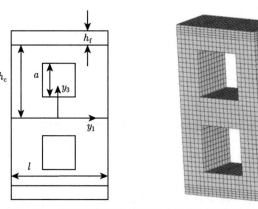

图 3.11　方形孔夹层梁单胞尺寸示意图及有限元模型

板厚度均为 $h_f = 0.2$m，中间芯层尺寸为 $h_c = 1.6$m, $a = 1.0$m。单胞沿 y_2 方向的宽度为 $b = 1$m。上、下面板的材料性质为 $E = 10$GPa, $\nu = 0.34$，中间芯层的材料性质为 $E = 3.5$GPa, $\nu = 0.34$。使用 20 节点六面体单元划分网格，共划分 6000 个单元。剪切中心与坐标系原点重合，单胞等效性质如表 3.6 所示。

表 3.6   方形孔夹层梁单胞等效性质

$D_{11}/$N	$D_{22}/$(N·m^2)	$D_{33}/$(N·m^2)	$D_{44}/$(N·m^2)	$K_{11}/$N	$K_{22}/$N
8.764×10^9	1.650×10^{10}	7.402×10^8	6.061×10^8	8.411×10^8	3.006×10^9

将单胞沿轴向延拓 n 次得到夹层梁，梁左侧固支，右侧同时作用沿 y 轴和 z 轴的均布剪力 $q_y = 10^4$Pa, $q_z = 10^4$Pa，如图 3.12 所示，进行有限元分析，计算右端面节点沿 y 轴和 z 轴的节点位移均值 v_{avg} 和 w_{avg}，作为等效均匀梁右端面位移 w 和 v 的比较基准。

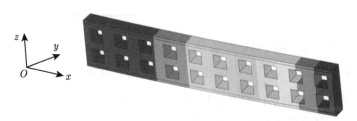

图 3.12   当 $n = 10$ 时夹层梁的位移云图

将均布剪力凝聚为集中剪力 $Q_{20} = Q_{30} = 3.6 \times 10^4$N，该算例的等效欧拉-伯努利梁和铁摩辛柯梁的沿 y, z 方向的位移 w_E, w_T, v_E, v_T 的解析表达式为

$$
\begin{aligned}
w_E &= -\frac{Q_{20}}{D_{22}}\frac{x^3}{6} + \frac{Q_{20}}{D_{22}}nl\frac{x^2}{2}, \quad w_T = \frac{Q_{20}}{K_{11}}x + w_E \\
v_E &= -\frac{Q_{30}}{D_{33}}\frac{x^3}{6} + \frac{Q_{30}}{D_{33}}nl\frac{x^2}{2}, \quad v_T = \frac{Q_{30}}{K_{22}}x + v_E
\end{aligned}
\tag{3.88}
$$

端部 $x = nl$ 处的位移为 $w_E = \dfrac{Q_{20}}{D_{22}}\dfrac{n^3l^3}{3}, w_T = \dfrac{Q_{20}}{K_{11}}nl + \dfrac{Q_{20}}{D_{22}}\dfrac{n^3l^3}{3}, v_E = \dfrac{Q_{30}}{D_{33}}\dfrac{n^3l^3}{3}$,

$v_T = \dfrac{Q_{30}}{K_{22}}nl + \dfrac{Q_{30}}{D_{33}}\dfrac{n^3l^3}{3}$。对比不同单胞延拓数量 n 下端部位移值，如表 3.7 所示。

表 3.7   夹层梁端部位移值比较

n	w_{avg}	w_E (误差)	w_T (误差)	v_{avg}	v_E (误差)	v_T (误差)
5	1.149×10^{-3}	7.272×10^{-4}	1.155×10^{-3}	1.614×10^{-2}	1.621×10^{-2}	1.633×10^{-2}
		(-37%)	(0.5%)		(0.4%)	(1.2%)

续表

n	w_{avg}	w_{E} (误差)	w_{T} (误差)	v_{avg}	v_{E} (误差)	v_{T} (误差)
6	1.760×10^{-3}	1.257×10^{-3} (-29%)	1.770×10^{-3} (0.6%)	2.787×10^{-2}	2.801×10^{-2} (0.5%)	2.816×10^{-2} (1.0%)
7	2.581×10^{-3}	1.995×10^{-3} (-23%)	2.595×10^{-3} (0.5%)	4.426×10^{-2}	4.449×10^{-2} (0.5%)	4.465×10^{-2} (0.9%)
8	3.646×10^{-3}	2.979×10^{-3} (-18%)	3.663×10^{-3} (0.5%)	6.607×10^{-2}	6.640×10^{-2} (0.5%)	6.659×10^{-2} (0.8%)
9	4.989×10^{-3}	4.241×10^{-3} (-15%)	5.012×10^{-3} (0.5%)	9.409×10^{-2}	9.455×10^{-2} (0.5%)	9.476×10^{-2} (0.7%)
10	6.646×10^{-3}	5.818×10^{-3} (-12%)	6.674×10^{-3} (0.4%)	1.291×10^{-2}	1.297×10^{-2} (0.5%)	1.299×10^{-2} (0.6%)
11	8.652×10^{-3}	7.743×10^{-3} (-11%)	8.685×10^{-3} (0.3%)	1.719×10^{-2}	1.726×10^{-2} (0.4%)	1.729×10^{-2} (0.6%)
16	2.513×10^{-2}	2.383×10^{-2} (-5.2%)	2.520×10^{-2} (0.3%)	5.295×10^{-2}	5.312×10^{-2} (0.3%)	5.316×10^{-2} (0.4%)
17	2.996×10^{-2}	2.858×10^{-2} (-4.6%)	3.004×10^{-2} (0.3%)	6.351×10^{-2}	6.372×10^{-2} (0.3%)	6.376×10^{-2} (0.4%)

该夹层梁在 xy 平面内的抗剪能力要强于其在 xz 平面内的抗剪能力，即 $\dfrac{K_{22}}{D_{33}} = 4.06 > 0.051 = \dfrac{K_{11}}{D_{22}}$，因此当 $n = 5$ 时，欧拉-伯努利梁模型对位移 v 的预测就已经十分准确了，但对于位移 w，$n = 17$ 时欧拉-伯努利梁模型的预测精度低于 5%。在考察的梁长范围内铁摩辛柯梁模型的预测精度都很高。对位移 w 定义比例系数 $r = \dfrac{3D_{22}}{K_{11}}\dfrac{1}{n^2 l^2} \approx \dfrac{14.7}{n^2}$，计算得到，使欧拉-伯努利梁模型预测的端部位移 w 的误差低于 5% 的最小沿单胞延拓次数 n 为 17，与表 3.7 中结果是一致的。

3.4.2   周期梁结构的应力预测

这里我们研究周期梁结构在外载荷作用下的应力响应预测。在周期梁结构的渐近均匀化方法中，即均匀化为欧拉-伯努利梁时应力一阶近似公式为

$$\boldsymbol{\sigma} = \varepsilon \bar{\boldsymbol{\sigma}}^1 + \kappa_2 \bar{\boldsymbol{\sigma}}^2 + \kappa_3 \bar{\boldsymbol{\sigma}}^3 + \kappa_1 \bar{\boldsymbol{\sigma}}^4 \tag{3.89}$$

其中，$\varepsilon, \kappa_2, \kappa_3, \kappa_1$ 对应于宏观均匀梁在外力作用下在对应点处的宏观应变，依赖于宏观坐标 $\boldsymbol{x}$；$\bar{\boldsymbol{\sigma}}^1, \bar{\boldsymbol{\sigma}}^2, \bar{\boldsymbol{\sigma}}^3, \bar{\boldsymbol{\sigma}}^4$ 为对应于单位宏观应变的微观单胞应力场，依赖于微观坐标 $\boldsymbol{y}$。宏观梁结构的本构方程为

$$\left\{ \begin{array}{c} \varepsilon \\ \kappa_2 \\ \kappa_3 \\ \kappa_1 \end{array} \right\} = \left[\begin{array}{cccc} S_{11} & S_{12} & S_{13} & S_{14} \\ S_{12} & S_{22} & S_{23} & S_{24} \\ S_{13} & S_{23} & S_{33} & S_{34} \\ S_{14} & S_{24} & S_{34} & S_{44} \end{array} \right] \left\{ \begin{array}{c} N \\ M_2 \\ M_3 \\ T \end{array} \right\} \tag{3.90}$$

将 (3.90) 式代入 (3.89) 式,可以得到等价的应力一阶近似公式为

$$\boldsymbol{\sigma} = N\bar{\bar{\boldsymbol{\sigma}}}^1 + M_2\bar{\bar{\boldsymbol{\sigma}}}^2 + M_3\bar{\bar{\boldsymbol{\sigma}}}^3 + T\bar{\bar{\boldsymbol{\sigma}}}^4 \tag{3.91}$$

其中,$\bar{\bar{\boldsymbol{\sigma}}}^1, \bar{\bar{\boldsymbol{\sigma}}}^2, \bar{\bar{\boldsymbol{\sigma}}}^3, \bar{\bar{\boldsymbol{\sigma}}}^4$ 满足 $\left\{\begin{array}{c} \bar{\bar{\boldsymbol{\sigma}}}^1 \\ \bar{\bar{\boldsymbol{\sigma}}}^2 \\ \bar{\bar{\boldsymbol{\sigma}}}^3 \\ \bar{\bar{\boldsymbol{\sigma}}}^4 \end{array}\right\} = \left[\begin{array}{cccc} S_{11} & S_{12} & S_{13} & S_{14} \\ S_{12} & S_{22} & S_{23} & S_{24} \\ S_{13} & S_{23} & S_{33} & S_{34} \\ S_{14} & S_{24} & S_{34} & S_{44} \end{array}\right] \left\{\begin{array}{c} \bar{\bar{\boldsymbol{\sigma}}}^1 \\ \bar{\bar{\boldsymbol{\sigma}}}^2 \\ \bar{\bar{\boldsymbol{\sigma}}}^3 \\ \bar{\bar{\boldsymbol{\sigma}}}^4 \end{array}\right\}$,分别表示对应于单位宏观内力 N, M_2, M_3, T 的微观应力场。

在渐近均匀化方法中,认为微单胞是趋于无限小的,宏观结构每一点都具有微观结构。但在实际结构分析中,具有周期微结构的梁结构是由有限个有限尺寸的单胞构成的,一个微观单胞不再对应于宏观结构的一个点。我们可以近似地选取宏观结构在对应于该单胞中点处的宏观应变或内力来表示宏观梁在该单胞处的变形,代入 (3.89) 式或 (3.91) 式,得到应力响应估计。

以一个由 7 个单胞周期延拓的梁结构为例,如图 3.13 所示,左端固支,右端作用有分布力载荷。单胞长度为 l,则整个梁长为 $7l$。

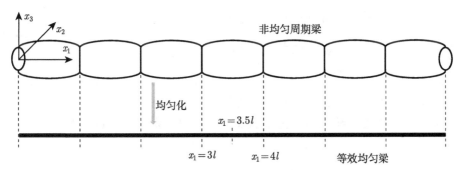

图 3.13 由 7 个微单胞组成的周期梁等效为均匀梁示意图

设原结构等效为均匀梁后,端部的分布载荷等效为作用于均匀梁右端的集中载荷为 $N = N_0, M_2 = M_{20}, M_3 = M_{30}, T = T_0, Q_2 = Q_{20}, Q_3 = Q_{30}$,铁摩辛柯梁与欧拉–伯努利梁的内力均为

$$
\begin{aligned}
Q_2 &= Q_{20}, \quad Q_3 = Q_{30}, \quad T = T_0, \quad N = N_0 \\
M_2 &= Q_{20}(x_1 - 7l) + M_{20}, \quad M_3 = Q_{30}(x_1 - 7l) + M_{30}
\end{aligned} \tag{3.92}
$$

假设需要对中间第四个单胞的应力作出预测,我们将该单胞中点坐标 $x_1 = 3.5l$ 代入上式,并且根据 (3.91) 式提取需要的内力:

$$T = T_0, \quad N = N_0, \quad M_2 = -3.5Q_{20}l + M_{20}, \quad M_3 = -3.5Q_{30}l + M_{30} \tag{3.93}$$

将上式代入 (3.91) 式，得到使用渐近均匀化方法，即均匀化为欧拉–伯努利梁时对中间第四个单胞的应力预测为

$$\boldsymbol{\sigma} = N_0 \bar{\bar{\boldsymbol{\sigma}}}^1 + (-3.5Q_{20}l + M_{20})\,\bar{\bar{\boldsymbol{\sigma}}}^2 + (-3.5Q_{30}l + M_{30})\,\bar{\bar{\boldsymbol{\sigma}}}^3 + T_0\bar{\bar{\boldsymbol{\sigma}}}^4 \qquad (3.94)$$

可以发现，(3.92) 式除了包含 (3.93) 式中的内力外，还包含线性弯矩及与之平衡的常剪力项 (即纯剪切状态):

$$\begin{aligned} M_2 &= Q_{20}\,(x_1 - 3.5l)\,, \quad Q_2 = Q_{20} \\ M_3 &= Q_{30}\,(x_1 - 3.5l)\,, \quad Q_3 = Q_{30} \end{aligned} \qquad (3.95)$$

上式中的宏观内力分布在渐近均匀化方法中没有微观单胞应力状态与之对应。但在新方法中，即均匀化为铁摩辛柯梁时，单胞纯剪切应力状态与 (3.95) 式所对应。宏观内力 $M_2 = \dfrac{x_1}{l}, Q_2 = \dfrac{1}{l}$ 对应于微观单胞应力场 $\bar{\boldsymbol{\sigma}}^{*s2}$，宏观内力 $M_3 = \dfrac{x_1}{l}, Q_3 = \dfrac{1}{l}$ 对应于微观单胞应力场 $\bar{\boldsymbol{\sigma}}^{*s3}$。因此，在考虑剪切校正后对中间第三个单胞的应力预测公式为

$$\begin{aligned} \boldsymbol{\sigma} = {} & N_0\bar{\bar{\boldsymbol{\sigma}}}^1 + (-3.5Q_{20}l + M_{20})\,\bar{\bar{\boldsymbol{\sigma}}}^2 + (-3.5Q_{30}l + M_{30})\,\bar{\bar{\boldsymbol{\sigma}}}^3 \\ & + T_0\bar{\bar{\boldsymbol{\sigma}}}^4 + Q_{20}l\bar{\boldsymbol{\sigma}}^{*s2} + Q_{30}l\bar{\boldsymbol{\sigma}}^{*s3} \end{aligned} \qquad (3.96)$$

从上面的分析可以看出，上文中提出的新方法，即均匀化为铁摩辛柯梁时，对周期梁结构的应力预测是在渐近均匀化方法的基础上增加了对纯剪切内力状态的校正项。综上所述，渐近均匀化方法及新方法对周期梁结构应力预测流程图如图 3.14 所示。

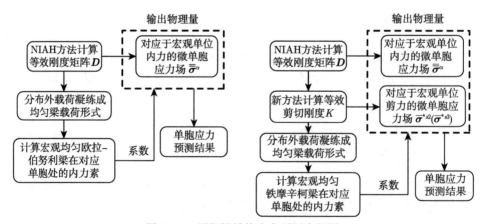

图 3.14   周期梁结构应力预测流程图

算例为如图 3.15 所示的转动叶片结构，截面尺寸参数为 $t_1 = 0.012\mathrm{m}$, $t_2 = 0.012\mathrm{m}$, $t_3 = 0.008\mathrm{m}$, $a_1 = 0.044\mathrm{m}$, $b_1 = 0.21\mathrm{m}$, $l_1 = 0.4\mathrm{m}$, $b_2 = b_1 + t_1 = 0.222\mathrm{m}$, $a_2 = a_1 + t_1 = 0.056\mathrm{m}$。单胞沿 y_1 方向的长度为 $l = 0.1\mathrm{m}$。左侧翼的内表面与外表面都是 1/2 椭圆，椭圆方程为

$$\frac{(y_2 - b_2)^2}{b_1^2} + \frac{y_3^2}{a_1^2} = 1, \quad \frac{(y_2 - b_2)^2}{b_2^2} + \frac{y_3^2}{a_2^2} = 1 \tag{3.97}$$

图中三条线段的表达式为

$$\begin{aligned} z_1 &= a_1 \sqrt{1 - \frac{(y_2 - b_2)^2}{b_1^2}}, \quad y_2 \in [t_1, b_2] \\ z_2 &= a_2 \sqrt{1 - \frac{(y_2 - b_2)^2}{b_2^2}}, \quad y_2 \in [0, b_2] \\ z_3 &= -\frac{a_2}{l_1} y_2 + \frac{a_2(b_2 + t_2 + l_1)}{l_1}, \quad y_2 \in [b_2 + t_2, b_2 + t_2 + l_1] \end{aligned} \tag{3.98}$$

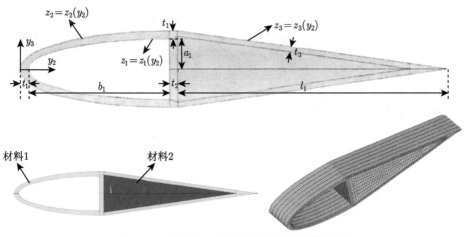

图 3.15 转动叶片结构断面图及有限元模型

单胞由两种材料构成，第一种材料性质为 $E = 72.4\mathrm{GPa}$, $\nu = 0.3$, 第二种材料性质为 $E = 2.76\mathrm{GPa}$, $\nu = 0.22$。单胞截面使用四边形及三角形单元划分网格，沿 y_1 方向拉伸得到单胞三维有限元模型，共 6168 个单元，如图 3.15 右下图所示。计算单胞的剪切中心在 $y_2 y_3$ 平面内的坐标为 (0.2313, 0)，在剪切中心处单胞的等效刚度矩阵 $\boldsymbol{D}$ 和 $\boldsymbol{K}$ 的系数如表 3.8 所示。

表 3.8　转动叶片结构等效刚度

D_{11}/N	$D_{13}/(\mathrm{N \cdot m})$	$D_{22}/(\mathrm{N \cdot m^2})$	$D_{33}/(\mathrm{N \cdot m^2})$	$D_{44}/(\mathrm{N \cdot m^2})$	K_{11}/N	K_{22}/N
9.399×10^8	4.400×10^7	1.112×10^6	2.800×10^7	1.416×10^6	5.750×10^7	2.745×10^8

将结构断面沿 x 方向拉伸 4.1m 得到图 3.16 所示的悬臂梁, 右端作用沿 z 方向的均布剪力 $q_z = 0.34773\mathrm{MPa}$, 进行静力分析, 提取梁中间截面 $x = 3.65\mathrm{m}$ 处三条线段上的节点应力 σ_x, τ_{xy}, τ_{xz}, 以这些应力值作为基准, 与渐近均匀化方法及考虑剪切的新方法的应力预测值进行比较。

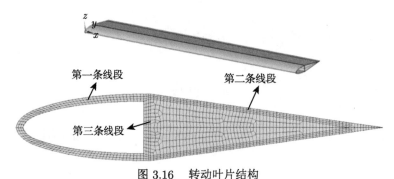

图 3.16　转动叶片结构

下面计算等效均匀梁右端集中载荷, 将右端均布载荷 q_z 等效为集中载荷 Q_{20} 和 T_0。端部剪力 Q_{20} 及关于剪切中心的扭矩 T_0 计算公式为

$$
\begin{aligned}
Q_{20} &= \int_A q \mathrm{d}A \\
&= 2\int_0^{b_2} q z_2 \mathrm{d}y_2 - 2\int_{t_1}^{b_2} q z_1 \mathrm{d}y_2 + 2q t_2 a_2 + 2\int_{b_2+t_2}^{b_2+t_2+l_1} q z_3 \mathrm{d}y_2 = 10^4\mathrm{N} \\
T_0 &= \int_A q\left(y_2 - y_0\right)\mathrm{d}A \\
&= 2\int_0^{b_2} q z_2\left(y_2 - y_0\right)\mathrm{d}y_2 - 2\int_{t_1}^{b_2} q z_1\left(y_2 - y_0\right)\mathrm{d}y_2 \\
&\quad + 2\int_{b_2}^{b_2+t_2} q a_2\left(y_2 - y_0\right)\mathrm{d}y_2 + 2\int_{b_2+t_2}^{b_2+t_2+l_1} q z_3\left(y_2 - y_0\right)\mathrm{d}y_2 \\
&= 8.52 \times 10^2\mathrm{N \cdot m}
\end{aligned}
$$

(3.99)

其他的集中载荷 N_0, Q_{30}, M_{20}, M_{30} 均为零。梁中面处的内力为

$$N = 0, \quad M_2 = -2.05 \times 10^4 \text{N} \cdot \text{m}, \quad Q_{20} = 10^4 \text{N},$$

$$M_3 = 0, \quad Q_{30} = 0, \quad T = 8.52 \times 10^2 \text{N} \cdot \text{m}$$

(3.100)

分别参照 (3.91) 式和 (3.96) 式计算应力的预测值, 并与原结构应力进行比较, 如图 3.17 所示。

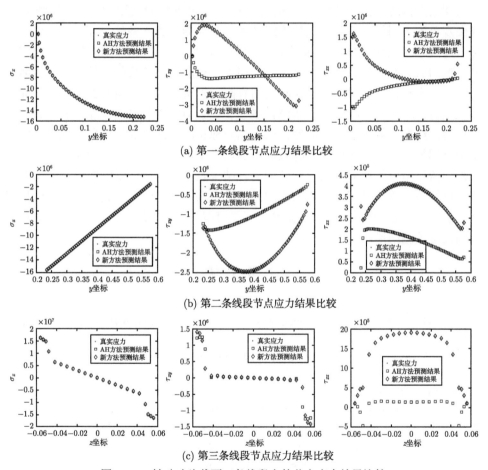

(a) 第一条线段节点应力结果比较

(b) 第二条线段节点应力结果比较

(c) 第三条线段节点应力结果比较

图 3.17 转动叶片截面三条线段上的节点应力结果比较

从图 3.17 可以看出, 对于正应力 σ_x, 三者的结果是一致的, 但对于横向剪应力 τ_{xy}, τ_{xz}, 铁摩辛柯梁模型的预测结果要远优于不考虑剪切变形的欧拉–伯努利梁模型 (渐近均匀化方法) 的预测结果, 后者与真实值相差很大, 甚至无法真实反映应力值的变化趋势, 而考虑剪切变形的新方法的预测结果则与真实结果吻合得很好。算例中虽然剪切应力最值比正应力最值较小 (前者大约是后者的 20%),

但在复合材料结构中，剪切应力是引起复合材料层间破坏的主要应力，因此对剪应力的准确预测具有十分重要的意义。

3.5　本 章 小 结

本章提出了周期梁结构等效剪切刚度的基于有限元的通用预测方法。该方法在宏观梁上构造与待求剪切刚度相关的应变场，并计算应变能与剪切刚度的关系；在微观单胞上利用单胞交界面的连续性条件导出周期边界条件，并与外力为零条件一起推导了求解微单胞纯剪切状态所需的控制方程，在此基础上建立了与宏观梁一致的微单胞应力应变状态。最后利用宏微观应变能等价的条件来求解等效剪切刚度。本章推导了梁等效剪切刚度的有限元求解列式，并将其在通用有限元软件上数值实现。该方法继承了 NIAH 的优点，以有限元软件为黑箱，利用有限元软件输出结果计算等效剪切刚度，简单高效地预测周期梁的等效剪切性质，将非均匀周期板结构均匀化为具有等效性质的铁摩辛柯梁。本章进一步对周期夹层板在外载荷作用下的位移响应进行了预测。结果表明，考虑剪切的铁摩辛柯梁模型可以更好地预测原具有周期微结构的三维梁结构的挠度值，尤其当周期梁结构尺寸较小，剪切变形无法忽略时，铁摩辛柯梁模型可以获得远优于欧拉–伯努利梁模型的位移预测结果。

参 考 文 献

[1] Xu L, Cheng G D, Yi S N. A new method of shear stiffness prediction of periodic Timoshenko beams[J]. Mechanics of Advanced Materials and Structures, 2016, 23(6): 670-680.

[2] 徐亮, 周期梁板结构等效剪切刚度预测及双尺度并发拓扑优化设计 [D]. 大连: 大连理工大学, 2018.

[3] Renton J D. Generalized beam theory applied to shear stiffness[J]. International Journal of Solids and Structures, 1991, 27(15): 1955-1967.

[4] Hodges D H. Nonlinear Composite Beam Theory[M]. Reston, VA: AIAA, 2005.

[5] Leekitwattana M, Boyd S W, Shenoi R A. Evaluation of the transverse shear stiffness of a steel bi-directional corrugated-strip-core sandwich beam[J]. Journal of Constructional Steel Research, 2011, 67(2): 248-254.

第 4 章　周期板结构等效剪切刚度预测方法及数值求解

周期板结构是工业生产及生活中经常使用到的一类工程结构，例如夹层板、加肋板以及复合材料层合板等。在受到横向外载荷时，其剪切变形往往不可忽略，对其均匀化时需要考虑剪切变形的影响。对于结构比较简单的单胞，可以根据刚度的定义，解析或半解析计算剪切刚度。对于构型复杂的单胞，则无法直接计算剪切刚度，不同的学者提出了不同的理论方法来预测板的等效剪切刚度。但这些方法往往都比较复杂、缺乏力学直观且难以在有限元软件上实现，需要大量的编程工作。本章希望给出一种具有清晰的力学直观且数值实现相对简单的周期板等效剪切刚度预测方法。

本章首先回顾周期板结构的 NIAH，随后从力学直观上对板的 NIAH 提出新的诠释，在此基础上，进一步提出周期板结构等效剪切刚度的预测方法 [1]。该方法从宏观上构造与剪切刚度相关的应力–应变状态，求解剪切刚度与应变能的关系式；微观上首先构造与宏观状态相关的微观单胞位移场，然后通过外力为零和周期边界位移及面力的连续性条件来构造叠加位移场，在微观单胞上构造与宏观纯剪切状态相对应的应力–应变状态。最后通过宏微观应变能等价来求解等效剪切刚度。随后给出等效剪切刚度的有限元求解列式及其有限元数值实现方法。该方法以有限元软件为黑箱，利用有限元分析输出的节点物理量计算等效剪切刚度，保留了 NIAH 可以在商用有限元软件上实现这一优点，可以简单快速地预测周期板的等效剪切性质。最后使用该方法对周期板结构的位移响应进行预测，并与传统渐近均匀化 (AH) 方法结果进行比较。

本章各节内容如下：4.1 节给出 NIAH 的物理意义；4.2 节给出板剪切刚度的新预测方法；4.3 节给出新求解算法的有限元实现步骤及数值算例；4.4 节给出周期板在外力作用下的位移响应预测；4.5 节对本章进行总结。

4.1　周期板结构 NIAH 的物理意义

本节从力学直观角度对周期板 NIAH 进行诠释。该诠释通过将宏观均匀板元与微观单胞受力状态进行对比，在微单胞上构造与宏观板一致的应力–应变状态，利用宏微观应变能等价求解等效性质。

设图 4.1 中的非均匀周期板均匀化后得到具有等效刚度的均匀基尔霍夫板，等效板的本构方程为

$$
\left\{
\begin{array}{c}
N_{11} \\
N_{22} \\
N_{12} \\
M_{11} \\
M_{22} \\
M_{12}
\end{array}
\right\}
=
\left[
\begin{array}{cccccc}
D_{11} & D_{12} & D_{13} & D_{14} & D_{15} & D_{16} \\
D_{12} & D_{22} & D_{23} & D_{24} & D_{25} & D_{26} \\
D_{13} & D_{23} & D_{33} & D_{34} & D_{35} & D_{36} \\
D_{14} & D_{24} & D_{34} & D_{44} & D_{45} & D_{46} \\
D_{15} & D_{25} & D_{35} & D_{45} & D_{55} & D_{56} \\
D_{16} & D_{26} & D_{36} & D_{46} & D_{56} & D_{66}
\end{array}
\right]
\left\{
\begin{array}{c}
\varepsilon_{11} \\
\varepsilon_{22} \\
\gamma_{12} \\
\kappa_{11} \\
\kappa_{22} \\
\kappa_{12}
\end{array}
\right\}
\tag{4.1}
$$

其中，N_{11}, N_{22} 分别表示 x_1, x_2 方向的面力；N_{12} 表示面内剪力；M_{11}, M_{22} 分别表示 x_1, x_2 方向的弯矩；M_{12} 表示扭矩；ε_{11}, ε_{22} 分别表示沿 x_1, x_2 方向的应变；γ_{12} 表示剪应变；κ_{11}, κ_{22} 分别表示 x_1, x_2 方向的曲率；κ_{12} 表示扭率。

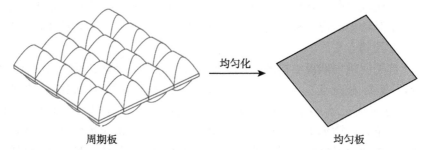

均匀化

周期板　　　　　均匀板

图 4.1　非均匀周期板均匀化为具有等效性质的均匀板

均匀板的几何方程为

$$
\varepsilon_{11} = \frac{\partial u(x_1, x_2)}{\partial x_1}, \quad \varepsilon_{22} = \frac{\partial v(x_1, x_2)}{\partial x_2}, \quad \gamma_{12} = \frac{\partial u(x_1, x_2)}{\partial x_2} + \frac{\partial v(x_1, x_2)}{\partial x_1}
$$
$$
\kappa_{11} = -\frac{\partial^2 w(x_1, x_2)}{\partial x_1^2}, \quad \kappa_{22} = -\frac{\partial^2 w(x_1, x_2)}{\partial x_2^2}, \quad \kappa_{12} = -2\frac{\partial^2 w(x_1, x_2)}{\partial x_1 \partial x_2}
\tag{4.2}
$$

其中，u, v, w 分别表示板中面上的点沿 x_1, x_2 和 x_3 方向的位移。板的平衡方程为

$$
\frac{\partial N_{11}}{\partial x_1} + \frac{\partial N_{12}}{\partial x_2} + f_1 = 0, \quad \frac{\partial N_{12}}{\partial x_1} + \frac{\partial N_{22}}{\partial x_2} + f_2 = 0
$$
$$
\frac{\partial M_{11}}{\partial x_1} + \frac{\partial M_{12}}{\partial x_2} = Q_1, \quad \frac{\partial M_{12}}{\partial x_1} + \frac{\partial M_{22}}{\partial x_2} = Q_2, \quad \frac{\partial Q_1}{\partial x_1} + \frac{\partial Q_2}{\partial x_2} + f_3 = 0
\tag{4.3}
$$

其中，f_1, f_2, f_3 分别表示沿 x_1, x_2, x_3 方向的分布力；Q_1, Q_2 为剪力。

如果需要求解均匀板的等效性质，比如弯曲刚度 D_{44}，则我们考虑板处于单位曲率 κ_{11} 下的应变状态：

$$\varepsilon_{11} = \varepsilon_{22} = \gamma_{12} = 0$$
$$\kappa_{11} = 1, \quad \kappa_{22} = \kappa_{12} = 0 \tag{4.4}$$

将 (4.4) 式代入本构方程 (4.1) 式得到内力, 并将其代入平衡方程 (4.3) 式得到板的外力:

$$N_{11} = D_{14}, \quad N_{22} = D_{24}, \quad N_{12} = D_{34}, \quad M_{11} = D_{44}, \quad M_{22} = D_{45}, \quad M_{12} = D_{46}$$
$$f_1 = f_2 = f_3 = 0 \tag{4.5}$$

取出尺寸为 $L_1 \times L_2$ 的板元, 计算其处于上式变形状态的应变能为

$$E = \frac{1}{2} \int (N_{11}\varepsilon_{11} + N_{22}\varepsilon_{22} + N_{12}\gamma_{12} + M_{11}\kappa_{11} + M_{22}\kappa_{22} + M_{12}\kappa_{12}) \, \mathrm{d}A$$
$$= \frac{L_1 L_2 D_{44}}{2} \tag{4.6}$$

如果可以求得上式中的应变能 E, 就可以得到等效刚度 D_{44}, 应变能由微单胞分析得到。需要注意的是, 由 (4.5) 式可知, 宏观均匀板在单位曲率 κ_{11} 下的外载荷为零, 该条件会在构造与宏观板状态相一致的微单胞应力–应变状态中使用到。

下面我们通过微单胞分析求解应变能 E, 具体做法为首先将宏观 $L_1 \times L_2$ 的板元替换成面内尺寸为 $l_1 \times l_2$ 的微单胞, 其坐标系为 $Oy_1y_2y_3$。

为求解等效刚度 D_{44}, 首先将对应于 (4.4) 式的应变场 $\boldsymbol{\chi}^4$ (见 2.2 节) 施加到单胞上, 对应于 NIAH 中的第一步即为对单胞施加单位曲率 κ_{11}。

将位移场 $\boldsymbol{\chi}^4$ 作用到单胞后, 计算出该位移场对应的体力 $_Y\boldsymbol{f}^4$ 以及非周期边界上的面力 $_S\boldsymbol{f}^4$。(4.5) 式中宏观均匀梁段的外力为零, 因此对应的微观单胞的外力也应当为零。需要在此位移场基础上叠加一个状态, 使得 (4.5) 式中外力为零的条件在微单胞上得到满足, 即叠加后的单胞体力和非周期边界上的面力为零。除此以外, 叠加后相邻单胞还应该满足连续性条件, 即相邻微单胞在交界面 (即周期边界) 上位移、面力连续。

设叠加的位移场为 $\tilde{\boldsymbol{\chi}}^4$, 则外力为零的条件为

$$\begin{cases} \dfrac{\partial}{\partial y_i} \left(c_{ijkl} \dfrac{\partial \tilde{\chi}_k^4}{\partial y_l} \right) = {}_Y f_i^4, & \text{在 } Y \text{ 中} \\[3mm] \left. \left(c_{ijkl} \dfrac{\partial \tilde{\chi}_k^4}{\partial y_l} \right) n_j \right|_S = -{}_S f_i^4, & \text{在 } S \text{ 上} \end{cases} \tag{4.7}$$

下面推导交界面连续性条件。在原单胞的右侧延拓一个单胞, 如图 4.2 所示, 考察两者交界面 $\omega_{1\pm}$ 上的连续性条件。将位移场 $\boldsymbol{\chi}^4$ 同时作用到两个单胞上, 右

侧单胞的位移场在其局部坐标系下为

$$\chi^4 = \left\{ \begin{array}{c} y_3 y_1 \\ 0 \\ -y_1^2/2 \end{array} \right\} = \left\{ \begin{array}{c} y_3' y_1' \\ 0 \\ -y_1'^2/2 \end{array} \right\} + \left\{ \begin{array}{c} l_1 y_3' \\ 0 \\ -l_1 y_1' \end{array} \right\} + \left\{ \begin{array}{c} 0 \\ 0 \\ -l_1^2/2 \end{array} \right\} \tag{4.8}$$

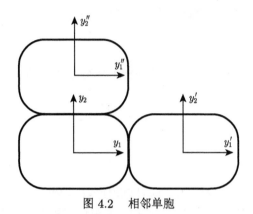

图 4.2　相邻单胞

其中，$O' y_1' y_2' y_3'$ 是右侧单胞的局部坐标系，由坐标系 $O y_1 y_2 y_3$ 向右平移长度 l_1 得到。从 (4.8) 式右端的三项可见，右侧单胞的变形主要分为三个部分：与原单胞一致的弯曲变形、关于 y_2 轴的刚体转动，以及沿 y_3 轴的刚体平移。由于后两项仅仅表示刚体位移，所以两个单胞处于相同的变形状态，在考虑连续性条件时，需要对两个单胞同时叠加位移场 $\tilde{\tilde{\chi}}^4$。两个单胞交界面处的连续性条件可以写成

$$\begin{aligned} & \left. (f_i^4)_{\text{left}} \right|_{y_1 = \frac{1}{2}} + \omega_{1+} \tilde{\tilde{f}}_i^4 = - \left[\left. (f_i^4)_{\text{right}} \right|_{y_1' = -\frac{1}{2}} + \omega_{1-} \tilde{\tilde{f}}_i^4 \right] \\ & \left. (\chi_i^2)_{\text{left}} \right|_{y_1 = \frac{1}{2}} + \left. \tilde{\chi}_i^2 \right|_{\omega_{1+}} = \left. (\chi_i^2)_{\text{right}} \right|_{y_1' = -\frac{1}{2}} + \left. \tilde{\chi}_i^2 \right|_{\omega_{1-}} \end{aligned} \tag{4.9}$$

其中，下标 left 和 right 分别表示左侧单胞和右侧单胞；$\omega_{1+} \tilde{\tilde{f}}_i^4$, $\omega_{1-} \tilde{\tilde{f}}_i^4$ 表示在位移场 $\tilde{\tilde{\chi}}^4$ 下周期边界 ω_{1+} 和 ω_{1-} 上的面力。由于位移场 χ^4 满足位移及面力连续性条件，将等式 $\left. (f_i^4)_{\text{left}} \right|_{y_1 = \frac{1}{2}} = - \left. (f_i^4)_{\text{right}} \right|_{y_1' = -\frac{1}{2}}$, $\left. (\chi_i^4)_{\text{left}} \right|_{y_1 = \frac{1}{2}} = \left. (\chi_i^4)_{\text{right}} \right|_{y_1' = -\frac{1}{2}}$ 代入上式化简得到 $\tilde{\tilde{\chi}}^4$ 在左侧单胞的 $\omega_{1\pm}$ 边界上应该满足的面力和位移连续性条件：

$$\begin{aligned} & \left. \left(c_{ijkl} \frac{\partial \tilde{\tilde{\chi}}_k^4}{\partial y_l} \right) n_j \right|_{\omega_{1+}} = - \left. \left(c_{ijkl} \frac{\partial \tilde{\tilde{\chi}}_k^4}{\partial y_l} \right) n_j \right|_{\omega_{1-}}, \quad \text{在 } \omega_{1\pm} \text{ 上} \\ & \left. \tilde{\tilde{\chi}}_k^4 \right|_{\omega_{1+}} = \left. \tilde{\tilde{\chi}}_k^4 \right|_{\omega_{1-}}, \qquad\qquad\qquad\qquad\quad \text{在 } \omega_{1\pm} \text{ 上} \end{aligned} \tag{4.10}$$

类似地可以得到 $\tilde{\chi}^4$ 在右侧单胞的 $\omega_{2\pm}$ 边界上应该满足的面力和位移的连续性条件:

$$
\begin{aligned}
\left(c_{ijkl}\frac{\partial \tilde{\chi}_k^4}{\partial y_l}\right)n_j\Bigg|_{\omega_{2+}} &= -\left(c_{ijkl}\frac{\partial \tilde{\chi}_k^4}{\partial y_l}\right)n_j\Bigg|_{\omega_{2-}}, && \text{在 } \omega_{2\pm} \text{ 上} \\
\tilde{\chi}_k^4\big|_{\omega_{2+}} &= \tilde{\chi}_k^4\big|_{\omega_{2-}}, && \text{在 } \omega_{2\pm} \text{ 上}
\end{aligned} \tag{4.11}
$$

对比 (4.11) 式、(4.10) 式以及单胞方程周期边界条件可知, 周期边界上的连续性条件本质上是单胞方程的周期边界条件。将 (4.11) 式、(4.10) 式与 (4.7) 式联立得到叠加的位移场 $\tilde{\chi}^4$ 的控制方程:

$$
\begin{aligned}
&\frac{\partial}{\partial y_i}\left(c_{ijkl}\frac{\partial \tilde{\chi}_k^4}{\partial y_l}\right) = {}_Y f_i^4, && \text{在 } Y \text{ 中} \\
&\left(c_{ijkl}\frac{\partial \tilde{\chi}_k^4}{\partial y_l}\right)n_j\Bigg|_S = -{}_S f_i^4, && \text{在 } S \text{ 上} \\
&\left(c_{ijkl}\frac{\partial \tilde{\chi}_k^4}{\partial y_l}\right)n_j\Bigg|_{\omega_{1+}} = -\left(c_{ijkl}\frac{\partial \tilde{\chi}_k^4}{\partial y_l}\right)n_j\Bigg|_{\omega_{1-}}, \quad \tilde{\chi}_k^4\big|_{\omega_{1+}} = \tilde{\chi}_k^4\big|_{\omega_{1-}}, && \text{在 } \omega_{1\pm} \text{ 上} \\
&\left(c_{ijkl}\frac{\partial \tilde{\chi}_k^4}{\partial y_l}\right)n_j\Bigg|_{\omega_{2+}} = -\left(c_{ijkl}\frac{\partial \tilde{\chi}_k^4}{\partial y_l}\right)n_j\Bigg|_{\omega_{2-}}, \quad \tilde{\chi}_k^4\big|_{\omega_{2+}} = \tilde{\chi}_k^4\big|_{\omega_{2-}}, && \text{在 } \omega_{2\pm} \text{ 上}
\end{aligned} \tag{4.12}
$$

易知叠加位移场 $\tilde{\chi}^4$ 的控制方程与周期板的单胞方程一致。因此, NIAH 的第二步可以认为是对初始单位曲率 κ_{11} 应变状态在满足外力为零以及交界面连续性条件下的修正。

将位移场 $\tilde{\chi}^4$ 叠加到初始对应于单位曲率 κ_{11} 的位移场 χ^4 上, 得到对应于宏观应变状态 (4.4) 式的单胞应力–应变状态。计算单胞的应变能为

$$
\begin{aligned}
E &= \frac{1}{2}\int_Y \left(\varepsilon_{ij}^4 + \tilde{\varepsilon}_{ij}^4\right)c_{ijkl}\left(\varepsilon_{kl}^4 + \tilde{\varepsilon}_{kl}^4\right)\mathrm{d}\Omega \\
\tilde{\varepsilon}_{ij}^4 &= \frac{1}{2}\left(\tilde{\chi}_{i,j}^4 + \tilde{\chi}_{j,i}^4\right)
\end{aligned} \tag{4.13}
$$

将 (4.13) 式代入 (4.6) 式, 并将 L_1 替换为 l_1, 将 L_2 替换为 l_2 得

$$
D_{44} = \frac{1}{l_1 l_2}\int_Y \left(\varepsilon_{ij}^4 + \tilde{\varepsilon}_{ij}^4\right)c_{ijkl}\left(\varepsilon_{kl}^4 + \tilde{\varepsilon}_{kl}^4\right)\mathrm{d}\Omega \tag{4.14}
$$

上式与 NIAH 计算等效刚度 D_{44} 的表达式是一致的。因此, NIAH 第三步可以认为是按照宏微观应变能等价计算等效性质。

通过上文分析，我们从力学直观上给出周期板结构 NIAH 的新诠释。

第一步，在宏观等效板上构造与待求等效刚度相关的应变场，求解等效刚度与应变能的关系式。

第二步，将与第一步中应变场等价的位移场施加到微单胞上，得到体力以及非周期边界上的面力；利用外力为零以及周期边界位移及面力连续条件来求解一个需要叠加的位移场，将前两步的位移场进行叠加，得到的位移场是与宏观相一致的微单胞应力–应变状态。

第三步，利用宏微观应变能等价来计算周期板结构的等效性质。

4.2 周期板结构等效剪切刚度预测方法

渐近均匀化方法将周期板结构等效为基尔霍夫板，对于薄板，弯曲是主要的变形形式，等效的基尔霍夫板模型可以准确地预测周期板在外载荷下的力学响应。但是中厚板在受到横向外载荷作用时，横向剪切变形不可忽略，将周期板结构等效为基尔霍夫板不再满足实际需要，如何将周期板结构等效为均匀的赖斯纳–明德林板，预测其等效剪切性质就变得十分迫切。本节假设周期板结构可以均匀化为具有等效性质的均匀赖斯纳–明德林板模型，并类比 4.1 节 NIAH 的新诠释，提出预测周期板结构的等效剪切刚度的方法。

4.2.1 线性曲率 κ_{11} 对应的纯剪切状态

这里类比 NIAH 新诠释求解单胞线性曲率 κ_{11} 下的纯剪切状态，与 NIAH 施加单位广义应变相对应的位移场类似，首先构造与线性曲率相关的应变场。

方便起见，假设等效赖斯纳–明德林板满足如下本构方程：

$$\left\{\begin{array}{c} N_{11} \\ N_{22} \\ N_{12} \\ M_{11} \\ M_{22} \\ M_{12} \end{array}\right\} = \left[\begin{array}{cccccc} A_{11} & A_{12} & A_{13} & B_{11} & B_{12} & B_{13} \\ A_{12} & A_{22} & A_{23} & B_{21} & B_{22} & B_{23} \\ A_{13} & A_{23} & A_{33} & B_{31} & B_{32} & B_{33} \\ B_{11} & B_{21} & B_{31} & D_{11} & D_{12} & D_{13} \\ B_{12} & B_{22} & B_{32} & D_{12} & D_{22} & D_{23} \\ B_{13} & B_{23} & B_{33} & D_{13} & D_{23} & D_{33} \end{array}\right] \left\{\begin{array}{c} \varepsilon_{11} \\ \varepsilon_{22} \\ \gamma_{12} \\ \kappa_{11} \\ \kappa_{22} \\ \kappa_{12} \end{array}\right\}, \tag{4.15}$$

$$\left\{\begin{array}{c} Q_{13} \\ Q_{23} \end{array}\right\} = \left[\begin{array}{cc} K_{11} & 0 \\ 0 & K_{22} \end{array}\right] \left\{\begin{array}{c} \gamma_{13} \\ \gamma_{23} \end{array}\right\}$$

将上式写成矩阵的形式为

$$\left\{\begin{array}{c} N \\ M \end{array}\right\} = \left[\begin{array}{cc} A & B \\ B^{\mathrm{T}} & D \end{array}\right] \left\{\begin{array}{c} \varepsilon \\ \kappa \end{array}\right\}, \quad Q = K\gamma \tag{4.16}$$

其中，A, B, D 矩阵分别为面内刚度矩阵、耦合刚度矩阵和弯曲刚度矩阵，已经由 NIAH 计算得到，K 为待求的剪切刚度矩阵，其逆矩阵为 $E=K^{-1}$。下面构造与待求等效剪切刚度相关的宏观的应力–应变状态。

首先令面内内力 $N=0$，有

$$\varepsilon = -A^{-1}B\kappa$$
$$M = \left(D - B^{\mathrm{T}}A^{-1}B\right)\kappa \qquad (4.17)$$

令 $F = -A^{-1}B$, $\bar{D} = D - B^{\mathrm{T}}A^{-1}B$，将其代入上式得

$$\varepsilon = F\kappa$$
$$M = \bar{D}\kappa \qquad (4.18)$$

写成分量的形式为

$$\left\{\begin{array}{c}\varepsilon_{11}\\\varepsilon_{22}\\\gamma_{12}\end{array}\right\} = \left[\begin{array}{ccc}F_{11}&F_{12}&F_{13}\\F_{21}&F_{22}&F_{23}\\F_{31}&F_{32}&F_{33}\end{array}\right]\left\{\begin{array}{c}\kappa_{11}\\\kappa_{22}\\\kappa_{12}\end{array}\right\},$$

$$\left\{\begin{array}{c}M_{11}\\M_{22}\\M_{12}\end{array}\right\} = \left[\begin{array}{ccc}\bar{D}_{11}&\bar{D}_{12}&\bar{D}_{13}\\\bar{D}_{12}&\bar{D}_{22}&\bar{D}_{23}\\\bar{D}_{13}&\bar{D}_{23}&\bar{D}_{33}\end{array}\right]\left\{\begin{array}{c}\kappa_{11}\\\kappa_{22}\\\kappa_{12}\end{array}\right\} \qquad (4.19)$$

取宏观大小为 $L_1 \times L_2$ 的板元，坐标原点在板中心，令其处于如下式线性曲率 κ_{11} 的应变状态：

$$\left\{\begin{array}{c}\kappa_{11}\\\kappa_{22}\\\kappa_{12}\end{array}\right\} = \left\{\begin{array}{c}1\\0\\0\end{array}\right\}\frac{x_1}{L_1}, \quad \left\{\begin{array}{c}\varepsilon_{11}\\\varepsilon_{22}\\\gamma_{12}\end{array}\right\} = \left\{\begin{array}{c}F_{11}\\F_{21}\\F_{31}\end{array}\right\}\frac{x_1}{L_1} \qquad (4.20)$$

将上式代入 (4.17) 式以及平衡方程 (4.3) 式得

$$\left\{\begin{array}{c}N_{11}\\N_{22}\\N_{12}\end{array}\right\} = \left\{\begin{array}{c}0\\0\\0\end{array}\right\}, \quad \left\{\begin{array}{c}M_{11}\\M_{22}\\M_{12}\end{array}\right\} = \left\{\begin{array}{c}\bar{D}_{11}\\\bar{D}_{12}\\\bar{D}_{13}\end{array}\right\}\frac{x_1}{L_1},$$

$$\left\{\begin{array}{c}Q_{13}\\Q_{23}\end{array}\right\} = \left\{\begin{array}{c}\dfrac{\bar{D}_{11}}{L_1}\\\dfrac{\bar{D}_{13}}{L_1}\end{array}\right\}, \quad f_1 = f_2 = f_3 = 0 \qquad (4.21)$$

上式对应的剪应变为

$$\left\{\begin{array}{c} \gamma_{13} \\ \gamma_{23} \end{array}\right\} = \left\{\begin{array}{c} \dfrac{E_{11}\bar{D}_{11}}{L_1} \\ \dfrac{E_{22}\bar{D}_{13}}{L_1} \end{array}\right\} \tag{4.22}$$

综合 (4.22) 式和 (4.20) 式得到板元的应变状态为

$$\left\{\begin{array}{c} \kappa_{11} \\ \kappa_{22} \\ \kappa_{12} \end{array}\right\} = \left\{\begin{array}{c} 1 \\ 0 \\ 0 \end{array}\right\} \frac{x_1}{L_1}, \quad \left\{\begin{array}{c} \varepsilon_{11} \\ \varepsilon_{22} \\ \gamma_{12} \end{array}\right\} = \left\{\begin{array}{c} F_{11} \\ F_{21} \\ F_{31} \end{array}\right\} \frac{x_1}{L_1}, \quad \left\{\begin{array}{c} \gamma_{13} \\ \gamma_{23} \end{array}\right\} = \left\{\begin{array}{c} \dfrac{E_{11}\bar{D}_{11}}{L_1} \\ \dfrac{E_{22}\bar{D}_{13}}{L_1} \end{array}\right\} \tag{4.23}$$

应变能为

$$e = \frac{\bar{D}_{11}L_1L_2}{24} + \frac{L_2}{2L_1}\left(\bar{D}_{11}^2 E_{11} + \bar{D}_{13}^2 E_{22}\right) \tag{4.24}$$

方便起见，在本章中称宏观板元处于 (4.23) 式中线性曲率 κ_{11} 以及将在 (4.52) 式中给出的线性曲率 κ_{22} 的应变状态为纯剪切状态。

另一方面，假设板元处于如下只有面内拉伸应变 ε_{11} 和剪应变 γ_{12} 的常应变状态：

$$\left\{\begin{array}{c} \varepsilon_{11} \\ \varepsilon_{22} \\ \gamma_{12} \end{array}\right\} = \left\{\begin{array}{c} a \\ 0 \\ b \end{array}\right\}, \quad \left\{\begin{array}{c} \kappa_{11} \\ \kappa_{22} \\ \kappa_{12} \end{array}\right\} = \left\{\begin{array}{c} 0 \\ 0 \\ 0 \end{array}\right\}, \quad \left\{\begin{array}{c} \gamma_{13} \\ \gamma_{23} \end{array}\right\} = \left\{\begin{array}{c} 0 \\ 0 \end{array}\right\} \tag{4.25}$$

其中，a, b 为系数，其对应的内力为

$$\left\{\begin{array}{c} N_{11} \\ N_{22} \\ N_{12} \end{array}\right\} = \left\{\begin{array}{c} aA_{11} + bA_{13} \\ aA_{12} + bA_{23} \\ aA_{13} + bA_{33} \end{array}\right\}, \quad \left\{\begin{array}{c} M_{11} \\ M_{22} \\ M_{12} \end{array}\right\} = \left\{\begin{array}{c} aB_{11} + bB_{31} \\ aB_{12} + bB_{32} \\ aB_{13} + bB_{33} \end{array}\right\},$$
$$\left\{\begin{array}{c} Q_{13} \\ Q_{23} \end{array}\right\} = \left\{\begin{array}{c} 0 \\ 0 \end{array}\right\} \tag{4.26}$$

将 (4.26) 式中的内力状态与 (4.21) 式中的内力状态叠加，(4.25) 式中的应变状态与 (4.23) 式中的应变状态叠加，得到板元同时产生拉伸变形、剪切变形以及纯剪切变形的应变状态和内力状态：

$$\left\{\begin{array}{c} \kappa_{11} \\ \kappa_{22} \\ \kappa_{12} \end{array}\right\} = \left\{\begin{array}{c} 1 \\ 0 \\ 0 \end{array}\right\} \frac{x_1}{L_1}, \quad \left\{\begin{array}{c} \varepsilon_{11} \\ \varepsilon_{22} \\ \gamma_{12} \end{array}\right\} = \left\{\begin{array}{c} a \\ 0 \\ b \end{array}\right\} + \left\{\begin{array}{c} F_{11} \\ F_{21} \\ F_{31} \end{array}\right\} \frac{x_1}{L_1},$$

$$
\left\{ \begin{array}{c} \gamma_{13} \\ \gamma_{23} \end{array} \right\} = \left\{ \begin{array}{c} \dfrac{E_{11}\bar{D}_{11}}{L_1} \\ \dfrac{E_{22}\bar{D}_{13}}{L_1} \end{array} \right\}
$$

$$
\left\{ \begin{array}{c} N_{11} \\ N_{22} \\ N_{12} \end{array} \right\} = \left\{ \begin{array}{c} aA_{11} + bA_{13} \\ aA_{12} + bA_{23} \\ aA_{13} + bA_{33} \end{array} \right\},
$$

$$
\left\{ \begin{array}{c} M_{11} \\ M_{22} \\ M_{12} \end{array} \right\} = \left\{ \begin{array}{c} aB_{11} + bB_{31} \\ aB_{12} + bB_{32} \\ aB_{13} + bB_{33} \end{array} \right\} + \left\{ \begin{array}{c} \bar{D}_{11} \\ \bar{D}_{12} \\ \bar{D}_{13} \end{array} \right\} \frac{x}{L_1}, \quad \left\{ \begin{array}{c} Q_{13} \\ Q_{23} \end{array} \right\} = \left\{ \begin{array}{c} \dfrac{\bar{D}_{11}}{L_1} \\ \dfrac{\bar{D}_{13}}{L_1} \end{array} \right\}
\tag{4.27}
$$

上式对应的板元的应变能为

$$
E = e + \frac{L_1 L_2}{2} \left\{ \begin{array}{c} a \\ b \end{array} \right\}^{\mathrm{T}} \left[\begin{array}{cc} A_{11} & A_{13} \\ A_{13} & A_{33} \end{array} \right] \left\{ \begin{array}{c} a \\ b \end{array} \right\}
\tag{4.28}
$$

其中，等式右端的第二项为关于系数 a, b 的正定二次型，恒为非负，因此 (4.23) 式和 (4.21) 式中对应于纯剪切状态的应变能 e 使得 (4.27) 式对应的应变能 E 取极小值。

下面我们来研究微观单胞。首先构造对应于 (4.27) 式中宏观同时产生拉伸应变、剪切应变以及纯剪切变形状态的微单胞应力–应变状态，随后利用极小值的驻值性质求解对应于宏观纯剪切状态 (4.23) 式的微单胞状态，并计算其应变能 e，最后根据宏微观应变能等价，利用 (4.24) 式计算等效剪切性质。注意，对应于 (4.23) 式和 (4.27) 式，微观单胞上作用的体力和上下表面应力应该为零。

将 $L_1 \times L_2$ 的宏观板元替换为 $l_1 \times l_2$ 的微观单胞，构造与 (4.23) 式相对应的线性位移场 $\boldsymbol{\chi}^{s1}$：

$$
\begin{aligned}
\boldsymbol{\chi}^{s1} &= F_{11}\boldsymbol{\chi}^{l1} + F_{21}\boldsymbol{\chi}^{l2} + F_{31}\boldsymbol{\chi}^{l3} + \boldsymbol{\chi}^{l4} \\
\boldsymbol{\chi}^{l1} &= \left\{ \begin{array}{c} y_1^2/2l_1 \\ 0 \\ 0 \end{array} \right\}, \quad \boldsymbol{\chi}^{l2} = \left\{ \begin{array}{c} -y_2^2/2l_1 \\ y_1 y_2/l_1 \\ 0 \end{array} \right\}, \\
\boldsymbol{\chi}^{l3} &= \left\{ \begin{array}{c} 0 \\ y_1^2/2l_1 \\ 0 \end{array} \right\}, \quad \boldsymbol{\chi}^{l4} = \left\{ \begin{array}{c} y_3 y_1^2/2l_1 \\ 0 \\ -y_1^3/6l_1 \end{array} \right\}
\end{aligned}
\tag{4.29}
$$

其中, 位移场 $\boldsymbol{\chi}^{l1}$, $\boldsymbol{\chi}^{l2}$, $\boldsymbol{\chi}^{l3}$, $\boldsymbol{\chi}^{l4}$ 分别为与沿 y_1 方向的线性应变 ε_{11}, ε_{22}, γ_{12}, κ_{11} 相等价的位移场。在位移场 $\boldsymbol{\chi}^{s1}$ 下单胞的体力和非周期表面的面力分别为

$$\begin{cases} {}_Y f_i^{s1} = -\dfrac{\partial}{\partial y_j}\left(c_{ijkl}\dfrac{\partial \chi_k^{s1}}{\partial y_l}\right), & \text{在 } Y \text{ 中} \\[3mm] {}_S f_i^{s1} = \left(c_{ijkl}\dfrac{\partial \chi_k^{s1}}{\partial y_l}\right) n_j, & \text{在 } S \text{ 上} \end{cases} \tag{4.30}$$

注意到, 纯剪切状态下宏观均匀板的外力为零, 对应的微观单胞外力也应当为零。因此需要在此位移场基础上叠加一个状态, 使得外力为零的条件在微单胞上得到满足, 即叠加后的体力和非周期边界上的面力为零。除此以外, 宏观板在交界面上面力和位移连续, 因此叠加状态后, 相邻的两个微单胞在交界面 (即周期边界) 上应满足位移和面力连续条件。设为了实现纯剪切状态, 在微观单胞的位移场 $\boldsymbol{\chi}^{s1}$ 上需要叠加的位移场为 $\tilde{\boldsymbol{\chi}}^{s1}$, 则叠加后单胞的体力及非周期边界面力为零的条件为

$$\begin{cases} \dfrac{\partial}{\partial y_j}\left(c_{ijkl}\dfrac{\partial \tilde{\chi}_k^{s1}}{\partial y_l}\right) = {}_Y f_i^{s1}, & \text{在 } Y \text{ 中} \\[3mm] \left(c_{ijkl}\dfrac{\partial \tilde{\chi}_k^{s1}}{\partial y_l}\right) n_j = -{}_S f_i^{s1}, & \text{在 } S \text{ 上} \end{cases} \tag{4.31}$$

　　下面推导周期边界条件, 首先考虑左右相邻的两个单胞在 $\omega_{1\pm}$ 上的连续性条件, 将 $\boldsymbol{\chi}^{s1}$ 作用到图 4.2 中的左右两个单胞上, 则在右侧单胞的局部坐标系中 $\boldsymbol{\chi}^{s1}$ 可以表示为

$$\begin{aligned} \boldsymbol{\chi}^{s1} &= \boldsymbol{\chi}'^{s1} + \boldsymbol{\chi}'^{b1} + \boldsymbol{\chi}'_r \\ \boldsymbol{\chi}'^{b1} &= F_{11}\boldsymbol{\chi}'^{1} + F_{21}\boldsymbol{\chi}'^{2} + F_{31}\boldsymbol{\chi}'^{3} + \boldsymbol{\chi}'^{4} \end{aligned} \tag{4.32}$$

其中, $\boldsymbol{\chi}'^{s1}$ 为与原单胞相同的变形; $\boldsymbol{\chi}'_r$ 为刚体位移。三个位移场的表达式分别为

$$\boldsymbol{\chi}'^{s1} = \left\{ \begin{array}{c} \dfrac{F_{11}}{l_1}\dfrac{(y_1-l_1)^2}{2} - \dfrac{F_{21}}{l_1}\dfrac{y_2^2}{2} + \dfrac{y_3(y_1-l_1)^2}{2l_1} \\[3mm] \dfrac{F_{21}}{l_1}y_2(y_1-l_1) + \dfrac{F_{31}}{l_1}\dfrac{(y_1-l_1)^2}{2} \\[3mm] -\dfrac{y_1^3}{6l_1} \end{array} \right\} \tag{4.33}$$

$$\boldsymbol{\chi}'^{b1} = F_{11}\left\{ \begin{array}{c} y_1-l_1 \\ 0 \\ 0 \end{array} \right\} + F_{21}\left\{ \begin{array}{c} 0 \\ y_2 \\ 0 \end{array} \right\} + F_{31}\left\{ \begin{array}{c} 0 \\ y_1-l_1 \\ 0 \end{array} \right\} + \left\{ \begin{array}{c} y_3(y_1-l_1) \\ 0 \\ -(y_1-l_1)^2/2 \end{array} \right\} \tag{4.34}$$

$$\chi'_r = \left\{ \begin{array}{c} \dfrac{F_{11}l_1}{2} + \dfrac{l_1}{2}y_3 \\[2mm] \dfrac{F_{31}l_1}{2} \\[2mm] -\dfrac{l_1^2}{6} - \dfrac{l_1}{2}(y_1 - l_1) \end{array} \right\} \tag{4.35}$$

由 (4.32) 式可知，右侧单胞相对于左侧单胞还多出一个对应于常应变的位移场 χ'^{b1}，该位移场是与单位广义应变相对应位移场的线性组合。设左侧单胞叠加位移场 $\tilde{\chi}^{s1}$，则右侧单胞需要叠加位移场为 $\tilde{\chi}^{s1} + \tilde{\chi}^{b1}$，$\tilde{\chi}^{b1}$ 的表达式为

$$\tilde{\chi}^{b1} = F_{11}\tilde{\chi}^1 + F_{21}\tilde{\chi}^2 + F_{31}\tilde{\chi}^3 + \tilde{\chi}^4 \tag{4.36}$$

该位移场为第 2 章周期板单胞方程解的线性组合，其中 $\tilde{\chi}^1, \tilde{\chi}^2, \tilde{\chi}^3, \tilde{\chi}^4$ 为对应于单胞拉伸、弯曲及扭转变形的单胞方程的解。

由叠加位移场后相邻单胞在交界面处满足面力和位移的连续性条件得

$$\begin{aligned} \left(f_i^{s1}\right)_{\text{left}}\Big|_{y_1=\frac{l}{2}} + \omega_{1+}\tilde{f}_i^{s1} &= -\left[\left(f_i^{s1}\right)_{\text{right}}\Big|_{y_1'=-\frac{l}{2}} + \omega_{1-}\tilde{f}_i^{b1} + \omega_{1-}\tilde{f}_i^{s1}\right] \\ \left(\chi_i^{s1}\right)_{\text{left}}\Big|_{y_1=\frac{l}{2}} + \tilde{\chi}_i^{s1}\Big|_{\omega_{1+}} &= \left(\chi_i^{s1}\right)_{\text{right}}\Big|_{y_1'=-\frac{l}{2}} + \tilde{\chi}_i^{s1}\Big|_{\omega_{1-}} + \tilde{\chi}_i^{b1}\Big|_{\omega_{1-}} \end{aligned} \tag{4.37}$$

其中，下标 left 和 right 分别表示原单胞和右侧单胞，由于原单胞 $y_1 = l/2$ 平面和右侧单胞 $y_1' = -l/2$ 平面是同一个平面，有

$$\left(f_i^{s1}\right)_{\text{left}}\Big|_{y_1=\frac{l}{2}} = -\left(f_i^{s1}\right)_{\text{right}}\Big|_{y_1'=-\frac{l}{2}}, \quad \left(\chi_i^{s1}\right)_{\text{left}}\Big|_{y_1=\frac{l}{2}} = \left(\chi_i^{s1}\right)_{\text{right}}\Big|_{y_1'=-\frac{l}{2}} \tag{4.38}$$

将上式代入 (4.37) 式得

$$\begin{aligned} \omega_{1+}\tilde{f}_i^{s1} + \omega_{1-}\tilde{f}_i^{s1} &= -\omega_{1-}\tilde{f}_i^{b1} = \omega_{1+}\tilde{f}_i^{b1} \\ \tilde{\chi}_i^{s1}\Big|_{\omega_{1+}} - \tilde{\chi}_i^{s1}\Big|_{\omega_{1-}} &= \tilde{\chi}_i^{b1}\Big|_{\omega_{1-}} = \tilde{\chi}_i^{b1}\Big|_{\omega_{1+}} \end{aligned} \tag{4.39}$$

类似地，推导在 $\omega_{2\pm}$ 边界上的位移及面力连续条件

$$\begin{aligned} \omega_{2+}\tilde{f}_i^{s1} + \omega_{2-}\tilde{f}_i^{s1} &= 0 \\ \tilde{\chi}_i^{s1}\Big|_{\omega_{2+}} - \tilde{\chi}_i^{s1}\Big|_{\omega_{2-}} &= 0 \end{aligned} \tag{4.40}$$

综上，联立 (4.40) 式、(4.39) 式和 (4.31) 式，得到位移场 $\tilde{\chi}^{s1}$ 的控制方程为

$$\frac{\partial}{\partial y_j}\left[c_{ijkl}\frac{\partial\left(\chi_k^{s1}+\tilde{\chi}_k^{s1}\right)}{\partial y_l}\right]=0,\quad 在\ Y\ 中$$

$$c_{ijkl}\frac{\partial\left(\chi_k^{s1}+\tilde{\chi}_k^{s1}\right)}{\partial y_l}n_j=0,\quad 在\ S\ 上$$

$$c_{ijkl}\frac{\partial\tilde{\chi}_k^{s1}}{\partial y_l}n_j\bigg|_{\omega_{1+}}+c_{ijkl}\frac{\partial\tilde{\chi}_k^{s1}}{\partial y_l}n_j\bigg|_{\omega_{1-}}=c_{ijkl}\frac{\partial\tilde{\chi}_k^{b1}}{\partial y_l}n_j\bigg|_{\omega_{1+}},\quad 在\ \omega_{1\pm}\ 上$$

$$\tilde{\chi}_i^{s1}\big|_{\omega_{1+}}-\tilde{\chi}_i^{s1}\big|_{\omega_{1-}}=\tilde{\chi}_i^{b1}\big|_{\omega_{1+}},\quad 在\ \omega_{1\pm}\ 上 \qquad (4.41)$$

$$c_{ijkl}\frac{\partial\tilde{\chi}_k^{s1}}{\partial y_l}n_j\bigg|_{\omega_{2+}}+c_{ijkl}\frac{\partial\tilde{\chi}_k^{s1}}{\partial y_l}n_j\bigg|_{\omega_{2-}}=0,\quad 在\ \omega_{2\pm}\ 上$$

$$\tilde{\chi}_i^{s1}\big|_{\omega_{2+}}-\tilde{\chi}_i^{s1}\big|_{\omega_{2-}}=0,\quad 在\ \omega_{2\pm}\ 上$$

设叠加后的位移场为 $\bar{\chi}^{s1}=\chi^{s1}+\tilde{\chi}^{s1}$，将 $\tilde{\chi}^{s1}=\bar{\chi}^{s1}-\chi^{s1}$ 代入上式得到 $\bar{\chi}^{s1}$ 的控制方程为

$$\frac{\partial}{\partial y_j}\left[c_{ijkl}\frac{\partial\bar{\chi}_k^{s1}}{\partial y_l}\right]=0,\quad 在\ Y\ 中$$

$$c_{ijkl}\frac{\partial\bar{\chi}_k^{s1}}{\partial y_l}n_j=0,\quad 在\ S\ 上$$

$$c_{ijkl}\frac{\partial\bar{\chi}_k^{s1}}{\partial y_l}n_j\bigg|_{\omega_{1+}}+c_{ijkl}\frac{\partial\bar{\chi}_k^{s1}}{\partial y_l}n_j\bigg|_{\omega_{1-}}=c_{ijkl}\frac{\partial\bar{\chi}_k^{b1}}{\partial y_l}n_j\bigg|_{\omega_{1+}},\quad 在\ \omega_{1\pm}\ 上$$

$$\bar{\chi}_i^{s1}\big|_{\omega_{1+}}-\bar{\chi}_i^{s1}\big|_{\omega_{1-}}=\tilde{\chi}_i^{b1}\big|_{\omega_{1+}}+\Delta\chi_i^{s1}\big|_{\omega_1},\quad 在\ \omega_{1\pm}\ 上 \qquad (4.42)$$

$$c_{ijkl}\frac{\partial\bar{\chi}_k^{s1}}{\partial y_l}n_j\bigg|_{\omega_{2+}}+c_{ijkl}\frac{\partial\bar{\chi}_k^{s1}}{\partial y_l}n_j\bigg|_{\omega_{2-}}=0,\quad 在\ \omega_{2\pm}\ 上$$

$$\bar{\chi}_i^{s1}\big|_{\omega_{2+}}-\bar{\chi}_i^{s1}\big|_{\omega_{2-}}=\Delta\chi_i^{s1}\big|_{\omega_2},\quad 在\ \omega_{2\pm}\ 上$$

其中，$\Delta\boldsymbol{\chi}^{s1}\big|_{\omega_1}=\boldsymbol{\chi}^{s1}\big|_{\omega_{1+}}-\boldsymbol{\chi}^{s1}\big|_{\omega_{1-}}=\left\{\begin{array}{c}0\\F_{21}y_2\\0\end{array}\right\}+\left\{\begin{array}{c}0\\0\\-l_1^2/24\end{array}\right\},\Delta\boldsymbol{\chi}^{s1}\big|_{\omega_2}=$

$\boldsymbol{\chi}^{s1}\big|_{\omega_{2+}}-\boldsymbol{\chi}^{s1}\big|_{\omega_{2-}}=\left\{\begin{array}{c}0\\\dfrac{F_{21}l_2}{l_1}y_1\\0\end{array}\right\}$。在求解上述方程中，限定一点的刚体平移可

以完全确定 $\tilde{\chi}_i^{\alpha}\,(\alpha=1,2,\cdots,6)$，但不同的限制刚体位移的方法会导致不同的 $\tilde{\chi}^{\alpha}$ 之间相差一个刚体平移，由于位移场 $\tilde{\chi}^{b1}$ 是 $\tilde{\chi}^{\alpha}\,(\alpha=1,2,\cdots,6)$ 的线性组合，所以不同的 $\tilde{\chi}^{b1}$ 之间也会相差一个刚体位移。由于 (4.42) 式中 $\omega_{1\pm}$ 边界上的位移周期边界条件中包含位移场 $\tilde{\chi}^{b1}$，所以位移场 $\bar{\chi}^{s1}$ 表征的单胞变形与限制刚体位

移的方法相关，不唯一对应于宏观纯剪切状态。

这里我们引入假设，设存在位移场 $\tilde{\chi}^{*b1}$，使得 (4.42) 式求解得到的位移场对应于宏观板元在 (4.23) 式下的纯剪切状态，其对应的位移场为 $\bar{\chi}^{*s1}$。下文中的数值算例说明该假设是合理的。

下面分析纯剪切状态位移场 $\bar{\chi}^{*s1}$ 与位移场 $\bar{\chi}^{s1}$ 之间的关系。首先 $\bar{\chi}^{*s1}$，$\tilde{\chi}^{*b1}$ 满足 (4.42) 式，即下式成立：

$$
\begin{aligned}
& \frac{\partial}{\partial y_j}\left[c_{ijkl}\frac{\partial \bar{\chi}_k^{*s1}}{\partial y_l}\right] = 0, \quad \text{在 } Y \text{ 中} \\[2mm]
& c_{ijkl}\frac{\partial \bar{\chi}_k^{*s1}}{\partial y_l}n_j = 0, \quad \text{在 } S \text{ 上} \\[2mm]
& c_{ijkl}\frac{\partial \bar{\chi}_k^{*s1}}{\partial y_l}n_j\Big|_{\omega_{1+}} + c_{ijkl}\frac{\partial \bar{\chi}_k^{*s1}}{\partial y_l}n_j\Big|_{\omega_{1-}} = c_{ijkl}\frac{\partial \bar{\chi}_k^{*b1}}{\partial y_l}n_j\Big|_{\omega_{1+}}, \quad \text{在 } \omega_{1\pm} \text{ 上} \\[2mm]
& \bar{\chi}_i^{*s1}\big|_{\omega_{1+}} - \bar{\chi}_i^{*s1}\big|_{\omega_{1-}} = \bar{\chi}_i^{*b1}\big|_{\omega_{1+}} + \Delta\chi_i^{s1}\big|_{\omega_1}, \quad \text{在 } \omega_{1\pm} \text{ 上} \\[2mm]
& c_{ijkl}\frac{\partial \bar{\chi}_k^{*s1}}{\partial y_l}n_j\Big|_{\omega_{2+}} + c_{ijkl}\frac{\partial \bar{\chi}_k^{*s1}}{\partial y_l}n_j\Big|_{\omega_{2-}} = 0, \quad \text{在 } \omega_{2\pm} \text{ 上} \\[2mm]
& \bar{\chi}_i^{*s1}\big|_{\omega_{2+}} - \bar{\chi}_i^{*s1}\big|_{\omega_{2-}} = \Delta\chi_i^{s1}\big|_{\omega_2}, \quad \text{在 } \omega_{2\pm} \text{ 上}
\end{aligned}
\tag{4.43}
$$

其中，$\bar{\chi}^{*b1} = \chi^{b1} + \tilde{\chi}^{*b1}$。由于 $\tilde{\chi}^{b1}$ 与 $\tilde{\chi}^{*b1}$ 相差刚体平移，所以 $\tilde{\chi}^{b1}$ 可以写成下式：

$$
\begin{aligned}
& \tilde{\chi}^{b1} = \tilde{\chi}^{*b1} + \sum_{i=1}^{3} a_i \boldsymbol{U}^i \\[2mm]
& \boldsymbol{U}^1 = \left\{\begin{array}{c} l_1 \\ 0 \\ 0 \end{array}\right\}, \quad \boldsymbol{U}^2 = \left\{\begin{array}{c} 0 \\ l_2 \\ 0 \end{array}\right\}, \quad \boldsymbol{U}^3 = \left\{\begin{array}{c} 0 \\ 0 \\ l_1 \end{array}\right\}
\end{aligned}
\tag{4.44}
$$

其中，位移场 $\boldsymbol{U}^1$，$\boldsymbol{U}^2$，$\boldsymbol{U}^3$ 分别表示沿 y_1，y_2，y_3 三个方向的刚体平移；$a_i\,(i=1,2,3)$ 为系数。

将 (4.42) 式与 (4.43) 式相减，且令 $\Delta\bar{\chi}^{s1} = \bar{\chi}^{s1} - \bar{\chi}^{*s1}$，则 $\Delta\bar{\chi}^{s1}$ 满足方程

$$
\begin{aligned}
& \frac{\partial}{\partial y_j}\left[c_{ijkl}\frac{\partial \Delta\bar{\chi}_k^{s1}}{\partial y_l}\right] = 0, \quad \text{在 } Y \text{ 中} \\[2mm]
& c_{ijkl}\frac{\partial \Delta\bar{\chi}_k^{s1}}{\partial y_l}n_j = 0, \quad \text{在 } S \text{ 上} \\[2mm]
& c_{ijkl}\frac{\partial \Delta\bar{\chi}_k^{s1}}{\partial y_l}n_j\Big|_{\omega_{1+}} + c_{ijkl}\frac{\partial \Delta\bar{\chi}_k^{s1}}{\partial y_l}n_j\Big|_{\omega_{1-}} = 0, \quad \text{在 } \omega_{1\pm} \text{ 上}
\end{aligned}
$$

$$\Delta\bar{\chi}_i^{s1}\big|_{\omega_{1+}} - \Delta\bar{\chi}_i^{s1}\big|_{\omega_{1-}} = a_1 U_i^1 + a_2 U_i^2 + a_3 U_i^3, \quad \text{在 } \omega_{1\pm} \text{ 上}$$

$$c_{ijkl}\frac{\partial\Delta\bar{\chi}_k^{s1}}{\partial y_l}n_j\bigg|_{\omega_{2+}} + c_{ijkl}\frac{\partial\Delta\bar{\chi}_k^{s1}}{\partial y_l}n_j\bigg|_{\omega_{2-}} = 0, \quad \text{在 } \omega_{2\pm} \text{ 上}$$

$$\Delta\bar{\chi}_i^{s1}\big|_{\omega_{2+}} - \Delta\bar{\chi}_i^{s1}\big|_{\omega_{2-}} = 0, \quad \text{在 } \omega_{2\pm} \text{ 上} \tag{4.45}$$

由第 1 章结论可知, 适当限制刚体位移后, $\Delta\bar{\boldsymbol{\chi}}^{s1}$ 可表示为

$$\Delta\bar{\boldsymbol{\chi}}^{s1} = a_1\bar{\boldsymbol{\chi}}^1 + a_2\bar{\boldsymbol{\chi}}^3 + a_3\left\{\begin{array}{c} -y_3 \\ 0 \\ y_1 \end{array}\right\} \tag{4.46}$$

式中, 等号右端第三项表示关于 y_2 轴的刚体转动; 仅有前两项表征变形, 分别对应于 y_1 方向的拉伸变形及剪切变形, 对比 4.1 节宏观板元的应变状态可知, (4.46) 式中的位移场 $\Delta\bar{\boldsymbol{\chi}}^{s1}$ 表征宏观板处于 $\varepsilon_{11} = a_1, \gamma_{12} = a_2$ 时的应变状态。因此, 微单胞位移场 $\bar{\boldsymbol{\chi}}^{s1}$ 对应于取 $a = a_1, b = a_2$ 时 (4.27) 式中同时处于拉伸变形、剪切变形及纯剪切变形的宏观板元的应力–应变状态。

下面求解纯剪切状态。由于位移场 $\tilde{\boldsymbol{\chi}}^{*b2}$ 未知, 所以无法从 (4.43) 式求解纯剪切状态 $\bar{\boldsymbol{\chi}}^{*s1}$。由于宏观板元处于纯剪切状态的应变能 e 使同时处于拉伸、剪切和纯剪切状态的应变能 E 取极小值。根据宏微观应变能等价, 微观单胞应当有相同的性质。引入待定参数 b_1, b_2, 构造如下位移场:

$$\bar{\boldsymbol{\chi}}^{s1} + b_1\bar{\boldsymbol{\chi}}^1 + b_2\bar{\boldsymbol{\chi}}^3 = \bar{\boldsymbol{\chi}}^{*s1} + (a_1 + b_1)\bar{\boldsymbol{\chi}}^1 + (a_2 + b_2)\bar{\boldsymbol{\chi}}^3 + \boldsymbol{\chi}^r \tag{4.47}$$

其中, $\boldsymbol{\chi}^r$ 为 (4.46) 中等式右侧第三项刚体位移。上式对应于宏观状态 (4.27) 式中取 $a = a_1 + b_1, b = a_2 + b_2$ 时的应变状态。因此, 当上式对应的单胞应变能关于待定系数 b_1 和 b_2 取极小值时, 就得到对应于宏观纯剪切状态的微单胞应力–应变状态。根据极小值的驻点性质, (4.47) 式对应的单胞应变能对变量 b_1 和 b_2 的偏导数为零, 即下式成立:

$$\frac{\partial}{\partial b_1}\int_Y c_{ijkl}\left(\bar{\varepsilon}_{ij}^{s1} + b_1\bar{\varepsilon}_{ij}^1 + b_2\bar{\varepsilon}_{ij}^3\right)\left(\bar{\varepsilon}_{kl}^{s1} + b_1\bar{\varepsilon}_{kl}^1 + b_2\bar{\varepsilon}_{kl}^3\right)\mathrm{d}\Omega = 0$$

$$\frac{\partial}{\partial b_2}\int_Y c_{ijkl}\left(\bar{\varepsilon}_{ij}^{s1} + b_1\bar{\varepsilon}_{ij}^1 + b_2\bar{\varepsilon}_{ij}^3\right)\left(\bar{\varepsilon}_{kl}^{s1} + b_1\bar{\varepsilon}_{kl}^1 + b_2\bar{\varepsilon}_{kl}^3\right)\mathrm{d}\Omega = 0 \tag{4.48}$$

其中, $\bar{\varepsilon}_{ij}^{s1} = \dfrac{1}{2}\left(\dfrac{\partial\bar{\chi}_i^{s1}}{\partial y_j} + \dfrac{\partial\bar{\chi}_j^{s1}}{\partial y_i}\right), \bar{\varepsilon}_{ij}^1 = \dfrac{1}{2}\left(\dfrac{\partial\bar{\chi}_i^1}{\partial y_j} + \dfrac{\partial\bar{\chi}_j^1}{\partial y_i}\right), \bar{\varepsilon}_{ij}^3 = \dfrac{1}{2}\left(\dfrac{\partial\bar{\chi}_i^3}{\partial y_j} + \dfrac{\partial\bar{\chi}_j^3}{\partial y_i}\right)$, 化简 (4.48) 式得

$$\begin{bmatrix} A_{11} & A_{13} \\ A_{13} & A_{33} \end{bmatrix} \begin{Bmatrix} b_1 \\ b_2 \end{Bmatrix} = \begin{Bmatrix} -\dfrac{1}{l_1 l_2} \displaystyle\int_Y c_{ijkl} \bar{\varepsilon}_{ij}^{s1} \bar{\varepsilon}_{ij}^1 \mathrm{d}\Omega \\ -\dfrac{1}{l_1 l_2} \displaystyle\int_Y c_{ijkl} \bar{\varepsilon}_{ij}^{s1} \bar{\varepsilon}_{ij}^3 \mathrm{d}\Omega \end{Bmatrix} \tag{4.49}$$

位移场 $\bar{\chi}^1, \bar{\chi}^3$ 在 NIAH 中已经求得，位移场 $\bar{\chi}^{s1} = \chi^{s1} + \tilde{\chi}^{s1}$，$\tilde{\chi}^{s1}$ 由 (4.41) 式求得，因此由上式求得 b_1, b_2 后回代入 (4.47) 式就可以得到对应于宏观纯剪切状态的微单胞位移场：

$$\bar{\chi}^{*s1} = \bar{\chi}^{s1} + b_1 \bar{\chi}^1 + b_2 \bar{\chi}^3 \tag{4.50}$$

随后按照宏微观应变能等价有

$$\frac{\bar{D}_{11} l_1 l_2}{24} + \frac{l_2}{2l_1} \left(\bar{D}_{11}^2 E_{11} + \bar{D}_{13}^2 E_{22} \right) = \frac{1}{2} \int_Y c_{ijkl} \bar{\varepsilon}_{ij}^{*s1} \bar{\varepsilon}_{kl}^{*s1} \mathrm{d}\Omega \tag{4.51}$$

4.2.2　线性曲率 κ_{22} 对应的纯剪切状态

这里求解单胞在线性曲率 κ_{22} 下的纯剪切状态，其推导流程与 4.2.1 节基本相同，因此下文仅给出相关的公式，推导过程不再赘述。

宏观板元处于线性曲率 $\kappa_{22} = \dfrac{x_2}{L_2}$ 对应的纯剪切状态：

$$\begin{Bmatrix} \varepsilon_{11} \\ \varepsilon_{22} \\ \gamma_{12} \end{Bmatrix} = \begin{Bmatrix} F_{12} \\ F_{22} \\ F_{32} \end{Bmatrix} \frac{x_2}{L_2}, \quad \begin{Bmatrix} \kappa_{11} \\ \kappa_{22} \\ \kappa_{12} \end{Bmatrix} = \begin{Bmatrix} 0 \\ 1 \\ 0 \end{Bmatrix} \frac{x_2}{L_2}, \quad \begin{Bmatrix} \gamma_{13} \\ \gamma_{23} \end{Bmatrix} = \begin{Bmatrix} \dfrac{E_{11} \bar{D}_{23}}{L_2} \\ \dfrac{E_{22} \bar{D}_{22}}{L_2} \end{Bmatrix}$$

$$\begin{Bmatrix} N_{11} \\ N_{22} \\ N_{12} \end{Bmatrix} = \begin{Bmatrix} 0 \\ 0 \\ 0 \end{Bmatrix}, \quad \begin{Bmatrix} M_{11} \\ M_{22} \\ M_{12} \end{Bmatrix} = \begin{Bmatrix} \bar{D}_{12} \\ \bar{D}_{22} \\ \bar{D}_{23} \end{Bmatrix} \frac{x_2}{L_2}, \quad \begin{Bmatrix} Q_{13} \\ Q_{23} \end{Bmatrix} = \begin{Bmatrix} \dfrac{\bar{D}_{23}}{L_2} \\ \dfrac{\bar{D}_{22}}{L_2} \end{Bmatrix} \tag{4.52}$$

板元的应变能为

$$e = \frac{\bar{D}_{22} L_1 L_2}{24} + \frac{L_1}{2L_2} \left[E_{11} \bar{D}_{23}^2 + E_{22} \bar{D}_{22}^2 \right] \tag{4.53}$$

另一方面，假设板元处于下式中的拉伸应变及剪切应变状态：

$$\begin{Bmatrix} \varepsilon_{11} \\ \varepsilon_{22} \\ \gamma_{12} \end{Bmatrix} = \begin{Bmatrix} 0 \\ a \\ b \end{Bmatrix}, \quad \begin{Bmatrix} \kappa_{11} \\ \kappa_{22} \\ \kappa_{12} \end{Bmatrix} = \begin{Bmatrix} 0 \\ 0 \\ 0 \end{Bmatrix}, \quad \begin{Bmatrix} \gamma_{13} \\ \gamma_{23} \end{Bmatrix} = \begin{Bmatrix} 0 \\ 0 \end{Bmatrix}$$

$$\left\{\begin{array}{c} N_{11} \\ N_{22} \\ N_{12} \end{array}\right\} = \left\{\begin{array}{c} aA_{12} + bA_{13} \\ aA_{22} + bA_{23} \\ aA_{23} + bA_{33} \end{array}\right\}, \quad \left\{\begin{array}{c} M_{11} \\ M_{22} \\ M_{12} \end{array}\right\} = \left\{\begin{array}{c} aB_{21} + bB_{31} \\ aB_{22} + bB_{32} \\ aB_{23} + bB_{33} \end{array}\right\},$$

$$\left\{\begin{array}{c} Q_{13} \\ Q_{23} \end{array}\right\} = \left\{\begin{array}{c} 0 \\ 0 \end{array}\right\} \tag{4.54}$$

其中，a, b 为系数。将 (4.54) 式与 (4.52) 式中的应变内力状态叠加，得到板元同时处于拉伸应变、剪切应变和纯剪切状态下的应变及内力为

$$\left\{\begin{array}{c} \varepsilon_{11} \\ \varepsilon_{22} \\ \gamma_{12} \end{array}\right\} = \left\{\begin{array}{c} 0 \\ a \\ b \end{array}\right\} + \left\{\begin{array}{c} F_{12} \\ F_{22} \\ F_{32} \end{array}\right\}\frac{x_2}{L_2}, \quad \left\{\begin{array}{c} \kappa_{11} \\ \kappa_{22} \\ \kappa_{12} \end{array}\right\} = \left\{\begin{array}{c} 0 \\ 1 \\ 0 \end{array}\right\}\frac{x_2}{L_2},$$

$$\left\{\begin{array}{c} \gamma_{13} \\ \gamma_{23} \end{array}\right\} = \left\{\begin{array}{c} \dfrac{E_{11}\bar{D}_{23}}{L_2} \\ \dfrac{E_{22}\bar{D}_{22}}{L_2} \end{array}\right\}$$

$$\left\{\begin{array}{c} N_{11} \\ N_{22} \\ N_{12} \end{array}\right\} = \left\{\begin{array}{c} aA_{12} + bA_{13} \\ aA_{22} + bA_{23} \\ aA_{23} + bA_{33} \end{array}\right\},$$

$$\left\{\begin{array}{c} M_{11} \\ M_{22} \\ M_{12} \end{array}\right\} = \left\{\begin{array}{c} aB_{21} + bB_{31} \\ aB_{22} + bB_{32} \\ aB_{23} + bB_{33} \end{array}\right\} + \left\{\begin{array}{c} \bar{D}_{12} \\ \bar{D}_{22} \\ \bar{D}_{23} \end{array}\right\}\frac{x_2}{L_2}, \quad \left\{\begin{array}{c} Q_{13} \\ Q_{23} \end{array}\right\} = \left\{\begin{array}{c} \dfrac{\bar{D}_{23}}{L_2} \\ \dfrac{\bar{D}_{22}}{L_2} \end{array}\right\} \tag{4.55}$$

对应的板元应变能为

$$E = e + \frac{L_1 L_2}{2}\left\{\begin{array}{c} a \\ b \end{array}\right\}^{\mathrm{T}}\left[\begin{array}{cc} A_{22} & A_{23} \\ A_{23} & A_{33} \end{array}\right]\left\{\begin{array}{c} a \\ b \end{array}\right\} \tag{4.56}$$

上式等号右端第二项为系数 a, b 的正定二次型，因此纯剪切状态应变能 e 使得 (4.55) 式的应变能 E 取极小值。注意纯剪切状态的外力为零。

将 $L_1 \times L_2$ 的板元替换为 $l_1 \times l_2$ 的单胞，构造与宏观纯剪切状态相对应的位移场 $\boldsymbol{\chi}^{s2}$

$$\boldsymbol{\chi}^{s2} = F_{12}\boldsymbol{\chi}^{l1} + F_{22}\boldsymbol{\chi}^{l2} + F_{32}\boldsymbol{\chi}^{l3} + \boldsymbol{\chi}^{l5}$$

$$\boldsymbol{\chi}^{l1} = \left\{\begin{array}{c} y_1 y_2/l_2 \\ -y_1^2/2l_2 \\ 0 \end{array}\right\}, \quad \boldsymbol{\chi}^{l2} = \left\{\begin{array}{c} 0 \\ y_2^2/2l_2 \\ 0 \end{array}\right\},$$

$$
\chi^{l3} = \left\{ \begin{array}{c} y_2^2/2l_2 \\ 0 \\ 0 \end{array} \right\}, \quad \chi^{l5} = \left\{ \begin{array}{c} 0 \\ y_3 y_2^2/2l_2 \\ -y_2^3/6l_2 \end{array} \right\} \tag{4.57}
$$

其中，$\chi^{l1}, \chi^{l2}, \chi^{l3}, \chi^{l5}$ 分别对应于沿 y_2 方向的线性应变 $\varepsilon_{11}, \varepsilon_{22}, \gamma_{12}, \kappa_{22}$。

设叠加的位移场为 $\tilde{\chi}^{s2}$，按照叠加后外力为零，周期边界上满足位移和面力的连续条件，推导 $\tilde{\chi}^{s2}$ 的控制方程为

$$
\begin{aligned}
&\frac{\partial}{\partial y_j}\left[c_{ijkl}\frac{\partial\left(\chi_k^{s2}+\tilde{\chi}_k^{s2}\right)}{\partial y_l}\right]=0, \quad \text{在 } Y \text{ 中} \\
&c_{ijkl}\frac{\partial\left(\chi_k^{s2}+\tilde{\chi}_k^{s2}\right)}{\partial y_l}n_j=0, \quad \text{在 } S \text{ 上} \\
&c_{ijkl}\frac{\partial\tilde{\chi}_k^{s2}}{\partial y_l}n_j\bigg|_{\omega_{1+}}+c_{ijkl}\frac{\partial\tilde{\chi}_k^{s2}}{\partial y_l}n_j\bigg|_{\omega_{1-}}=0, \quad \text{在 } \omega_{1\pm} \text{ 上} \\
&\tilde{\chi}_i^{s2}\big|_{\omega_{1+}}-\tilde{\chi}_i^{s2}\big|_{\omega_{1-}}=0, \quad \text{在 } \omega_{1\pm} \text{ 上} \\
&c_{ijkl}\frac{\partial\tilde{\chi}_k^{s2}}{\partial y_l}n_j\bigg|_{\omega_{2+}}+c_{ijkl}\frac{\partial\tilde{\chi}_k^{s2}}{\partial y_l}n_j\bigg|_{\omega_{2-}}=c_{ijkl}\frac{\partial\tilde{\chi}_k^{b2}}{\partial y_l}n_j\bigg|_{\omega_{2+}}, \quad \text{在 } \omega_{2\pm} \text{ 上} \\
&\tilde{\chi}_i^{s2}\big|_{\omega_{2+}}-\tilde{\chi}_i^{s2}\big|_{\omega_{2-}}=\tilde{\chi}_i^{b2}\big|_{\omega_{2+}}, \quad \text{在 } \omega_{2\pm} \text{ 上}
\end{aligned} \tag{4.58}
$$

其中，位移场 $\tilde{\chi}^{b2}=F_{12}\tilde{\chi}^1+F_{22}\tilde{\chi}^2+F_{32}\tilde{\chi}^3+\tilde{\chi}^5$。设位移场 $\bar{\chi}^{s2}=\chi^{s2}+\tilde{\chi}^{s2}$，将 $\tilde{\chi}^{s2}=\bar{\chi}^{s2}-\chi^{s2}$ 代入上式得到 $\bar{\chi}^{s2}$ 的控制方程：

$$
\begin{aligned}
&\frac{\partial}{\partial y_j}\left[c_{ijkl}\frac{\partial\bar{\chi}_k^{s2}}{\partial y_l}\right]=0, \quad \text{在 } Y \text{ 中} \\
&c_{ijkl}\frac{\partial\bar{\chi}_k^{s2}}{\partial y_l}n_j=0, \quad \text{在 } S \text{ 上} \\
&c_{ijkl}\frac{\partial\bar{\chi}_k^{s2}}{\partial y_l}n_j\bigg|_{\omega_{1+}}+c_{ijkl}\frac{\partial\bar{\chi}_k^{s2}}{\partial y_l}n_j\bigg|_{\omega_{1-}}=0, \quad \text{在 } \omega_{1\pm} \text{ 上} \\
&\bar{\chi}_i^{s2}\big|_{\omega_{1+}}-\bar{\chi}_i^{s2}\big|_{\omega_{1-}}=\Delta\chi_i^{s2}\big|_{\omega_1}, \quad \text{在 } \omega_{1\pm} \text{ 上} \\
&c_{ijkl}\frac{\partial\bar{\chi}_k^{s2}}{\partial y_l}n_j\bigg|_{\omega_{2+}}+c_{ijkl}\frac{\partial\bar{\chi}_k^{s2}}{\partial y_l}n_j\bigg|_{\omega_{2-}}=c_{ijkl}\frac{\partial\bar{\chi}_k^{b2}}{\partial y_l}n_j\bigg|_{\omega_{2+}}, \quad \text{在 } \omega_{2\pm} \text{ 上} \\
&\bar{\chi}_i^{s1}\big|_{\omega_{2+}}-\bar{\chi}_i^{s1}\big|_{\omega_{2-}}=\bar{\chi}_i^{b2}\big|_{\omega_{2+}}+\Delta\chi_i^{s2}\big|_{\omega_2}, \quad \text{在 } \omega_{2\pm} \text{ 上}
\end{aligned} \tag{4.59}
$$

其中，$\Delta\chi^{s2}\big|_{\omega_2}=\chi^{s2}\big|_{\omega_{2+}}-\chi^{s2}\big|_{\omega_{2-}}=\left\{\begin{array}{c} F_{12}y_1 \\ 0 \\ -l_2^2/24 \end{array}\right\}$，$\Delta\chi^{s2}\big|_{\omega_1}=\chi^{s2}\big|_{\omega_{1+}}-$

$$\chi^{s2}\big|_{\omega_{1-}} = \left\{ \begin{array}{c} F_{12}l_1 y_2/l_2 \\ 0 \\ 0 \end{array} \right\}.$$

位移场 $\bar{\chi}^{s2}$ 的解与求解位移场 χ^{s2} 时限制刚体位移的方式有关。假设存在 $\tilde{\chi}^{*s2}$ 使得位移场 $\bar{\chi}^{*s2}$ 对应于宏观纯剪切状态, 经过推导, 位移场 $\bar{\chi}^{*s2}$ 可以表示为

$$\bar{\chi}^{*s2} = \bar{\chi}^{s2} + b_1\bar{\chi}^2 + b_2\bar{\chi}^3 \tag{4.60}$$

其中, 系数 b_1, b_2 由下式确定:

$$\left[\begin{array}{cc} A_{22} & A_{23} \\ A_{23} & A_{33} \end{array} \right] \left\{ \begin{array}{c} b_1 \\ b_2 \end{array} \right\} = \left\{ \begin{array}{c} -\dfrac{1}{l_1 l_2} \displaystyle\int_Y c_{ijkl}\bar{\varepsilon}_{ij}^{s2}\bar{\varepsilon}_{ij}^2 \mathrm{d}\Omega \\ -\dfrac{1}{l_1 l_2} \displaystyle\int_Y c_{ijkl}\bar{\varepsilon}_{ij}^{s2}\bar{\varepsilon}_{ij}^3 \mathrm{d}\Omega \end{array} \right\} \tag{4.61}$$

式中, $\bar{\varepsilon}_{ij}^{s2} = \dfrac{1}{2}\left(\bar{\chi}_{i,j}^{s2} + \bar{\chi}_{j,i}^{s2}\right)$。可以证明, 位移场 $\bar{\chi}^{*s2}$ 对应的微单胞状态与求解单胞方程过程中限制刚体位移的方式无关。

得到位移场 $\bar{\chi}^{*s2}$ 后, 根据宏微观应变能等价有

$$\frac{\bar{D}_{22}l_1 l_2}{24} + \frac{l_1}{2l_2}\left[E_{11}\bar{D}_{23}^2 + E_{22}\bar{D}_{22}^2\right] = \frac{1}{2}\int_Y c_{ijkl}\bar{\varepsilon}_{ij}^{*s2}\bar{\varepsilon}_{kl}^{*s2}\mathrm{d}\Omega \tag{4.62}$$

其中, $\bar{\varepsilon}_{ij}^{*s2} = \dfrac{1}{2}\left(\bar{\chi}_{i,j}^{*s2} + \bar{\chi}_{j,i}^{*s2}\right)$。

将 (4.62) 式与 (4.51) 式联立, 得到等效剪切柔度矩阵系数 E_{11}, E_{22} 的求解公式:

$$\begin{aligned} \frac{\bar{D}_{11}l_1 l_2}{24} + \frac{l_2}{2l_1}\left[\bar{D}_{11}^2 E_{11} + \bar{D}_{13}^2 E_{22}\right] &= \frac{1}{2}\int_Y c_{ijkl}\bar{\varepsilon}_{ij}^{*s1}\bar{\varepsilon}_{kl}^{*s1}\mathrm{d}\Omega \\ \frac{\bar{D}_{22}l_1 l_2}{24} + \frac{l_1}{2l_2}\left[E_{11}\bar{D}_{23}^2 + E_{22}\bar{D}_{22}^2\right] &= \frac{1}{2}\int_Y c_{ijkl}\bar{\varepsilon}_{ij}^{*s2}\bar{\varepsilon}_{kl}^{*s2}\mathrm{d}\Omega \end{aligned} \tag{4.63}$$

对矩阵 E 求逆得到剪切刚度矩阵 K。

4.3　等效剪切刚度的有限元求解

本节推导等效剪切刚度的有限元求解列式, 并给出其在有限元软件中的数值实现过程。

4.3.1 有限元列式及求解步骤

首先给出位移场 $\tilde{\chi}^{s1}$ 的有限元求解列式。根据虚功原理，引入满足方程 (4.41) 的位移边界条件 $v_i|_{\omega_{1+}} - v_i|_{\omega_{1-}} = \tilde{\chi}_i^{b1}|_{\omega_{1+}}$，$v_i|_{\omega_{2+}} - v_i|_{\omega_{2-}} = 0$ 的虚位移场 v_i，则 $\tilde{\chi}^{s1}$ 的控制方程 (4.41) 的等效积分形式为

$$
\int_Y \delta v_i \left[c_{ijkl} \left(\chi_{k,l}^{s1} + \tilde{\chi}_{k,l}^{s1} \right) \right]_{,j} \mathrm{d}\Omega - \int_S \delta v_i c_{ijkl} \left(\chi_{k,l}^{s1} + \tilde{\chi}_{k,l}^{s1} \right) n_j \mathrm{d}S
$$
$$
- \int_{\omega_{1+}} \delta v_i \left({}_{\omega_{1+}}\tilde{f}_i^{s1} - {}_{\omega_{1+}}\tilde{f}_i^{b1} \right) \mathrm{d}S - \int_{\omega_{1-}} \delta v_{i\,\omega_{1-}}\tilde{f}_i^{s1} \mathrm{d}S \qquad (4.64)
$$
$$
- \int_{\omega_{2+}} \delta v_{i\,\omega_{2+}}\tilde{f}_i^{s1} \mathrm{d}S - \int_{\omega_{2-}} \delta v_{i\,\omega_{2-}}\tilde{f}_i^{s1} \mathrm{d}S = 0
$$

其中，${}_{\omega_{1\pm}}\tilde{f}_i^{s1} = c_{ijkl}\tilde{\chi}_{k,l}^{s1} n_j|_{\omega_{1\pm}}$，${}_{\omega_{2\pm}}\tilde{f}_i^{s1} = c_{ijkl}\tilde{\chi}_{k,l}^{s1} n_j|_{\omega_{2\pm}}$。化简上式得

$$
\int_{\omega_{1+}} \delta v_i c_{ijkl}\chi_{k,l}^{s1} n_j \mathrm{d}S + \int_{\omega_{1-}} \delta v_i c_{ijkl}\chi_{k,l}^{s1} n_j \mathrm{d}S
$$
$$
+ \int_{\omega_{2+}} \delta v_i c_{ijkl}\chi_{k,l}^{s1} n_j \mathrm{d}S + \int_{\omega_{2-}} \delta v_i c_{ijkl}\chi_{k,l}^{s1} n_j \mathrm{d}S \qquad (4.65)
$$
$$
+ \int_{\omega_{1+}} \delta v_i c_{ijkl}\tilde{\chi}_{k,l}^{b1} n_j \mathrm{d}S - \int_Y \delta v_{i,j} c_{ijkl} \left(\chi_{k,l}^{s1} + \tilde{\chi}_{k,l}^{s1} \right) \mathrm{d}\Omega = 0
$$

将 $c_{ijkl}\chi_{k,l}^{s1} n_j|_{\omega_{1+}} = c_{ijkl}\chi_{k,l}^{s1} n_j|_{\omega_{1-}} = \dfrac{1}{2} c_{ijkl}\chi_{k,l}^{b1} n_j|_{\omega_{1+}}$，$c_{ijkl}\chi_{k,l}^{s1} n_j|_{\omega_{2+}} = - c_{ijkl}\chi_{k,l}^{s1} n_j|_{\omega_{2-}}$ 代入上式得

$$
\int_{\omega_{1+}} \delta v_i c_{ijkl}\bar{\chi}_{k,l}^{b1} n_j \mathrm{d}S - \int_Y \delta v_{i,j} c_{ijkl} \left(\chi_{k,l}^{s1} + \tilde{\chi}_{k,l}^{s1} \right) \mathrm{d}\Omega = 0 \qquad (4.66)
$$

令 $v_i = \tilde{\chi}_i^{s1}$，代入上式得

$$
\delta \left[\int_{\omega_{1+}} \tilde{\chi}_i^{s1} c_{ijkl}\bar{\chi}_{k,l}^{b1} n_j \mathrm{d}S - \frac{1}{2} \int_Y \tilde{\chi}_{i,j}^{s1} c_{ijkl}\tilde{\chi}_{k,l}^{s1} \mathrm{d}\Omega - \int_Y \tilde{\chi}_{i,j}^{s1} c_{ijkl}\chi_{k,l}^{s1} \mathrm{d}\Omega \right] = 0 \quad (4.67)
$$

对单胞进行有限元离散，设位移场 $\tilde{\chi}^{s1}$ 离散后对应的节点位移向量为 ${}^{\text{node}}\tilde{\chi}^{s1}$，其中左上标 node 表示节点向量，位移向量 ${}^{\text{node}}\tilde{\chi}^{s1}$ 可以写成如下形式：

$$
{}^{\text{node}}\tilde{\chi}^{s1} = \left\{
\begin{array}{c}
{}^{\text{node}}_{\omega_{1+}}\tilde{\chi}^{s1} \\
{}^{\text{node}}_{\omega_{1-}}\tilde{\chi}^{s1} \\
{}^{\text{node}}_{\omega_{2+}}\tilde{\chi}^{s1} \\
{}^{\text{node}}_{\omega_{2-}}\tilde{\chi}^{s1} \\
{}^{\text{node}}_{\text{rest}}\tilde{\chi}^{s1}
\end{array}
\right\} \qquad (4.68)
$$

其中，$^{\mathrm{node}}_{\omega_{1\pm}}\tilde{\boldsymbol{\chi}}^{s1}$ 表示 $\omega_{1\pm}$ 周期边界上的节点位移向量；$^{\mathrm{node}}_{\omega_{2\pm}}\tilde{\boldsymbol{\chi}}^{s1}$ 表示 $\omega_{2\pm}$ 周期边界上的节点位移向量；$^{\mathrm{node}}_{\mathrm{rest}}\tilde{\boldsymbol{\chi}}^{s1}$ 表示内部节点 (即除去周期边界节点剩下的单胞节点) 位移向量，具体参考图 4.3。根据位移周期边界条件可知

$$
^{\mathrm{node}}\tilde{\boldsymbol{\chi}}^{s1} = \left\{ \begin{array}{c} ^{\mathrm{node}}_{\omega_{1+}}\tilde{\boldsymbol{\chi}}^{s1} \\ ^{\mathrm{node}}_{\omega_{1-}}\tilde{\boldsymbol{\chi}}^{s1} \\ ^{\mathrm{node}}_{\omega_{2+}}\tilde{\boldsymbol{\chi}}^{s1} \\ ^{\mathrm{node}}_{\omega_{2-}}\tilde{\boldsymbol{\chi}}^{s1} \\ ^{\mathrm{node}}_{\mathrm{rest}}\tilde{\boldsymbol{\chi}}^{s1} \end{array} \right\} = \left\{ \begin{array}{c} ^{\mathrm{node}}_{\omega_{1-}}\tilde{\boldsymbol{\chi}}^{s1} \\ ^{\mathrm{node}}_{\omega_{1-}}\tilde{\boldsymbol{\chi}}^{s1} \\ ^{\mathrm{node}}_{\omega_{2-}}\tilde{\boldsymbol{\chi}}^{s1} \\ ^{\mathrm{node}}_{\omega_{2-}}\tilde{\boldsymbol{\chi}}^{s1} \\ ^{\mathrm{node}}_{\mathrm{rest}}\tilde{\boldsymbol{\chi}}^{s1} \end{array} \right\} + \left\{ \begin{array}{c} ^{\mathrm{node}}_{\omega_{1+}}\tilde{\boldsymbol{\chi}}^{b1} \\ 0 \\ 0 \\ 0 \\ 0 \end{array} \right\} \tag{4.69}
$$

ω_{1-}，ω_{2-} 以及内部节点记为主节点，主节点位移向量记为 $^{\mathrm{node}}_{\mathrm{m}}\tilde{\boldsymbol{\chi}}^{s1}$，表达式为

$$
^{\mathrm{node}}_{\mathrm{m}}\tilde{\boldsymbol{\chi}}^{s1} = \left\{ \begin{array}{c} ^{\mathrm{node}}_{\omega_{1-}}\tilde{\boldsymbol{\chi}}^{s1} \\ ^{\mathrm{node}}_{\omega_{2-}}\tilde{\boldsymbol{\chi}}^{s1} \\ ^{\mathrm{node}}_{\mathrm{rest}}\tilde{\boldsymbol{\chi}}^{s1} \end{array} \right\} \tag{4.70}
$$

根据位移周期边界条件，主自由度与整体自由度之间的关系为

$$
^{\mathrm{node}}\tilde{\boldsymbol{\chi}}^{s1} = \boldsymbol{T}\,^{\mathrm{node}}_{\mathrm{m}}\tilde{\boldsymbol{\chi}}^{s1} + \left\{ \begin{array}{c} ^{\mathrm{node}}_{\omega_{1+}}\tilde{\boldsymbol{\chi}}^{b1} \\ 0 \\ 0 \\ 0 \\ 0 \end{array} \right\}, \quad \boldsymbol{T} = \left[\begin{array}{ccc} \boldsymbol{I} & 0 & 0 \\ \boldsymbol{I} & 0 & 0 \\ 0 & \boldsymbol{I} & 0 \\ 0 & \boldsymbol{I} & 0 \\ 0 & 0 & \boldsymbol{I} \end{array} \right] \tag{4.71}
$$

其中，$\boldsymbol{T}$ 为转换矩阵；$\boldsymbol{I}$ 为单位矩阵。

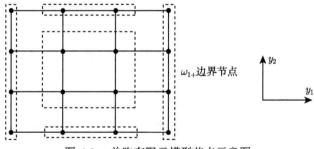

图 4.3　单胞有限元模型节点示意图

下面将 (4.67) 式离散成有限元形式，首先考虑等号左侧第一项。在位移场 $\tilde{\boldsymbol{\chi}}^{b1}$ 下，单胞的体力为零，外力仅包含面力，因此其节点力 $^{\mathrm{node}}\bar{\boldsymbol{f}}^{b1} = \boldsymbol{K}\,^{\mathrm{node}}\tilde{\boldsymbol{\chi}}^{b1}$ 就是面力离散后的结果，在内部节点上的分量为零。因此 $^{\mathrm{node}}\bar{\boldsymbol{f}}^{b1}$ 可以写成类似 (4.68)

式的形式:

$$
{}^{\text{node}}\bar{\boldsymbol{f}}^{b1} = \left\{ \begin{array}{c} {}^{\text{node}}_{\omega_{1+}}\bar{\boldsymbol{f}}^{b1} \\ {}^{\text{node}}_{\omega_{1-}}\bar{\boldsymbol{f}}^{b1} \\ {}^{\text{node}}_{\omega_{2+}}\bar{\boldsymbol{f}}^{b1} \\ {}^{\text{node}}_{\omega_{2-}}\bar{\boldsymbol{f}}^{b1} \\ 0 \end{array} \right\} \tag{4.72}
$$

则第一项在ω_{1+}边界上的积分的有限元形式为

$$
\delta \int_{\omega_{1+}} \tilde{\chi}_i^{s1} c_{ijkl} \bar{\chi}_{k,l}^{b1} n_j \mathrm{d}S = \left(\delta^{\text{node}} \tilde{\boldsymbol{\chi}}^{s1} \right)^{\text{T}} \left\{ \begin{array}{c} {}^{\text{node}}_{\omega_{1+}}\bar{\boldsymbol{f}}^{b1} \\ 0 \\ 0 \\ 0 \\ 0 \end{array} \right\} \tag{4.73}
$$

(4.67) 式中的第二项离散为

$$
-\delta \frac{1}{2} \int_Y \tilde{\chi}_{i,j}^{s1} c_{ijkl} \tilde{\chi}_{k,l}^{s1} \mathrm{d}\Omega = -\left(\delta^{\text{node}} \tilde{\boldsymbol{\chi}}^{s1} \right)^{\text{T}} \boldsymbol{K}^{\text{node}} \tilde{\boldsymbol{\chi}}^{s1} \tag{4.74}
$$

第三项离散为

$$
-\delta \int_Y \tilde{\chi}_{i,j}^{s1} c_{ijkl} \chi_{k,l}^{s1} \mathrm{d}\Omega = \left(\delta^{\text{node}} \tilde{\boldsymbol{\chi}}^{s1} \right)^{\text{T}} \boldsymbol{K}^{\text{node}} \boldsymbol{\chi}^{s1} = \left(\delta^{\text{node}} \tilde{\boldsymbol{\chi}}^{s1} \right)^{\text{T}} {}^{\text{node}} \boldsymbol{f}^{s1} \tag{4.75}
$$

其中，${}^{\text{node}}\boldsymbol{f}^{s1} = \boldsymbol{K}^{\text{node}}\boldsymbol{\chi}^{s1}$，将位移场 ${}^{\text{node}}\boldsymbol{\chi}^{s1}$ 施加到单胞上，进行静力分析即可得到。将 (4.75) 式、(4.74) 式和 (4.73) 式代入 (4.67) 式得

$$
\left(\delta^{\text{node}} \tilde{\boldsymbol{\chi}}^{s1} \right)^{\text{T}} \boldsymbol{K}^{\text{node}} \tilde{\boldsymbol{\chi}}^{s1} = \left(\delta^{\text{node}} \tilde{\boldsymbol{\chi}}^{s1} \right)^{\text{T}} \left[\left\{ \begin{array}{c} {}^{\text{node}}_{\omega_{1+}}\bar{\boldsymbol{f}}^{b1} \\ 0 \\ 0 \\ 0 \end{array} \right\} - {}^{\text{node}} \boldsymbol{f}^{s1} \right] \tag{4.76}
$$

注意，上式等号右侧的载荷向量 ${}^{\text{node}}_{\omega_{1+}}\bar{\boldsymbol{f}}^{b1}$ 和 ${}^{\text{node}}\boldsymbol{f}^{s1}$ 都可以从有限元计算结果中直接提取得到。将 (4.71) 式代入 (4.76) 式得

$$
\boldsymbol{T}^{\text{T}} \boldsymbol{K} \boldsymbol{T}_{\text{m}}^{\text{node}} \tilde{\boldsymbol{\chi}}^{s1} = \left\{ \begin{array}{c} {}^{\text{node}}_{\omega_{1+}}\bar{\boldsymbol{f}}^{b1} \\ 0 \\ 0 \end{array} \right\} - \boldsymbol{T}^{\text{T}\text{node}} \boldsymbol{f}^{s1} - \boldsymbol{T}^{\text{T}} \boldsymbol{K} \left\{ \begin{array}{c} {}^{\text{node}}_{\omega_{1+}}\tilde{\boldsymbol{\chi}}^{b1} \\ 0 \\ 0 \\ 0 \end{array} \right\} \tag{4.77}
$$

限制单胞刚体平移, 求解主节点位移向量 $_{\mathrm{m}}^{\mathrm{node}}\tilde{\boldsymbol{\chi}}^{s2}$ 后, 回代入 (4.71) 式得到单胞整体节点位移向量 $^{\mathrm{node}}\tilde{\boldsymbol{\chi}}^{s2}$。

计算位移场 $^{\mathrm{node}}\bar{\boldsymbol{\chi}}^{s1} = {}^{\mathrm{node}}\boldsymbol{\chi}^{s1} + {}^{\mathrm{node}}\tilde{\boldsymbol{\chi}}^{s1}$, 代入 (4.49) 式求解系数 b_1, b_2, 就可以计算线性曲率 κ_{11} 对应的纯剪切位移场 $^{\mathrm{node}}\bar{\boldsymbol{\chi}}^{*s1}$。(4.49) 式对应的有限元形式为

$$
\begin{bmatrix} A_{11} & A_{13} \\ A_{13} & A_{33} \end{bmatrix} \begin{Bmatrix} b_1 \\ b_2 \end{Bmatrix} = \begin{Bmatrix} -\dfrac{1}{l_1 l_2} \left({}^{\mathrm{node}}\bar{\boldsymbol{\chi}}^{s1} \right)^{\mathrm{T}} {}^{\mathrm{node}}\bar{\boldsymbol{f}}^1 \\ -\dfrac{1}{l_1 l_2} \left({}^{\mathrm{node}}\bar{\boldsymbol{\chi}}^{s1} \right)^{\mathrm{T}} {}^{\mathrm{node}}\bar{\boldsymbol{f}}^3 \end{Bmatrix} \tag{4.78}
$$

位移场 $^{\mathrm{node}}\bar{\boldsymbol{\chi}}^{*s1}$ 的求解公式为 $^{\mathrm{node}}\bar{\boldsymbol{\chi}}^{*s1} = {}^{\mathrm{node}}\bar{\boldsymbol{\chi}}^{s1} + b_1 {}^{\mathrm{node}}\bar{\boldsymbol{\chi}}^1 + b_2 {}^{\mathrm{node}}\bar{\boldsymbol{\chi}}^3$。

类似地求解线性曲率 κ_{22} 对应的纯剪切位移场 $^{\mathrm{node}}\bar{\boldsymbol{\chi}}^{*s2}$。将位移场 $^{\mathrm{node}}\bar{\boldsymbol{\chi}}^{*s1}$, $^{\mathrm{node}}\bar{\boldsymbol{\chi}}^{*s2}$ 代入 (4.63) 式就可以求得系数 E_{11}, E_{22}, 求逆后得到剪切刚度 K_{11}, K_{22}。(4.63) 式的有限元形式为

$$
\begin{aligned}
\frac{\bar{D}_{11} l_1 l_2}{24} + \frac{l_2}{2 l_1} \left[\bar{D}_{11}^2 E_{11} + \bar{D}_{13}^2 E_{22} \right] &= \frac{1}{2} \left({}^{\mathrm{node}}\bar{\boldsymbol{\chi}}^{*s1} \right)^{\mathrm{T}} {}^{\mathrm{node}}\bar{\boldsymbol{f}}^{*s1} \\
\frac{\bar{D}_{22} l_1 l_2}{24} + \frac{l_1}{2 l_2} \left[E_{11} \bar{D}_{23}^2 + E_{22} \bar{D}_{22}^2 \right] &= \frac{1}{2} \left({}^{\mathrm{node}}\bar{\boldsymbol{\chi}}^{*s2} \right)^{\mathrm{T}} {}^{\mathrm{node}}\bar{\boldsymbol{f}}^{*s2}
\end{aligned} \tag{4.79}
$$

根据上文叙述, 我们将等效剪切刚度的计算步骤总结如下。

(1) 按照 NIAH 计算节点位移向量 $^{\mathrm{node}}\boldsymbol{\chi}^{\alpha}$, $^{\mathrm{node}}\tilde{\boldsymbol{\chi}}^{\alpha}$ ($\alpha = 1, 2, \cdots, 6$) 和节点力向量 $^{\mathrm{node}}\boldsymbol{f}^{\alpha}$, $^{\mathrm{node}}\tilde{\boldsymbol{f}}^{\alpha}$ ($\alpha = 1, 2, \cdots, 6$), 计算等效刚度 $\boldsymbol{D}$。

(2) 从上一步结果提取 ω_{1+} 边界上的节点位移向量 $_{\omega_{1+}}^{\mathrm{node}}\tilde{\boldsymbol{\chi}}^{b1}$ 和节点力向量 $_{\omega_{1+}}^{\mathrm{node}}\bar{\boldsymbol{f}}^{b1}$。

(3) 在单胞上施加位移场 $^{\mathrm{node}}\boldsymbol{\chi}^{s1}$, 进行静力分析, 提取节点力场 $^{\mathrm{node}}\boldsymbol{f}^{s1}$。

(4) 将节点力向量 $-^{\mathrm{node}}\boldsymbol{f}^{s1}$ 施加到单胞上, 将节点力向量 $_{\omega_{1+}}^{\mathrm{node}}\bar{\boldsymbol{f}}^{b1}$ 施加到 ω_{1+} 边界上, 按照 (4.71) 式施加位移耦合约束, 限制刚体平移后进行静力分析, 求解位移向量 $^{\mathrm{node}}\tilde{\boldsymbol{\chi}}^{s1}$。将其重新施加到单胞上, 计算提取节点力向量 $^{\mathrm{node}}\tilde{\boldsymbol{f}}^{s1}$。

(5) 计算节点向量 $^{\mathrm{node}}\bar{\boldsymbol{\chi}}^{s1} = {}^{\mathrm{node}}\boldsymbol{\chi}^{s1} + {}^{\mathrm{node}}\tilde{\boldsymbol{\chi}}^{s1}$, $^{\mathrm{node}}\bar{\boldsymbol{f}}^{s1} = {}^{\mathrm{node}}\boldsymbol{f}^{s1} + {}^{\mathrm{node}}\tilde{\boldsymbol{f}}^{s1}$, 按照 (4.78) 式计算系数 b_1, b_2, 计算节点向量 $^{\mathrm{node}}\bar{\boldsymbol{\chi}}^{*s1}$, $^{\mathrm{node}}\bar{\boldsymbol{f}}^{*s1}$。

(6) 类似地重复 (3)~(5) 步, 计算节点向量 $^{\mathrm{node}}\bar{\boldsymbol{\chi}}^{*s2}$, $^{\mathrm{node}}\bar{\boldsymbol{f}}^{*s2}$, 代入 (4.79) 式计算剪切柔度系数 E_{11}, E_{22}, 求逆计算等效剪切刚度系数 K_{11}, K_{22}。

上述求解步骤的流程图如图 4.4 所示。

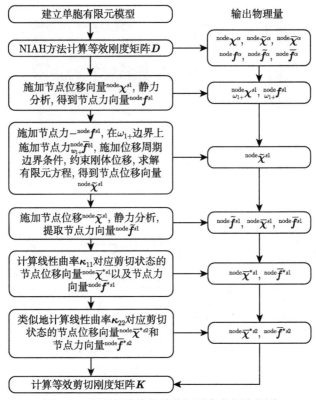

图 4.4 周期板结构等效剪切刚度求解流程图

4.3.2 数值算例

这里通过两个数值算例，说明上文中提出的剪切刚度的预测方法是正确的。第一个算例是实心板，单胞大小为 $0.1\text{m}\times0.1\text{m}\times0.1\text{m}$，材料性质为 $E=200\text{GPa}$，$\nu=0.3$。按照上文计算的等效剪切刚度 $K_{11}=K_{22}=6.410\times10^9(\text{N/m})$，解析解为 $K_{11}=K_{22}=\dfrac{5}{6}Gh\approx6.410\times10^9\,(\text{N/m})$，两者结果是一致的。沿 y_1 方向剪切状态的应力 σ_x 及 τ_{xz} 的分布如图 4.5 所示，与解析解一致。

第二个算例是波纹夹层板，如图 4.6 所示。材料杨氏模量为 $E=300\text{GPa}$，$\nu=0.3$。Loc 和 Cheng[2] 以及 Martinez 等 [3] 通过将单胞中组件简化为梁，计算了该单胞等效性质的近似解析解。不同尺寸下等效剪切刚度解析解如表 4.1 所示，并将其与新方法计算的等效剪切刚度对比。可以看出，两者结果整体吻合得很好，相对误差随着厚度 t,t_c 的增大而逐渐增大。这是由于当厚度增大时，将单胞中的组件简化为梁模型所产生的误差也会逐渐增大，导致解析解逐渐偏离实体模型的计算结果。

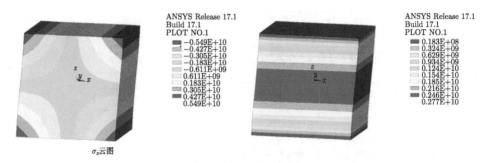

图 4.5　应力云图

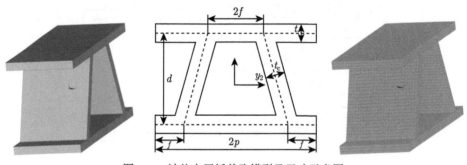

图 4.6　波纹夹层板单胞模型及尺寸示意图

表 4.1　波纹夹层板等效剪切刚度

尺寸参数/mm					近似解析解 [2,3]		本书方法	
p	d	f	t	t_c	K_{11}/(N/m)	K_{22}/(N/m)	K_{11}/(N/m)	K_{22}/(N/m)
50	50	20	1	1	1.009×10^8	1.194×10^5	1.002×10^8	1.183×10^5
50	50	15	1	1	9.472×10^7	2.387×10^5	9.217×10^7	2.398×10^5
50	50	10	1	1	8.644×10^7	6.763×10^5	8.183×10^7	6.893×10^5
50	50	20	2	2	2.025×10^8	9.710×10^5	2.061×10^8	9.928×10^5
50	50	15	2	2	1.931×10^8	1.991×10^6	1.862×10^8	2.012×10^6
50	50	10	2	2	1.757×10^8	5.696×10^6	1.651×10^8	5.905×10^6
50	50	20	5	5	5.512×10^8	1.725×10^7	5.255×10^8	1.642×10^7
50	50	15	5	5	5.123×10^8	3.414×10^7	4.829×10^8	3.509×10^7
50	50	10	5	5	4.615×10^8	9.342×10^7	4.720×10^8	1.025×10^8

4.4　周期板结构位移响应预测

对周期性板结构的均匀化是否合理，一个很重要的判断标准是降阶模型能否对此类结构在外力载荷作用下的响应进行准确的预测。例如，对于抗剪切能力较强的板结构，在横向外载荷作用下，利用 AH 方法将其等效为基尔霍夫板就可以很好地预测结构的位移响应；但对于抗剪能力较弱的周期板结构，则需要将其均匀化为明德林板才能获得比较准确的位移响应预测。本节以位移响应为例，说明相比于基尔霍夫板 (即 AH 方法的预测结果)，将周期板等效为明德林板 (即新方法的预测结果) 可以获得更加准确的位移响应预测。

第一个算例为十字夹层板，其单胞尺寸及有限元模型如图 4.7 所示，尺寸参数为 $l = 0.1$m, $b = 0.1$m, $t_1 = t_2 = 0.008$m, $t = 0.01$m, 芯层高度 h 取 0.04m, 0.08m, 0.12m。单胞材料性质为 $E = 70$GPa, $\nu = 0.3$。

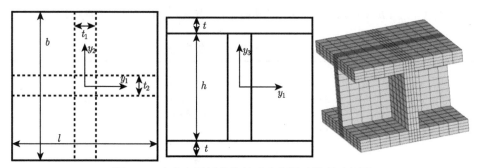

图 4.7 十字夹层板单胞尺寸及有限元模型示意图

计算其等效刚度，如表 4.2 所示。将该单胞沿面内两个方向分别延拓 n 次，得到大小为 $n \times n$ 的非均匀周期板，板四边固支，上表面作用大小为 $p = 1$MPa 的均布压力，进行静力分析，得到如图 4.8 所示的挠度分布图，计算不同参数 n 下周期板中间点处沿厚度方向的节点挠度均值 w_{avg}，作为标准，与具有等效性质的明德林板和基尔霍夫板的中点挠度值 w_{M} 和 w_{K} 进行比较。不同芯层高度 h 下板中点处挠度值如表 4.3 ~ 表 4.5 所示。

表 4.2 不同芯层高度 h 单胞等效刚度系数

h/m	$A_{11}(A_{22})$/(N/m)	A_{12}/(N/m)	A_{33}/(N/m)	$D_{11}(D_{22})$/(N·m)
0.04	1.775×10^9	4.707×10^8	5.521×10^8	1.008×10^6
0.08	2.008×10^9	4.724×10^8	5.531×10^8	3.384×10^6
0.12	2.243×10^9	4.719×10^8	5.540×10^8	7.336×10^6
h/m	D_{12}/(N·m)	D_{33}/(N·m)	$K_{11}(K_{22})$/(N/m)	
0.04	2.948×10^5	3.457×10^5	1.092×10^8	
0.08	9.511×10^5	1.115×10^6	1.945×10^8	
0.12	1.986×10^6	2.327×10^6	2.816×10^8	

比较不同芯层高度 h 及板的大小 n 下，基尔霍夫板和明德林板中点处挠度值与周期夹层板中点处挠度值的误差，如图 4.9 所示。从图中看出，随着延拓数量 n 的增大，基尔霍夫板与明德林板的挠度预测结果的误差都在减小。但在相同大

图 4.8　当 $h = 0.08\text{m}$, $n = 8$ 时四边固支夹层板受到均布压力 p 下的挠度云图

表 4.3　当 $h = 0.04\text{m}$ 时板中点处挠度

n	w_{avg}/m	w_{M}/m	w_{K}/m
4	1.467×10^{-4}	1.428×10^{-4}	3.409×10^{-5}
8	9.934×10^{-4}	9.772×10^{-4}	5.176×10^{-4}
12	3.742×10^{-3}	3.686×10^{-3}	2.633×10^{-3}
16	1.035×10^{-2}	1.021×10^{-2}	8.300×10^{-3}
20	2.353×10^{-2}	2.327×10^{-2}	2.019×10^{-2}
24	4.681×10^{-2}	4.635×10^{-2}	4.187×10^{-2}
28	8.446×10^{-2}	8.372×10^{-2}	7.766×10^{-2}
32	1.415×10^{-1}	1.404×10^{-1}	1.324×10^{-1}
36	2.239×10^{-1}	2.222×10^{-1}	2.121×10^{-1}

表 4.4　当 $h = 0.08\text{m}$ 时板中点处挠度

n	w_{avg}/m	w_{M}/m	w_{K}/m
4	8.100×10^{-5}	7.109×10^{-5}	1.127×10^{-5}
8	4.236×10^{-4}	4.078×10^{-4}	1.618×10^{-4}
12	1.403×10^{-3}	1.370×10^{-3}	8.010×10^{-4}
16	3.610×10^{-3}	3.547×10^{-3}	2.511×10^{-3}
20	7.869×10^{-3}	7.754×10^{-3}	6.109×10^{-3}
24	1.524×10^{-2}	1.504×10^{-2}	1.264×10^{-2}
28	2.699×10^{-2}	2.669×10^{-2}	2.339×10^{-2}
32	4.468×10^{-2}	4.421×10^{-2}	3.987×10^{-2}
36	7.005×10^{-2}	6.935×10^{-2}	6.383×10^{-2}
40	1.051×10^{-1}	1.041×10^{-1}	9.725×10^{-2}
44	1.520×10^{-1}	1.507×10^{-1}	1.423×10^{-1}
48	2.133×10^{-1}	2.114×10^{-1}	2.015×10^{-1}

小的板下，明德林板预测的结果要远优于基尔霍夫板的预测结果。以工程 5% 的误差为基准，当 $n = 8$ 时，不同芯层高度 $h = 0.04\text{m}, 0.08\text{m}, 0.12\text{m}$ 下明德林板挠度误差分别为 1.6%, 3.7%, 5.6%，满足工程需要；但基尔霍夫板挠度误差则分别为 47.9%, 61.8% 和 69.9%，与周期板的结果相差很大。三种高度下基尔霍夫板挠度误差接近 5% 所需的单胞延拓数量 n 分别为 36, 48 和 56，对应的相对误

表 4.5 当 $h = 0.12$m 时板中点处挠度

n	w_{avg}/m	w_{M}/m	w_{K}/m
4	5.808×10^{-5}	4.671×10^{-5}	5.897×10^{-6}
8	2.589×10^{-4}	2.443×10^{-4}	7.783×10^{-5}
12	7.846×10^{-4}	7.613×10^{-4}	3.779×10^{-4}
16	1.912×10^{-3}	1.872×10^{-3}	1.176×10^{-3}
20	4.023×10^{-3}	3.957×10^{-3}	2.851×10^{-3}
24	7.610×10^{-3}	7.502×10^{-3}	5.888×10^{-3}
28	1.327×10^{-2}	1.310×10^{-2}	1.088×10^{-2}
32	2.171×10^{-2}	2.146×10^{-2}	1.853×10^{-2}
36	3.375×10^{-2}	3.338×10^{-2}	2.966×10^{-2}
40	5.031×10^{-2}	4.979×10^{-2}	4.516×10^{-2}
44	7.243×10^{-2}	7.171×10^{-2}	6.609×10^{-2}
48	1.013×10^{-1}	1.003×10^{-1}	9.356×10^{-2}
52	1.380×10^{-1}	1.367×10^{-1}	1.288×10^{-1}
56	1.841×10^{-1}	1.824×10^{-1}	1.732×10^{-1}

差值分别为 5.3%, 5.5% 和 5.9%, 均远大于明德林板 $n = 8$ 的值。对于十字夹层板, 明德林板的挠度预测结果整体上要远好于基尔霍夫板的结果。

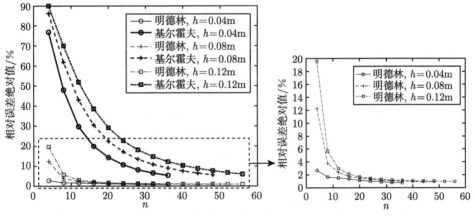

图 4.9 不同 h 下位移相对误差绝对值随板延拓数量 n 的变化曲线

考虑不同高度 h 下基尔霍夫板的预测结果。从图 4.9 可以看出, 随着 h 的增大, 相同尺寸下的挠度的误差逐渐增大, 这是由于随着 h 的增大, 剪切刚度 $K_{11}(K_{22})$ 相对弯曲刚度 $D_{11}(D_{22})$ 的比值不断下降 (从 $h = 0.04$m 时的 108.3 下降到 $h = 0.12$m 时的 38.4), 板的抗剪切能力不断变弱, 导致相同大小板的挠度误差随着 h 的增高而增大, 明德林板预测的位移也有类似的结果; 虽然从绝对数值上看, 剪切刚度和弯曲刚度都随着 h 的增大而增大。

第二个算例为蜂窝夹层板, 其尺寸如图 4.10 所示。蜂窝芯层尺寸为 $l_1 = 0.1$m,

$l_2 = 0.08\mathrm{m}$, $t_1 = 0.004\mathrm{m}$, $t_2 = 0.008\mathrm{m}$, $\theta = \pi/3$, 上下面板厚度均为 $t = 0.004\mathrm{m}$。芯层高度 h 取 0.05m, 0.10m 和 0.15m。材料性质为 $E = 70\mathrm{GPa}$, $\nu = 0.3$。单胞等效刚度系数如表 4.6 所示。

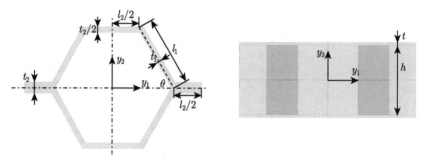

图 4.10　六角蜂窝夹层板单胞示意图

表 4.6　不同芯层高度 h 单胞等效刚度系数

h/m	A_{11}/(N/m)	A_{12}/(N/m)	A_{22}/(N/m)	A_{33}/(N/m)	D_{11}/(N·m)
0.05	6.878×10^8	2.266×10^8	6.826×10^8	2.307×10^8	4.690×10^5
0.10	7.269×10^8	2.781×10^8	7.428×10^8	2.318×10^8	1.791×10^6
0.15	7.706×10^8	3.301×10^8	8.028×10^8	2.316×10^8	4.021×10^6

h/m	D_{12}/(N·m)	D_{22}/(N·m)	D_{33}/(N·m)	K_{11}/(N/m)	K_{22}/(N/m)
0.05	1.419×10^5	4.655×10^5	1.629×10^5	3.391×10^7	3.080×10^7
0.10	5.654×10^5	1.781×10^6	6.139×10^5	7.767×10^7	6.675×10^7
0.15	1.336×10^6	4.026×10^6	1.356×10^6	1.231×10^8	1.033×10^8

将该单胞沿面内两个方向分别延拓 n 次，得到大小为 $n \times n$ 的非均匀周期板，板对边固支，对边自由，上表面作用大小为 p=1MPa 的均布压力，进行静力分析，如图 4.11 所示，计算不同 n 下周期板中点处沿厚度方向的节点挠度均值 w_{avg}，作为标准，与具有等效性质的明德林板和基尔霍夫板的中点挠度值进行比较。不同芯层高度 h 下板中点处的挠度值如表 4.7~ 表 4.9 所示。

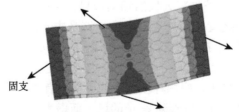

固支

图 4.11　当 $h = 0.1\mathrm{m}$, $n = 8$ 时蜂窝板在均布力 p 作用下的挠度云图

表 4.7　当 $h = 0.05$m 时板中点处挠度

n	$w_{\mathrm{avg}}/$m	$w_{\mathrm{M}}/$m	$w_{\mathrm{K}}/$m
4	1.229×10^{-2}	1.048×10^{-2}	6.458×10^{-3}
8	1.258×10^{-1}	1.196×10^{-1}	1.033×10^{-1}
12	5.769×10^{-1}	5.601×10^{-1}	5.226×10^{-1}
16	1.758	1.720	1.652
20	4.219	4.140	4.032

表 4.8　当 $h = 0.10$m 时板中点处挠度

n	$w_{\mathrm{avg}}/$m	$w_{\mathrm{M}}/$m	$w_{\mathrm{K}}/$m
4	4.754×10^{-3}	3.446×10^{-3}	1.696×10^{-3}
8	3.734×10^{-2}	3.418×10^{-2}	2.708×10^{-2}
12	1.608×10^{-1}	1.532×10^{-1}	1.370×10^{-1}
16	4.786×10^{-1}	4.623×10^{-1}	4.329×10^{-3}
20	1.136	1.103	1.057
24	2.318	2.259	2.191
28	4.253	4.154	4.060

表 4.9　当 $h = 0.15$m 时板中点处挠度

n	$w_{\mathrm{avg}}/$m	$w_{\mathrm{M}}/$m	$w_{\mathrm{K}}/$m
4	3.017×10^{-3}	1.861×10^{-3}	7.587×10^{-4}
8	1.882×10^{-2}	1.655×10^{-2}	1.208×10^{-2}
12	7.614×10^{-2}	7.132×10^{-2}	6.112×10^{-2}
16	2.213×10^{-1}	2.115×10^{-1}	1.931×10^{-1}
20	5.191×10^{-1}	5.005×10^{-1}	4.713×10^{-1}
24	1.053	1.020	9.772×10^{-1}
28	1.924	1.869	1.810
32	3.254	3.166	3.088

　　比较不同芯层高度 h 及单胞延拓数量 n 下，基尔霍夫板和明德林板中点处挠度值与周期夹层板中点处挠度值的误差，如图 4.12 所示。从图中看出，随着延拓数量 n 的增大，基尔霍夫板与明德林板的挠度预测结果的误差都在减小。但对于相同尺寸的板，明德林板预测的结果要优于基尔霍夫板的预测结果。仍然以工程误差 5% 为例，三个高度值 $h = 0.005$m, 0.10m, 0.15m 下明德林板满足工程误差所需要延拓的单胞数目分别为 $n = 8, 12, 16$，对应的基尔霍夫板需要延拓的单胞数目分别 $n = 20, 28, 32$。对于蜂窝夹层板，明德林板的挠度预测结果要优于基尔霍夫板的结果。

　　考虑不同高度 h 下基尔霍夫板的预测结果，如图 4.12 右图所示。随着 h 的增大，相同板尺寸下的挠度的误差逐渐增大。剪切刚度 K_{11} 相对弯曲刚度 D_{11} 的比值随着 h 的增大而不断下降 (从 $h = 0.05$m 时的 72.3 下降到 $h = 0.15$m 时的

30.6)，板的抗剪切能力不断变弱，导致相同大小板的挠度误差随着 h 的增大而增大；虽然从绝对数值上看，剪切刚度和弯曲刚度都随着 h 的增大而增大。

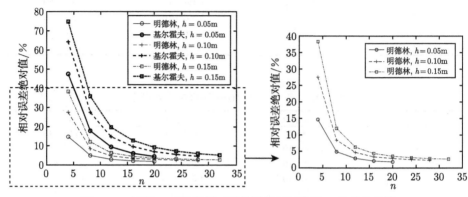

图 4.12　不同 h 下位移相对误差随板延拓数量 n 的变化曲线

4.5　本章小结

本章提出了周期板结构的 NIAH 的新诠释，并在此基础上提出了预测周期板结构等效剪切刚度的方法。该方法是在宏观板上构造与待求剪切刚度相关的应变场，并计算应变能与剪切刚度的关系；在微观单胞上利用单胞交界面的连续性条件导出周期边界条件，并与外力为零条件一起推导了求解微单胞纯剪切状态所需的控制方程，在此基础上建立了与宏观板一致的微单胞应力–应变状态。最后利用宏微观应变能等价的条件来求解等效剪切刚度。

本章推导了板等效剪切刚度的有限元求解列式，并将其在通用有限元软件上数值实现。该方法继承了 NIAH 的优点，以有限元软件为黑箱，利用有限元软件输出结果计算等效剪切刚度，简单高效地预测周期板的等效剪切性质，将非均匀周期板结构均匀化为具有等效性质的明德林板。

本章进一步对周期夹层板在外载荷作用下的位移响应进行了预测。结果表明，考虑剪切的明德林板模型可以更好地预测原周期板结构的挠度值，尤其是当周期板结构尺寸较小，剪切变形无法忽略时，明德林板模型可以获得远优于基尔霍夫板模型的位移预测结果。

参 考 文 献

[1] Xu L, Cheng G D. Shear stiffness prediction of Reissner-Mindlin plates with periodic microstructures[J]. Mechanics of Advanced Materials and Structures, 2017, 24(4): 271-286.

[2] Lok T S, Cheng Q H. Elastic stiffness properties and behavior of truss-core sandwich panel[J]. Journal of Structural Engineering-ASCE, 2000, 126(5): 552-559.

[3] Martinez O, Sankar B, Haftka R, et al. Two-dimensional orthotropic plate analysis for an integral thermal protection system[J]. AIAA Journal, 2012, 50(2): 387-398.

第 5 章　周期梁板结构微结构及两尺度优化设计

5.1　周期梁结构拓扑优化设计

5.1.1　微结构拓扑优化设计

　　本小节研究周期性梁的单胞微结构在体积约束下的刚度优化问题。采用 3D 实体单元来对单胞进行有限元网格划分，假设单胞的设计域被离散为 N 个有限单元，如图 5.1 所示。

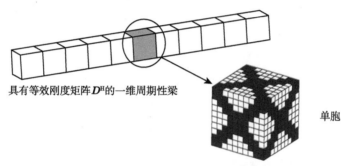

具有等效刚度矩阵 $\boldsymbol{D}^{\mathrm{H}}$的一维周期性梁

单胞

图 5.1　周期性非均质梁的微结构设计

　　将单元的人工材料密度 $\rho_e = 0$ 或 $1(e = 1, 2, \cdots, N)$ 作为设计变量，其分别代表单胞内的孔洞和实体。这样材料密度 ρ_e 的分布就决定了单胞微结构拓扑形式。为了使得优化求解过程可行，通过引入各向同性材料惩罚模型 (solid isotropic material with penalization，SIMP) 插值格式使得密度设计变量连续化。那么上述材料最优分布的优化问题列式可以写为

$$
\begin{cases}
\text{find} & \boldsymbol{\rho} = (\rho_1, \rho_2, \cdots, \rho_N)^{\mathrm{T}} \\
\text{min} & f\left(\boldsymbol{D}_{ij}^{\mathrm{H}}(\boldsymbol{\rho})\right), \quad i, j = 1, \cdots, 4 & \text{(a)} \\
\text{s.t.} & \boldsymbol{D}_{ij}^{\mathrm{H}} = \dfrac{1}{|Y|} \displaystyle\int_Y (\boldsymbol{\varepsilon}_0^i - \boldsymbol{\varepsilon}^i)^{\mathrm{T}} \boldsymbol{C} (\boldsymbol{\varepsilon}_0^j - \boldsymbol{\varepsilon}^j) \mathrm{d}Y, \quad i, j = 1, \cdots, 4 & \text{(b)} \\
& \boldsymbol{K} \boldsymbol{\chi}^i = \boldsymbol{F}^i, \quad i = 1, \cdots, 4 & \text{(c)} \\
& \displaystyle\sum_{e=1}^N \rho_e v_e / V^* - 1 \leqslant 0 & \text{(d)} \\
& 0 < \rho_{\min} \leqslant \rho_e \leqslant 1, \quad e = 1, 2, \cdots, N & \text{(e)}
\end{cases}
$$

$$(5.1)$$

注意到，设计变量 ρ_e 在 (5.1e) 式中被放松以避免直接求解 0-1 规划问题。为了得到 0-1 分布设计，单元的杨氏模量假设是单元密度的函数，并利用 SIMP 插值格式得到

$$E_e = \rho_e^p E_0, \quad \rho_{\min} \leqslant \rho_e \leqslant 1 \tag{5.2}$$

这里，E_0 是实体材料的杨氏模量；p 是惩罚因子。此外其他的插值格式也可以使用，包括常用的改进的 SIMP 格式以及 RAMP(rational approximation of material properties) 格式：

$$\text{改进的 SIMP：} E_e = E_{\min} + \rho_e^p (E_0 - E_{\min}), \quad 0 \leqslant \rho_e \leqslant 1 \tag{5.3}$$

$$\text{RAMP：} E_e = \frac{\rho_e}{1 + q(1 - \rho_e)} E_0, \quad 0 \leqslant \rho_e \leqslant 1 \tag{5.4}$$

其中，$E_{\min}$ 是自定义的孔洞材料的最小刚度，以避免总体刚度矩阵奇异。

(5.1) 式中，$\boldsymbol{D}^{\mathrm{H}}$ 是 4×4 的宏观梁模型等效刚度矩阵，定义了宏观广义轴力 F，两个弯矩 M_y, M_z，以及扭矩 T 这 4 个物理量与宏观广义拉伸应变 ε_x，两个弯曲曲率 κ_y, κ_z，以及扭率 κ_{yz} 之间的关系，即

$$
\begin{bmatrix}
F \\ M_y \\ M_z \\ T
\end{bmatrix}
=
\begin{bmatrix}
D_{11} & D_{12} & D_{13} & D_{14} \\
D_{21} & D_{22} & D_{23} & D_{24} \\
D_{31} & D_{32} & D_{33} & D_{34} \\
D_{41} & D_{42} & D_{43} & D_{44}
\end{bmatrix}
\begin{bmatrix}
\varepsilon_x \\ \kappa_y \\ \kappa_z \\ \kappa_{yz}
\end{bmatrix}
\tag{5.5}
$$

(5.1b) 式和 (5.1c) 式是一维周期性梁均匀化方法的控制方程。(5.1c) 式是四个单胞方程的有限元列式，通过在周期性边界条件下求解单胞方程并得到特征位移 $\tilde{\boldsymbol{\chi}}^i$，就可以通过 (5.1b) 式求得等效刚度矩阵 $\boldsymbol{D}^{\mathrm{H}}$。(5.1d) 式定义了单胞的材料用量约束 V^*。

(5.1a) 式中的目标函数是梁的等效刚度矩阵 $\boldsymbol{D}^{\mathrm{H}}$ 的函数，根据所研究问题的不同，其定义会有所变化。例如，对于最大化扭转刚度问题，目标函数 f 定义为

$$f = -\boldsymbol{D}_{44}^{\mathrm{H}}(\rho_e) / D_{\mathrm{const}} \tag{5.6}$$

这里，D_{const} 是一个正则化常数，使得目标函数无量纲化，通常可以选择初始设计的等效刚度作为常数。

此外，对于指定刚度设计，目标函数 f 可以定义为正则化 2-范数形式

$$f = \sum_{\boldsymbol{D}_{ij}^{\mathrm{S}} \neq 0} w_{ij} \left(\frac{\boldsymbol{D}_{ij}^{\mathrm{H}}}{\boldsymbol{D}_{ij}^{\mathrm{S}}} - 1 \right)^2 + \sum_{\boldsymbol{D}_{ij}^{\mathrm{S}} = 0} w_{ij} \left(\boldsymbol{D}_{ij}^{\mathrm{H}} - \boldsymbol{D}_{ij}^{\mathrm{S}} \right)^2 \tag{5.7}$$

或 D 函数形式 [1]

$$f = \sum_{\boldsymbol{D}_{ij}^{\mathrm{S}} \neq 0} w_{ij} \left(\boldsymbol{D}_{ij}^{\mathrm{H}} \ln \left(\boldsymbol{D}_{ij}^{\mathrm{H}} / \boldsymbol{D}_{ij}^{\mathrm{S}} \right) - \boldsymbol{D}_{ij}^{\mathrm{H}} + \boldsymbol{D}_{ij}^{\mathrm{S}} \right) + \sum_{\boldsymbol{D}_{ij}^{\mathrm{S}} = 0} w_{ij} \left(\boldsymbol{D}_{ij}^{\mathrm{H}} - \boldsymbol{D}_{ij}^{\mathrm{S}} \right)^2 \quad (5.8)$$

这里, D_{ij}^{S} 是指定的目标刚度; w_{ij} 是各项的权重系数。其中第二项还可以用来抑制耦合刚度, 例如, 使微结构保持为对称结构。对于指定刚度设计, 如果指定刚度值选择过小, 那么优化问题中材料约束可能并不是有效约束, 这是因为, 实现这样的指定刚度, 并不需要使用全部给定的材料 V^*, 从而造成优化结果不唯一。这时, 可以将目标函数与约束互换, 将材料用量作为目标函数, 而将指定刚度作为约束条件, 那么我们可以得到指定刚度设计的另一种形式:

$$\begin{cases} \text{find} \quad \boldsymbol{\rho} = (\rho_1, \rho_2, \cdots, \rho_N)^{\mathrm{T}}, \quad i = 1, 2, \cdots, N \\ \text{min} \quad f(\boldsymbol{\rho}) = \dfrac{1}{V_0} \sum_{i=1}^{N} \rho_i v_i \\ \text{s.t.} \quad \boldsymbol{D}_{ij}^{\mathrm{H}} = \dfrac{1}{|Y|} \int_Y (\boldsymbol{\varepsilon}_0^i - \boldsymbol{\varepsilon}^i)^{\mathrm{T}} \boldsymbol{C} (\boldsymbol{\varepsilon}_0^j - \boldsymbol{\varepsilon}^j) \mathrm{d}Y, \quad i, j = 1, \cdots, 4 \quad (\mathrm{a}) \\ \qquad \boldsymbol{K} \boldsymbol{\chi}^i = \boldsymbol{F}^i, \quad i = 1, \cdots, 4 \quad (\mathrm{b}) \\ \qquad 1 - \boldsymbol{D}_{ij}^{\mathrm{H}} / \boldsymbol{D}_{ij}^{\mathrm{S}} = 0, \quad i, j = 1, \cdots, 4 \quad (\mathrm{c}) \\ \qquad 0 < \rho_{\min} \leqslant \rho_e \leqslant 1, \quad e = 1, 2, \cdots, N \quad (\mathrm{d}) \end{cases}$$
$$(5.9)$$

其中, V_0 为材料密度设计变量都为 1 时的模型材料用量, 所以目标函数体现了材料用量的百分比。我们通过设计在指定刚度约束下的单胞微结构材料分布, 使得单胞总体材料用量比例达到最小。这种结构的轻量化设计在航空航天等领域有着广泛的应用。

为了能够利用梯度类优化算法求解上述优化问题, 需要进一步考虑等效刚度的灵敏度分析方法。一维周期性梁的等效刚度矩阵 $\boldsymbol{D}_{ij}^{\mathrm{H}}$ 对密度设计变量 ρ_e 的灵敏度可以解析地表达为

$$\begin{aligned} \frac{\partial \boldsymbol{D}_{ij}^{\mathrm{H}}}{\partial \rho_e} = {} & \frac{1}{|Y|} \int_Y (\boldsymbol{\varepsilon}^i - \tilde{\boldsymbol{\varepsilon}}^i)^{\mathrm{T}} \frac{\partial \boldsymbol{C}}{\partial \rho_e} (\boldsymbol{\varepsilon}^j - \tilde{\boldsymbol{\varepsilon}}^j) \mathrm{d}Y \\ & - \frac{1}{|Y|} \int_Y \left(\frac{\partial \tilde{\boldsymbol{\varepsilon}}^i}{\partial \rho_e} \right)^{\mathrm{T}} \boldsymbol{C} (\boldsymbol{\varepsilon}^j - \tilde{\boldsymbol{\varepsilon}}^j) \mathrm{d}Y - \frac{1}{|Y|} \int_Y (\boldsymbol{\varepsilon}^i - \tilde{\boldsymbol{\varepsilon}}^i)^{\mathrm{T}} \boldsymbol{C} \left(\frac{\partial \tilde{\boldsymbol{\varepsilon}}^j}{\partial \rho_e} \right) \mathrm{d}Y \end{aligned}$$
$$(5.10)$$

注意到, 控制方程的等效积分弱形式可以写为有限元形式:

$$\frac{1}{|Y|} \int_Y \tilde{\boldsymbol{\varepsilon}}(v)^{\mathrm{T}} \boldsymbol{C} (\boldsymbol{\varepsilon}^i - \tilde{\boldsymbol{\varepsilon}}^i) \mathrm{d}Y = 0 \quad (5.11)$$

其中，$\tilde{\varepsilon}(v)$ 为单胞域内满足边界条件的任意应变场，对比 (5.10) 式可知，(5.10) 式中的后两项均为 0。因此灵敏度列式可以从整个单胞域 Y 转化到单元域 Y_e 内：

$$\frac{\partial \boldsymbol{D}_{ij}^{\mathrm{H}}}{\partial \rho_e} = \frac{1}{|Y|} \int_Y (\boldsymbol{\varepsilon}^i - \tilde{\boldsymbol{\varepsilon}}^i)^{\mathrm{T}} \frac{\partial \boldsymbol{C}}{\partial \rho_e} (\boldsymbol{\varepsilon}^j - \tilde{\boldsymbol{\varepsilon}}^j) \mathrm{d}Y = \frac{1}{|Y|} \int_{Y_e} (\boldsymbol{\varepsilon}^i - \tilde{\boldsymbol{\varepsilon}}^i)^{\mathrm{T}} \frac{\partial \boldsymbol{C}_e (E_e)}{\partial \rho_e} (\boldsymbol{\varepsilon}^j - \tilde{\boldsymbol{\varepsilon}}^j) \mathrm{d}Y \tag{5.12}$$

这里，$\boldsymbol{C}_e$ 是单元 e 的材料的弹性本构矩阵。如果采用 SIMP 插值格式，灵敏度列式可以推导为

$$\frac{\partial E_e}{\partial \rho_e} = \frac{\partial \rho_e^n E_0}{\partial \rho_e} = n \rho_e^{n-1} E_0 = \frac{n}{\rho_e} E_e \tag{5.13}$$

$$\frac{\partial \boldsymbol{D}_{ij}^{\mathrm{H}}}{\partial \rho_e} = \frac{n}{\rho_e} \frac{1}{|Y|} \int_{Y_e} (\boldsymbol{\varepsilon}^i - \tilde{\boldsymbol{\varepsilon}}^i)^{\mathrm{T}} \boldsymbol{C}_e (\boldsymbol{\varepsilon}^j - \tilde{\boldsymbol{\varepsilon}}^j) \mathrm{d}Y_e = \frac{2n}{\rho_e |Y|} W_e^{ij} \tag{5.14}$$

这里，W_e^{ij} 是单元 e 的应变能或互应变能。与此类似，如果使用改进的 SIMP 插值格式或 RAMP 插值格式，则灵敏度列式可解析推导为

$$\text{改进的 SIMP:} \quad \frac{\partial \boldsymbol{D}_{ij}^{\mathrm{H}}}{\partial \rho_e} = \frac{2n \rho_e^{n-1} (E_0 - E_{\min})}{E_e |Y|} W_e^{ij} \tag{5.15}$$

$$\text{RAMP:} \quad \frac{\partial \boldsymbol{D}_{ij}^{\mathrm{H}}}{\partial \rho_e} = \frac{2(1+q)}{\rho_e [1 + q(1 - \rho_e)] |Y|} W_e^{ij} \tag{5.16}$$

从 (5.14) 式 ~ (5.16) 式可以看到，不管使用哪一种插值格式，等效刚度对于单元密度设计变量的灵敏度总可以解析地表示为单元应变能或互应变能项与相关参数项的乘积的形式。因为相关参数都是已知的，它们可以很容易地计算出来，那么下一步求解灵敏度的关键就在于如何求解应变能或互应变能项 W_e^{ij}。当 $i = j$ 时，

$$W_e^{ii} = \int_{Y_e} \frac{1}{2} (\boldsymbol{\varepsilon}^i - \tilde{\boldsymbol{\varepsilon}}^i)^{\mathrm{T}} \boldsymbol{C}_e (\boldsymbol{\varepsilon}^i - \tilde{\boldsymbol{\varepsilon}}^i) \mathrm{d}Y \tag{5.17}$$

这表示单元 e 在相对应的广义单位应变工况 $(\boldsymbol{\varepsilon}_0^i - \boldsymbol{\varepsilon}^i)$ 作用下的单元应变能。在商业软件中，这一项是很容易从结果数据中直接提取的。当 $i \neq j$ 时，

$$W_e^{ij} = \int_{Y_e} \frac{1}{2} (\boldsymbol{\varepsilon}^i - \tilde{\boldsymbol{\varepsilon}}^i)^{\mathrm{T}} \boldsymbol{C}_e (\boldsymbol{\varepsilon}^j - \tilde{\boldsymbol{\varepsilon}}^j) \mathrm{d}Y \tag{5.18}$$

这是由两个广义单位应变场 $(\boldsymbol{\varepsilon}^i - \tilde{\boldsymbol{\varepsilon}}^i)$ 和 $(\boldsymbol{\varepsilon}^j - \tilde{\boldsymbol{\varepsilon}}^j)$ 共同作用产生的互应变能项，且不能从商业软件中直接提取，所以我们需要寻找其他方式来求解。

这里首先定义一个新的复合应变场符号 $\bar{\varepsilon}^{i+j}$，它表示单位应变场 $\bar{\varepsilon}^i$ 与 $\bar{\varepsilon}^j$ 的和，即

$$\bar{\varepsilon}^{i+j} = \bar{\varepsilon}^i + \bar{\varepsilon}^j \tag{5.19}$$

其中，$\bar{\varepsilon}^i$ 定义为初始广义单位应变场与广义特征应变场的差，即

$$\bar{\varepsilon}^i = \varepsilon^i - \tilde{\varepsilon}^i \tag{5.20}$$

则在复合应变工况 $\bar{\varepsilon}^{i+j}$ 作用下的单元 e 相应的单元应变能可以表示为

$$
\begin{aligned}
W_e^{i+j} &= \int_{Y_e} \frac{1}{2} \left(\bar{\varepsilon}^{i+j}\right)^{\mathrm{T}} C_e \left(\bar{\varepsilon}^{i+j}\right) \mathrm{d}Y_e = \int_{Y_e} \frac{1}{2} \left(\bar{\varepsilon}^i + \bar{\varepsilon}^j\right)^{\mathrm{T}} C_e \left(\bar{\varepsilon}^i + \bar{\varepsilon}^j\right) \mathrm{d}Y \\
&= \int_{Y_e} \left(\frac{1}{2} \left(\bar{\varepsilon}^i\right)^{\mathrm{T}} C_e \bar{\varepsilon}^i + \frac{1}{2} \left(\bar{\varepsilon}^j\right)^{\mathrm{T}} C_e \bar{\varepsilon}^j + \left(\bar{\varepsilon}^i\right)^{\mathrm{T}} C_e \bar{\varepsilon}^j \right) \mathrm{d}Y \\
&= W_e^{ii} + W_e^{jj} + 2W_e^{ij}
\end{aligned}
\tag{5.21}
$$

由 (5.21) 式即可以得到单元互应变能的求解公式：

$$W_e^{ij} = \left(W_e^{i+j} - W_e^{ii} - W_e^{jj}\right)/2 \tag{5.22}$$

从 (5.17) 式 ~(5.22) 式可以看到，所有单元应变能和互应变能都可以通过相应的复合应变工况计算出来。根据均匀化新方法的核心思想，单元的应变能也可以通过施加应变工况对应的节点位移场来得到，即

$$W_e^{ij} = \frac{1}{2}(\chi_e^i - \tilde{\chi}_e^i)^{\mathrm{T}} K_e (\chi_e^i - \tilde{\chi}_e^i) \tag{5.23}$$

这样我们就可以通过构造单胞有限元模型的总体节点复合位移场工况 $\bar{\chi}^i = \chi^i - \tilde{\chi}^i$ 和 $\bar{\chi}^{i+j} = (\chi^i - \tilde{\chi}^i) - (\chi^j - \tilde{\chi}^j)$，在有限元单胞模型的每个节点上施加相应的复合位移场，进行一次静力分析并在结果中提取每个单元的应变，那么单元的互应变能 W_e^{ij} 就可以通过 (5.22) 式求出。等效刚度对密度设计变量的灵敏度也可以进一步得到。注意到，这里利用商业软件的静力分析只是矩阵与向量的乘积，而不是解方程组，所以并不会增加过多的计算时间，通过利用商业软件的求解器，避免了刚度矩阵 K 的提取和组装。

第一个算例是优化周期性梁的两个方向的弯曲刚度，使其等于或靠近指定的刚度值。采用的模型是变截面梁结构，可以看作由两个边长分别为 $L_1=20$，$L_2 = 10$ 的正方体周期性排列而成，单胞划分六面体实体单元，单元尺寸为 1，如图 5.2 所示。模型的实体材料参数为 $E_0 = 1$，$\nu = 0.3$，使用改进的 SIMP 插值格式，惩

罚系数取为 $p = 3$，最小刚度 $E_{\min} = 10^{-9}$。其优化列式可以写为

$$
\begin{cases}
\text{find} \quad \boldsymbol{\rho} = (\rho_1, \rho_2, \cdots, \rho_N)^{\mathrm{T}} \\[2mm]
\text{min} \quad f = w_{22}\left(\dfrac{\boldsymbol{D}_{22}^{\mathrm{H}}}{\boldsymbol{D}_{22}^{\mathrm{S}}} - 1\right)^2 + w_{33}\left(\dfrac{\boldsymbol{D}_{33}^{\mathrm{H}}}{\boldsymbol{D}_{33}^{\mathrm{S}}} - 1\right)^2 & \text{(a)} \\[3mm]
\text{s.t.} \quad \boldsymbol{D}_{ij}^{\mathrm{H}} = \dfrac{1}{|Y_e|} \displaystyle\int_{Y_e} (\boldsymbol{\varepsilon}_0^i - \boldsymbol{\varepsilon}^i)^{\mathrm{T}} \boldsymbol{C}(\boldsymbol{\varepsilon}_0^j - \boldsymbol{\varepsilon}^j)\mathrm{d}Y, \quad i,j = 2,3 & \text{(b)} \\[3mm]
\qquad \boldsymbol{K}\boldsymbol{\chi}^i = \boldsymbol{F}^i, \quad i = 2,3 & \text{(c)} \\[3mm]
\qquad \displaystyle\sum_{e=1}^{N} \rho_e v_e / V^* - 1 \leqslant 0 & \text{(d)} \\[3mm]
\qquad 0 < \rho_{\min} \leqslant \rho_e \leqslant 1, \quad e = 1,2,\cdots,N & \text{(e)}
\end{cases}
\tag{5.24}
$$

其中，设计域的材料用量体积分数为 20%。优化的指定目标刚度值为 $D_{22} = 500$，$D_{33} = 800$，权重系数取为 $w_{22} = w_{33} = 1$。由于在弯曲工况作用下的密度均布分布的单胞的应变分布并不均匀，所以其相应的灵敏度并不是对所有单元都相等，从而初始密度分布可以采用均布分布。注意到，这里并没有采用控制对称性的惩罚公式，因为选用了具有对称性的初始结构，我们的算法得到的拓扑结构自动满足对称性的要求。

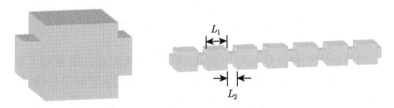

图 5.2　周期变截面梁及其单胞

图 5.3 给出了两个弯曲刚度和材料体积分数的优化迭代曲线。可以看到，优化初期产生了强烈的振荡，后期振荡逐渐减小，但始终伴随着优化过程，虽然两个刚度值最终近似收敛到了目标刚度，但材料实际用量 (17.54%) 小于给定的材料约束值。这说明此算例中材料体积约束并不是有效约束，结构只需要更少的材料就可以满足刚度目标的要求，从而导致体积约束项在优化过程中的振荡，并带动了两个等效刚度的振荡，造成优化收敛困难。

由此算例可见，对于指定刚度设计，材料约束可能并不是有效约束，从而可以改变优化问题的提法，将材料用量的体积分数作为目标函数，而在约束条件中要求优化结构在两个方向上的刚度大于指定刚度，其优化列式可以写为

$$
\begin{cases}
\text{find} & \boldsymbol{\rho} = (\rho_1, \rho_2, \cdots, \rho_N)^{\mathrm{T}} \\
\min & f(\boldsymbol{\rho}) = \dfrac{1}{V_0} \sum_{e=1}^{N} \rho_e v_e \\
\text{s.t.} & \boldsymbol{D}_{ij}^{\mathrm{H}} = \dfrac{1}{|Y|} \int_Y (\boldsymbol{\varepsilon}^i - \tilde{\boldsymbol{\varepsilon}}^i)^{\mathrm{T}} \boldsymbol{C} (\boldsymbol{\varepsilon}^j - \tilde{\boldsymbol{\varepsilon}}^j) \mathrm{d}Y, \quad i, j = 2, 3 \\
& \boldsymbol{K} \boldsymbol{\chi}^i = \boldsymbol{F}^i, \quad i = 2, 3 \\
& 1 - \boldsymbol{D}_{22}^{\mathrm{H}} / \boldsymbol{D}_{22}^{\mathrm{S}} \leqslant 0 \\
& 1 - \boldsymbol{D}_{33}^{\mathrm{H}} / \boldsymbol{D}_{33}^{\mathrm{S}} \leqslant 0 \\
& 0 < \rho_{\min} \leqslant \rho_e \leqslant 1, \quad e = 1, 2, \cdots, N
\end{cases} \tag{5.25}
$$

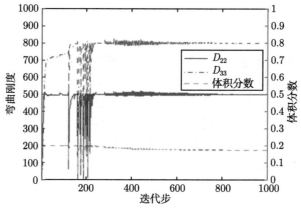

图 5.3　两个弯曲刚度及体积分数优化迭代曲线

在材料用量最小化优化结果中,弯曲刚度为有效约束,取等号。这里表示为不等式约束,是因为一般优化算法 (包括移动渐近线法) 更容易处理不等式约束。通过设计在指定刚度约束下的单胞微结构材料分布,可以使得单胞总体材料用量达到最小。

采用新列式计算得到的优化迭代历史曲线如图 5.4 所示。可以看到,通过均匀化方法求得的两个等效弯曲刚度值在优化过程中始终与目标刚度项保持一致,只在每次非线性密度过滤中 β 发生变化时产生很小的振荡,并很快收敛。而材料体积分数作为目标函数,在整个优化过程中逐渐减小,优化结束时的目标函数值为 16.76%,比原优化列式中得到的目标函数值更小,这说明通过优化,在满足刚度要求的约束下,材料用量达到了极小值。

图 5.5 给出了新列式求解下的单胞拓扑优化结果。由于使用了第 3 章的非线性密度过滤,得到了清晰的 1/0 拓扑,我们把 0 密度的单元删掉,以便更清晰地看到内部的拓扑结构。从图中可以看到,在强刚度方向单胞两侧的壁厚出现加强,而在弱刚度方向则出现了较大的孔洞,这是符合直观力学认识的。

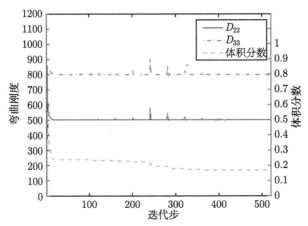

图 5.4 新列式下的优化迭代曲线 ($D_{22} = 500$, $D_{33} = 800$)

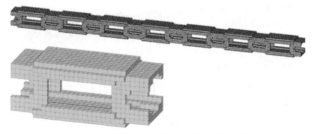

图 5.5 新列式下单胞拓扑优化结果

为了检验新列式的可靠性，将上述问题的两个目标弯曲刚度改为 $D_{22} = 800$，$D_{33} = 1000$，同样采用优化列式 (5.25) 式，优化单胞的材料用量体积分数。其优化迭代历史曲线如图 5.6 所示。可以看到刚度约束仍然得到了精确的满足，且材料体积分数随迭代逐渐下降。优化得到的最小材料体积分数为 24.11%，相比上一工况的 16.76% 有所增加，这是因为单胞结构需要更多的材料来使得弯曲刚度增强，以满足刚度约束的要求。从图 5.7 的单胞拓扑优化结果可以看到，与上一工况相比，强弯曲刚度的方向表面出现了增强肋，而弱弯曲刚度方向的孔洞变小，且壁厚增加，从而导致两方向弯曲刚度同时增大。

由此算例可见，对于指定刚度优化，采用指定刚度作为约束，要求结构刚度大于指定值、优化最小材料体积的优化列式，优化过程更为稳定，且优化迭代次数减少。而采用材料体积约束，将指定刚度作为优化目标，不仅迭代振荡剧烈，不易收敛，且容易造成材料的浪费。

第二个算例为最大化扭转刚度，本算例考虑一维周期性梁结构的最大扭转刚度设计。宏观一维梁模型沿 x 方向具有周期性，单胞设计域是在 y 方向具有

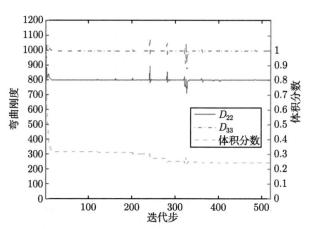

图 5.6　提高指定刚度后的优化迭代曲线 ($D_{22} = 800$, $D_{33} = 1000$)

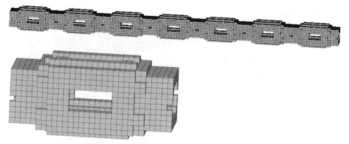

图 5.7　新列式下单胞拓扑优化结果 ($D_{22} = 800$, $D_{33} = 1000$)

方形孔洞的正方体, 如图 5.8 所示。单胞正方体的尺寸为 20cm×20cm×20cm, 其内部孔洞的尺寸为 10cm×20cm×10cm。单胞的实体材料为各向同性材料, 杨氏模量为 $E_0 = 200$GPa, 泊松比为 $\nu = 0.3$。单胞中设计域的材料用量约束为 40%。其优化列式可以写为

$$\begin{cases} \text{find} \quad \boldsymbol{\rho} = (\rho_1, \rho_2, \cdots, \rho_N)^{\mathrm{T}} \\[2mm] \min \quad -\dfrac{\boldsymbol{D}_{44}^{\mathrm{H}}(\boldsymbol{\rho})}{\boldsymbol{D}_{\text{const}}} \qquad\qquad\qquad\qquad\qquad\quad (\text{a}) \\[3mm] \text{s.t.} \quad \boldsymbol{D}_{44}^{\mathrm{H}} = \dfrac{1}{|Y|}\displaystyle\int_Y (\boldsymbol{\varepsilon}_0^4 - \boldsymbol{\varepsilon}^4)^{\mathrm{T}} C(\boldsymbol{\varepsilon}_0^4 - \boldsymbol{\varepsilon}^4)\mathrm{d}Y \quad (\text{b}) \\[3mm] \qquad \boldsymbol{K}\boldsymbol{\chi}^4 = \boldsymbol{F}^4 \qquad\qquad\qquad\qquad\qquad\qquad (\text{c}) \\[3mm] \qquad \displaystyle\sum_{e=1}^N \rho_e v_e / V^* - 1 \leqslant 0 \qquad\qquad\qquad\quad (\text{d}) \\[3mm] \qquad 0 < \rho_{\min} \leqslant \rho_e \leqslant 1, \quad e = 1, 2, \cdots, N \quad (\text{e}) \end{cases} \qquad (5.26)$$

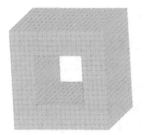

图 5.8 带方孔的周期梁及其单胞

图 5.9 展示了最大扭转刚度的单胞拓扑优化结果。从结果的材料拓扑分布可以看到，由于传统的传力路径，即材料全部分布在单胞垂直于轴向的外边界而形成管状结构，已经被给定的孔洞所阻隔，所以通过拓扑优化形成了新的传力路径。新的传力路径中材料在单胞的轴向内部和正方体的各个顶点处减少，从而在 y 方向表面形成了交叉式的材料分布。从图 5.10 的迭代历史可以看到，梁的等效扭转刚度随着迭代有了很大的提高，而材料约束基本保持稳定。

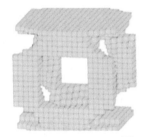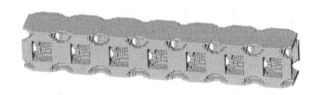

图 5.9 最大扭转刚度的单胞拓扑优化结果

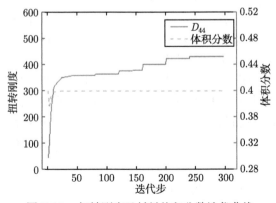

图 5.10 扭转刚度及材料体积分数迭代曲线

5.1.2 基于精细三维分析模型的周期短梁结构优化设计

采用一维周期性梁的均匀化理论可以将具有复杂微结构的细长复合梁结构等效为一维欧拉–伯努利梁, 其中的一个重要假设是单胞在轴向具有无穷多个。但是实际结构中存在很多具有周期性微结构的短梁结构, 其沿轴向单胞数量较少, 且整个梁结构的跨高比相对较小时, 梁的剪切变形不可忽略, 此时梁结构等效为欧拉–伯努利梁已经不再适合。同时由于整个短梁模型的规模也相对变小, 所以可以基于精细的三维分析模型并通过对各个单胞相对应的单元进行变量连接, 直接对整个周期性短梁进行微结构的拓扑优化设计。

考虑基于精细的全三维分析模型悬臂周期性短梁最小柔顺性优化问题, 如图 5.11 所示。为了减少荷载作用区局部效应对结果的影响, 我们在其载荷施加端增加了一块不可设计的刚性体。问题的优化列式可以写为

$$
\begin{cases}
\text{find} & \boldsymbol{x}\left(\boldsymbol{\rho}\right) = \left\{x_1, x_2, \cdots, x_N\right\}^{\mathrm{T}} \\
\min & c = \boldsymbol{U}^{\mathrm{T}}\boldsymbol{K}\boldsymbol{U} = \sum_i^N \sum_j^M \boldsymbol{u}_{ij}^{\mathrm{T}} \boldsymbol{k}_{ij} \boldsymbol{u}_{ij} \\
\text{s.t.} & \boldsymbol{K}\boldsymbol{U} = \boldsymbol{F} \\
& g = \sum_i^N \sum_j^M v_{ij}\rho_{ij}/V^* - 1 \leqslant 0 \\
& x_i = \rho_{i1} = \rho_{i2} = \cdots = \rho_{iM}, \quad i = 1, 2, \cdots, N \\
& 0 < \rho_{\min} \leqslant \rho_{ij} \leqslant 1, \quad i = 1, 2, \cdots, N; \quad j = 1, 2, \cdots, M
\end{cases}
\tag{5.27}
$$

其中, 结构中的重复单胞子块共 M 块, 我们将它们从自由端向固定端编号。下标 j 是第 j 块重复单胞, 每一块划分为 N 个单元, 各块采用相同的划分方法。$\boldsymbol{x}$ 是设计变量向量, 共 N 个设计变量。设计变量和单元密度之间建立映射关系, 各个单胞对应位置的单元密度与相应的设计变量相等, 整根梁中共有 M 个单元的密度对应同一个设计变量, 其中 ρ_{ij} 表示模型中第 j 块重复单胞中对应 i 号设计变量的单元密度。为了考察更加丰富的微结构形式, 在下面的例题中我们还考虑了将宽度方向单元密度同时进行变量连接的情况。这样做, 一方面进一步减少了设计变量的个数, 另一方面也避免材料集中于梁的外侧, 如图 5.11 所示。$\boldsymbol{K}\boldsymbol{U} = \boldsymbol{F}$ 是整个结构的全三维精细分析模型的有限元方程, 此刚度矩阵分析的计算量比基于均匀化方法的单胞分析的计算量大很多, 计算的工作量也增加很多。最小柔顺性 c 作为目标函数, V^* 是材料体积约束。采用 SIMP 插值函数建立单元密度与杨氏模量的关系:

$$
E_{ij} = \rho_{ij}^p E_0, \quad 0 < \rho_{\min} \leqslant \rho_{ij} \leqslant 1
\tag{5.28}
$$

目标函数和体积约束对设计变量的灵敏度为

$$\frac{\partial c}{\partial x_i} = \sum_{j=1}^{M} u_{ij}^{\mathrm{T}} k_{ij} u_{ij} = \frac{2p}{x_i} \sum_{j=1}^{M} W_{ij} \tag{5.29}$$

$$\frac{\partial g}{\partial x_i} = \frac{1}{V^*} \sum_{j=1}^{M} v_{ij} \tag{5.30}$$

(5.29) 式中，W_{ij} 表示 ij 号单元的应变能，同样可以通过在商业软件中提取应变能得到。

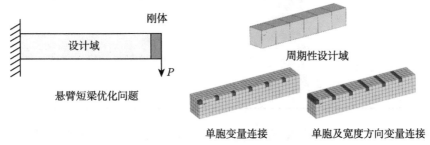

图 5.11　短梁优化问题及变量连接

算例单胞尺寸为 $20{\times}20{\times}20$，材料属性为 $E_0 = 1$，$\nu = 0.3$。刚性块体的大小与单胞相同，见图 5.11。改变轴向单胞的数量 n，分别计算两类变量连接条件下的周期性短梁柔顺性最小化的优化结果的拓扑变化，包括只考虑单胞变量连接的短梁设计，以及同时考虑单胞变量连接和宽度方向变量连接的短梁设计。优化结果分别如表 5.1 和表 5.2 所示。

表 5.1　只考虑单胞变量连接的短梁优化结果

轴向单胞数量	目标函数	单胞拓扑	结构拓扑
3	17.574		
5	56.739		
10	1300.964		

表 5.2　考虑单胞和宽度方向变量连接的短梁优化结果

轴向单胞数量	目标函数	单胞拓扑	结构拓扑
3	19.62	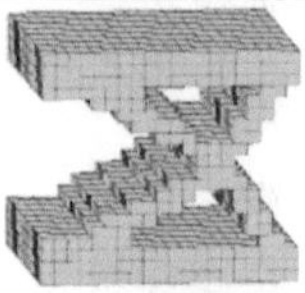	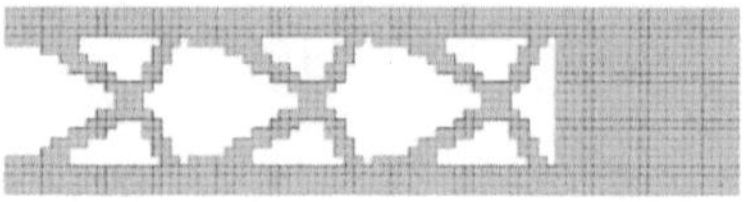
5	62.54	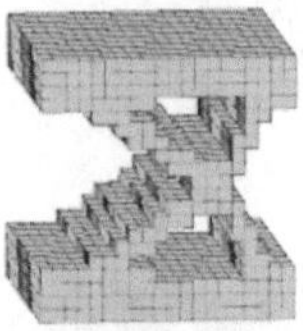	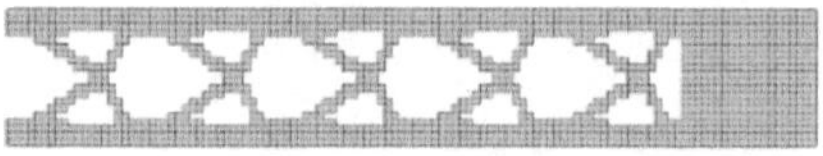
10	1417.46	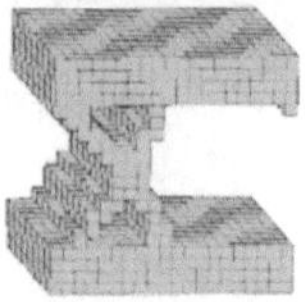	

由表 5.1 可以看到，在梁的内部产生了孔洞，且沿梁弯曲方向孔壁较厚，而另一方向孔壁较薄。随着轴向单胞数量的增多，厚壁增强，薄壁减弱。这是因为短梁在集中载荷作用下，在发生弯曲变形的同时，横向剪切变形也很重要。上下端的厚壁用于增强弯曲刚度，而横向薄壁提供剪切刚度。随着梁的跨高比的增大，剪切变形所占比例减小，截面发生了变化。同时也可以看到，整个截面沿轴线方向的变化很小。

由表 5.2 的拓扑结果可以看到，由于变量连接的约束，梁的截面在轴线方向发生了周期性的变化。拓扑结构除了分布在上下面板以增强弯曲刚度，还在内部形成了十字形的加强肋，用以抵抗横向剪切变形。随着轴向单胞数量的增多，短梁的跨高比变大，加强肋逐渐变细，而上下面板逐渐加强，同样说明了随着跨高比的增大，弯曲变形的比重越来越大，而横向剪切变形所占的比例逐渐减小。当跨高比达到一定程度时，横向剪切变形几乎可以忽略不计，这样就可以通过一维均匀化方法进行优化，但容易得到材料分布在上下边界的结果，而中间无材料分布，造成结构的分离，此时应考虑上下面板材料的连接。

5.2　周期板结构拓扑优化设计

5.2.1　周期板微结构拓扑优化设计

考虑由具有微结构的单胞在 xy 平面内周期性分布构成的蜂窝板，单胞如图 5.12 所示。将单胞划分为三维实体有限元模型，以一个单胞内的单元密度为设计变量，关于等效刚度的函数为目标函数，在一定的材料用量约束下，对单胞微结构进行拓扑优化。优化列式可以写成以下一般形式：

$$
\begin{cases}
\min_{\rho} c\left(A_{ij}, B_{ij}, D_{ij}\right) \\
\text{s.t.} \boldsymbol{K} \boldsymbol{a}^{\lambda\mu} = \boldsymbol{f}^{\lambda\mu} \\
\boldsymbol{K} \boldsymbol{a}^{*\lambda\mu} = \boldsymbol{f}^{*\lambda\mu}, \quad \lambda\mu \in \{11, 22, 12\} \\
\dfrac{1}{|\Omega|} \sum_{e=1}^{N} v_e \rho_e \leqslant \vartheta \\
g_k\left(A_{ij}, B_{ij}, D_{ij}\right) \leqslant g_k^*, \quad k = 1, 2, \cdots, M \\
0 \leqslant \rho_e \leqslant 1, \quad e = 1, 2, \cdots, N
\end{cases}
\tag{5.31}
$$

本章考虑了蜂窝类材料的优化，蜂窝壁与板平面垂直。为了得到蜂窝类材料，需要对设计变量进行一定的关联。这里假设沿厚度方向的所有单元具有相同的密度，即设计变量相同，如图 5.12 所示，其中的浅色竖直单元部分采用同一个设计变量。采用变量连接后，设计变量数大大减少，可以用 $z = 0$ 的平面内的有限元网格上的单元密度表示蜂窝的形状。

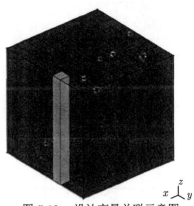

图 5.12　设计变量关联示意图

周期板等效刚度对设计变量的灵敏度为

$$
\frac{\partial \left\langle b_{\beta\varsigma}^{\lambda\mu} \right\rangle}{\partial \rho_e} = \frac{1}{|\Omega|} \left(\boldsymbol{\chi}^{\beta\varsigma} - \tilde{\boldsymbol{\chi}}^{\beta\varsigma}\right)^{\mathrm{T}} \frac{\partial \boldsymbol{K}_e}{\partial \rho_e} \left(\boldsymbol{\chi}^{\lambda\mu} - \tilde{\boldsymbol{\chi}}^{\lambda\mu}\right)
$$

$$
\frac{\partial \left\langle b_{\beta\varsigma}^{*\lambda\mu} \right\rangle}{\partial \rho_e} = \frac{\partial \left\langle z b_{\lambda\mu}^{\beta\varsigma} \right\rangle}{\partial \rho_e} = \frac{1}{|\Omega|} \left(\boldsymbol{\chi}^{\beta\varsigma} - \tilde{\boldsymbol{\chi}}^{\beta\varsigma}\right)^{\mathrm{T}} \frac{\partial \boldsymbol{K}_e}{\partial \rho_e} \left(\boldsymbol{\chi}^{\lambda\mu} - \tilde{\boldsymbol{\chi}}^{*\lambda\mu}\right)
\tag{5.32}
$$

$$
\frac{\partial \left\langle z b_{\beta\varsigma}^{\lambda\lambda\mu} \right\rangle}{\partial \rho_e} = \frac{1}{|\Omega|} \left(\boldsymbol{\chi}^{*\beta\varsigma} - \tilde{\boldsymbol{\chi}}^{*\beta\varsigma}\right)^{\mathrm{T}} \frac{\partial \boldsymbol{K}_e}{\partial \rho_e} \left(\boldsymbol{\chi}^{*\lambda\mu} - \tilde{\boldsymbol{\chi}}^{*\lambda\mu}\right)
$$

在本章对蜂窝类材料的设计中，因为对单元密度进行了一定的关联，相应的灵敏度为关联单元的灵敏度的和。

　　为了研究蜂窝板的灵敏度分布规律，这里取面内尺寸为 1×1, 高度分别为 1 (扁蜂窝) 和 5 (高蜂窝) 的两个单胞, 计算它们的灵敏度。目标函数取为最大化扭转刚度。图 5.13 为第 30 步迭代时目标函数对单元的灵敏度。可以看到, 沿板厚度方向 (z 方向) 每个单元的灵敏度都是不同的。取其中具有相同 x 和 y 坐标的某一列单元, 查看灵敏度沿板厚度方向的变化规律, 如图 5.14 所示, 其中的 z 坐标和灵敏度都用相应的最大值做了归一化。可以看到, 扁蜂窝和高蜂窝的灵敏度沿板厚度方向的变化曲线有一定区别。因为我们考虑的是蜂窝类材料, 关联了沿板厚度方向的单元, 所以目标函数对设计变量的灵敏度为图 5.12 中沿板厚度方向的单元的灵敏度的和, 如图 5.15 所示。

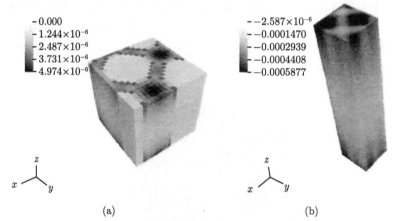

图 5.13　目标函数对单元的灵敏度：(a) 高度为 1；(b) 高度为 5

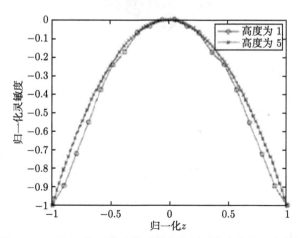

图 5.14　目标函数对单元的灵敏度沿板厚度方向的分布规律

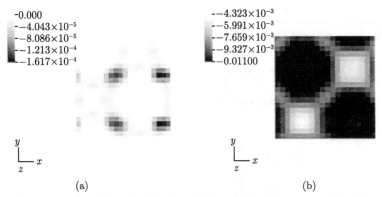

图 5.15　目标函数对设计变量的灵敏度: (a) 高度为 1; (b) 高度为 5

首先考虑各向同性约束下, 最大化弯曲体积模量。优化列式为

$$\begin{cases} \min_{\rho} -\dfrac{f(D_{ij})}{K^*} + w\dfrac{\mathrm{error}(D_{ij})}{K^{*2}} \\ \mathrm{s.t.} \boldsymbol{K}\boldsymbol{a}^{*\lambda\mu} = \boldsymbol{f}^{*\lambda\mu}, \quad \lambda\mu \in \{11, 22, 12\} \\ \dfrac{1}{|\Omega|}\sum_{e=1}^{N} v_e\rho_e \leqslant \vartheta \\ 0 \leqslant \rho_e \leqslant 1, \quad e = 1, 2, \cdots, N \end{cases} \tag{5.33}$$

其中, 已经将各向同性约束作为惩罚项加到目标中。在三维各向同性材料中, 体积模量定义为平均正应力和平均正应变之间关系的系数。类似地, 可以定义弯曲体积模量为平均正弯矩与平均正曲率之间关系的系数, 表示为

$$f(D_{ij}) = \frac{1}{4}(D_{11} + D_{22} + 2D_{12}) \tag{5.34}$$

各向同性误差函数为

$$\mathrm{error} = (D_{11} - D_{22})^2 + \left(D_{66} - \frac{1}{2}(D_{11} - D_{12})\right)^2 + (D_{16})^2 + (D_{26})^2 \tag{5.35}$$

目标函数和各向同性约束的误差需要进行归一化。这里用均匀各向同性实体材料的体积模量 $K^* = \dfrac{E}{3(1-2\nu)}$ 进行归一化。w 为惩罚系数。考虑 $1 \times 1 \times 1$ 的单胞, 划分单元数为 $40 \times 40 \times 40$, 实体材料弹性模量 $E = 1$, 泊松比 $\nu = 0.3$。

取材料体积分数为 $0.4, w = 1$。初始设计采用晶核法。优化结果见表 5.3。我们考虑了两种最小控制尺寸的情况。结果发现, 最小控制尺寸较小时, 目标函数更优。而最小控制尺寸较大时, 拓扑优化结果中孔洞更加圆滑, 目标函数变差。图 5.16 是最小尺寸为 0.05 时的目标函数迭代历史。图中的振荡是由于优化过程中的密度过滤以及尺寸控制等在起作用。

表 **5.3**　最大化弯曲体积模量优化结果

最小尺寸	3×3 单胞		f	error
0.05	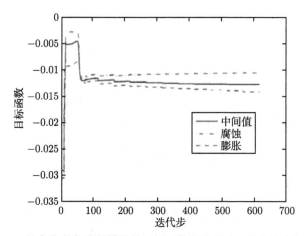		0.0139	1.98×10^{-4}
0.1			0.0121	2.20×10^{-4}

最小尺寸	D_{11}	D_{22}	D_{12}	D_{66}	D_{16}	D_{26}
0.05	0.0236	0.0236	0.00345	0.00312	7.57×10^{-5}	1.00×10^{-4}
0.1	0.0213	0.0213	0.00279	0.00224	3.64×10^{-8}	4.01×10^{-8}

图 5.16　最大化弯曲体积模量的目标函数迭代历史 (最小尺寸为 0.05)

考虑各向同性约束下最大化扭转模量。优化列式为

$$
\begin{cases}
\min_{\rho} -\dfrac{f(D_{ij})}{K^*} + w\dfrac{\text{error}(D_{ij})}{K^{*2}} \\
\text{s.t.} \boldsymbol{Ka}^{*\lambda\mu} = \boldsymbol{f}^{*\lambda\mu}, \quad \lambda\mu \in \{11, 22, 12\} \\
\dfrac{1}{|\Omega|}\displaystyle\sum_{e=1}^{N} v_e\rho_e \leqslant \vartheta_i \\
0 \leqslant \rho_e \leqslant 1, \quad e = 1, 2, \cdots, N
\end{cases}
\tag{5.36}
$$

扭转模量为

$$f(D_{ij}) = D_{66} \tag{5.37}$$

取材料体积分数为 0.4, w=1。优化结果见表 5.4。不同的最小控制尺寸得到了类似的拓扑结构，最优结果是十字形蜂窝结构，且与 x 方向成 45°。最小控制尺寸较大时，孔洞更加圆滑，目标函数变差。

表 5.4 最大扭转模量优化结果

最小尺寸	3×3 单胞	f	error
0.05		0.0115	2.66×10^{-4}
0.1		0.0107	2.50×10^{-4}

最小尺寸	D_{11}	D_{22}	D_{12}	D_{66}	D_{16}	D_{26}
0.05	0.0195	0.0195	0.0121	0.0115	6.50×10^{-5}	1.75×10^{-5}
0.1	0.0165	0.0165	0.0114	0.0107	-2.54×10^{-5}	-3.82×10^{-5}

考虑矩形板的极限屈曲载荷最大化设计，如图 5.17 所示的四边简支矩形板，长 a，宽 b，受到均布压力 N_x, N_y。屈曲载荷为

$$\lambda_{\mathrm{b}}(m,n) = \pi^2 \frac{m^4 D_{11} + 2(D_{12} + 2D_{66})(rmn)^2 + (rn)^4 D_{22}}{(am)^2 N_x^a + (ran)^2 N_y^a} \tag{5.38}$$

其中，$r = \dfrac{a}{b}$，令 $N_x^a = N_y^b = 1$，则所有 (m,n) 组合中最小值为极限屈曲载荷 λ_{cb}。优化列式为

$$\begin{cases} \min\limits_{\rho} -\lambda_{\mathrm{cb}} \\ \mathrm{s.t.} \boldsymbol{K}\boldsymbol{a}^{*\lambda\mu} = \boldsymbol{f}^{*\lambda\mu}, \quad \lambda\mu \in \{11, 22, 12\} \\ \dfrac{1}{|\Omega|} \sum\limits_{e=1}^{N} v_e \rho_e \leqslant \vartheta \\ 0 \leqslant \rho_e \leqslant 1, \quad e = 1, 2, \cdots, N \end{cases} \tag{5.39}$$

取材料体积分数为 0.4, 最小尺寸为 0.1。优化结果见表 5.5 ～ 表 5.7。表 5.5 考虑了板的不同长宽比。板长宽比为 1:1 时, 结果为十字形蜂窝板, 且与 X 方向成

45°。板长宽比为 1:2 和 2:1 时, 结果中出现了更多的细节。板的不同长宽比得到的结果均是正交各向异性材料, 且 x 和 y 方向刚度基本相同。表 5.6 考虑了不同单胞长宽比的情况。结果同样是十字形蜂窝板, 且与 x 方向成 45°。由于边界条件是四边简支、双向均匀受压, 所以单胞长宽比 1:2 和 2:1 的结果是旋转 90° 对称的。如果 x 和 y 方向的压力不相等, 结果如表 5.7 所示, 同样是十字形蜂窝板, 且与 x 方向成 45°, 压力比 1:10 和 10:1 的结果是旋转 90° 对称的。

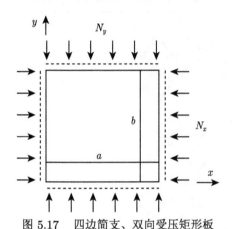

图 5.17　四边简支、双向受压矩形板

表 5.5　最大化极限屈曲载荷优化结果, 四边简支, 不同板长宽比

板长宽比	3×3 单胞	λ_{cb}	m	n
1:1		4.01×10^{-5}	1	1
1:2		2.11×10^{-5}	1	1
2:1		2.11×10^{-5}	1	1

板长宽比	D_{11}	D_{22}	D_{12}	D_{66}	D_{16}	D_{26}
1:1	0.0126	0.0126	0.00988	0.00904	5.33×10^{-6}	5.29×10^{-6}
1:2	0.0128	0.0128	0.00973	0.00823	6.46×10^{-6}	3.01×10^{-6}
2:1	0.0128	0.0128	0.00973	0.00823	3.25×10^{-6}	1.62×10^{-6}

表 5.6 最大化极限屈曲载荷优化结果，四边简支，不同单胞长宽比

单胞长宽比	3×3 单胞	λ_{cb}	m	n
1:2		3.93×10^{-5}	1	1
2:1		3.93×10^{-5}	1	1

单胞长宽比	D_{11}	D_{22}	D_{12}	D_{66}	D_{16}	D_{26}
1:2	0.0131	0.0125	0.00956	0.00873	3.08×10^{-9}	2.81×10^{-9}
2:1	0.0125	0.0131	0.00955	0.00873	2.31×10^{-8}	2.08×10^{-8}

表 5.7 最大化极限屈曲载荷优化结果，四边简支，不同压力比

压力比	3×3 单胞	λ_{cb}	m	n
10:1		7.21×10^{-6}	1	1
1:10		7.21×10^{-6}	1	1

压力比	D_{11}	D_{22}	D_{12}	D_{66}	D_{16}	D_{26}
10:1	0.0123	0.0123	0.00983	0.00904	2.11×10^{-4}	2.10×10^{-4}
1:10	0.0123	0.0123	0.00983	0.00904	2.06×10^{-4}	2.09×10^{-4}

可以看到，优化结果基本是与 x 方向成 45° 的十字形蜂窝结构。如果把筋板看作纤维，那么这里的蜂窝板可以看成具有 45° 纤维铺层的层合板。根据文献中复合材料层合板纤维铺层角的优化设计工作 [2]，对于对称平衡铺层，在一定的范围内最优铺层角应该是在 45° 附近，如图 5.18 所示。表 5.6 中 x 两个方向刚度

系数有微小的差异, 这样的纤维取向实际上反映了夹角不完全是 45°, 而是有一定偏离。本书算例结果与文献结论是吻合的。

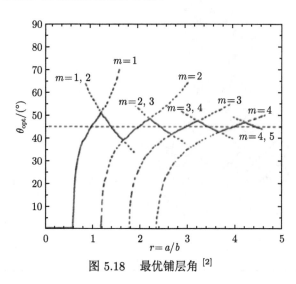

图 5.18　最优铺层角[2]

考虑四边简支板仅受均布压力 N_x 且 y 方向对边约束面内位移的情况, 屈曲载荷如下式:

$$\lambda_b(m, n) = \pi^2 \frac{m^4 D_{11} + 2(D_{12} + 2D_{66})(rmn)^2 + (rn)^4 D_{22}}{(am)^2 N_x^a + (ran)^2 \frac{A_{12}}{A_{11}} N_x^a} \qquad (5.40)$$

其中, $N_x^a = 1$, 所有 (m, n) 组合中的最小值为极限屈曲载荷 λ_{cb}。优化列式为

$$\begin{cases} \min_\rho -\lambda_{cb} \\ \text{s.t.} \boldsymbol{K}\boldsymbol{a}^{\lambda\mu} = \boldsymbol{f}^{\lambda\mu} \\ \boldsymbol{K}\boldsymbol{a}^{*\lambda\mu} = \boldsymbol{f}^{*\lambda\mu}, \quad \lambda\mu \in \{11, 22, 12\} \\ \dfrac{1}{|\Omega|} \sum_{e=1}^N v_e \rho_e \leqslant \vartheta \\ 0 \leqslant \rho_e \leqslant 1, \quad e = 1, 2, \cdots, N \end{cases} \qquad (5.41)$$

取材料体积分数为 0.4, 最小尺寸为 0.1。优化结果见表 5.8 和表 5.9。表 5.8 是不同板长宽比的结果。不同板长宽比的结果均为十字形蜂窝板。由于 x 和 y 方向边界条件不同, 十字形蜂窝沿 x 方向的壁厚和沿 y 方向的壁厚也不同。表 5.9 是不同单胞长宽比的结果 (板长宽比为 1:1), 结果为十字形蜂窝结构。虽然本小节中结果大多为十字形蜂窝板, 但由于 x 方向的边界条件, 蜂窝板方向是沿 xy 方向, 而前面双向均匀受压板的十字形蜂窝结构与 xy 方向成 45°。

表 5.8 最大化极限屈曲载荷优化结果，y 方向对边约束面内位移，不同板长宽比

板长宽比	3×3 单胞	λ_{cb}	m	n
1:1		4.59×10^{-5}	1	1
1:2		2.32×10^{-5}	1	1
2:1		4.65×10^{-5}	1	1

板长宽比	D_{11}	D_{22}	D_{12}	D_{66}	D_{16}	D_{26}
1:1	0.0199	0.0200	0.00220	0.00173	2.99×10^{-8}	1.70×10^{-7}
1:2	0.0200	0.0198	0.00216	0.00170	1.30×10^{-6}	1.34×10^{-5}
2:1	0.0215	0.0189	0.00220	0.00169	1.57×10^{-9}	2.93×10^{-10}

表 5.9 最大化极限屈曲载荷优化结果，y 方向对边约束面内位移，不同单胞长宽比

单胞长宽比	3×3 单胞	λ_{cb}	m	n
1:2		4.60×10^{-5}	1	1
2:1		4.60×10^{-5}	1	1

单胞长宽比	D_{11}	D_{22}	D_{12}	D_{66}	D_{16}	D_{26}
1:2	0.0200	0.0201	0.00221	0.00172	2.72×10^{-8}	2.03×10^{-8}
2:1	0.0201	0.0200	0.00221	0.00172	1.98×10^{-8}	2.38×10^{-8}

5.2.2　周期板两尺度并发拓扑优化设计

在双尺度并发拓扑优化模型中 [3]，宏观结构使用同一种非均匀材料，使用 PAMP 方法插值，宏观结构与微观单胞的材料密度插值相互独立，宏微观通过等效性质相关联，在优化过程中宏微观材料密度同时变化，最终得到最优拓扑。图 5.19 给出了多孔材料板双尺度并发拓扑优化示意图。其中宏观设计域中灰色区域表示由非均匀多孔材料构成的板结构，白色区域表示没有材料。宏观多孔材料具有周期性微结构，在微观上称为单胞，宏观结构与微观单胞通过等效刚度 D^{H} 相关联。图 5.20 给出了加筋板双尺度并发拓扑优化示意图，与图 5.19 不同的是，其单胞中间部分为非设计域。需要注意的是，由于在板的 AH 方法中，面内尺寸不同的板单胞对应于不同的等效刚度 D^{H}，所以周期板的双尺度优化中单胞在面内的大小是事先给定的，这与二维或三维双尺度并发拓扑优化中材料单胞尺寸是无限小的假设是不同的。

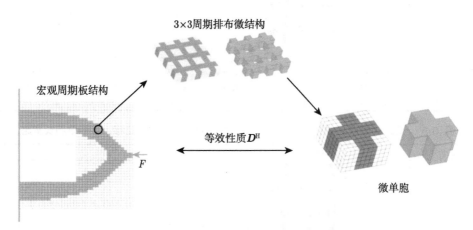

图 5.19　多孔周期板双尺度并发拓扑优化示意图

宏观板的设计域为 Ω，共划分为 N 个宏观单元；微观单胞的设计域记为 Y，共划分为 n 个微观单元。在宏观设计域中，每个宏观单元指定一个宏观设计变量 P_i $(i = 1, 2, \cdots, N)$；在微观设计域中，每个微观单元指定一个微观设计变量 ρ_j $(j = 1, 2, \cdots, n)$。设计变量 d 包含宏观设计变量和微观设计变量，写成如下形式：

$$d = \left\{ \begin{array}{cccccccc} P_1 & P_2 & \cdots & P_N & \rho_1 & \rho_2 & \cdots & \rho_n \end{array} \right\}^{\mathrm{T}} \tag{5.42}$$

微观单胞材料性质使用 SIMP 法插值，设微单胞各向同性材料的弹性矩阵为 D^{B}，则第 j 个微观单胞的材料弹性矩阵 D_j^{MI} 为

$$D_j^{\mathrm{MI}} = \rho_j^{\alpha} D^{\mathrm{B}} \tag{5.43}$$

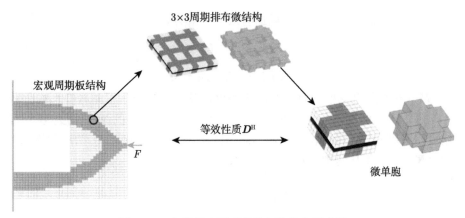

3×3周期排布微结构

宏观周期板结构

等效性质D^{H}

微单胞

图 5.20　加筋板双尺度并发拓扑优化示意图

其中，α 为微观材料惩罚系数，在数值算例中，取 $\alpha = 3$.

宏观单元材料性质使用 PAMP 法插值，设非均匀周期板的等效刚度矩阵为 D^{H}，则第 i 个宏观单元的材料弹性矩阵 D_i^{MA} 为

$$D_i^{\mathrm{MA}} = P_i^{\beta} D^{\mathrm{H}} \tag{5.44}$$

其中，β 为宏观材料惩罚系数，在数值算例中，取 $\beta = 3$.

需要注意的是，虽然 (5.44) 式和 (5.43) 式中的插值格式类似，但 (5.44) 式将 SIMP 法从各向同性材料拓展到各向异性材料，且宏观多孔材料的物理密度为 $\bar{\rho} = \sum_{j=1}^{N} \rho_j v_j \Big/ \sum_{j=1}^{N} v_j$，并不出现在 (5.44) 式材料插值公式中。通过引入宏观设计变量 P，PAMP 法将宏微观问题解耦，简化了双尺度优化求解问题。

宏观周期板的结构响应与微观单胞通过等效性质 D^{H} 相关联，等效性质通过 NIAH 计算得到。将其等效性质表示为矩阵 A, B, D 的形式，如下式：

$$D^{\mathrm{H}} = \begin{bmatrix} A & B \\ B & D \end{bmatrix} \tag{5.45}$$

其中，矩阵 A, B, D 分别表示面内刚度矩阵、耦合刚度矩阵和弯曲刚度矩阵，由于这里所考虑的单胞关于中面对称，所以耦合矩阵 $B = 0$。

薄板在受到面内压力载荷时容易产生屈曲变形，这里通过同时优化宏观板材料分布以及微单胞构型来提高板的屈曲载荷。板在外载作用下产生的屈曲可分为整体屈曲和局部屈曲，其中后者的影响范围是 3~4 个单胞尺寸，本章仅考虑整体屈曲，以板的整体屈曲载荷作为目标函数。得到板在面内载荷下的变形后，我们可以利用渐近均匀化方法求解单胞的一阶应力近似解，计算局部屈曲载荷，在此基础上稍作修改即可预测板的局部屈曲，这将在后续工作中考虑。

板在面内载荷作用下特征值屈曲有限元求解方程为

$$\boldsymbol{K}_p \boldsymbol{U}^{\text{in}} = \boldsymbol{F}^{\text{ext}} \tag{5.46}$$

$$(\boldsymbol{K}_d + \lambda_1 \boldsymbol{K}_G) \boldsymbol{\varphi}_1 = \boldsymbol{0} \tag{5.47}$$

其中，$\boldsymbol{K}_p$ 表示面内变形所对应的结构刚度矩阵；$\boldsymbol{U}^{\text{in}}$ 表示板结构在面内外载荷 $\boldsymbol{F}^{\text{ext}}$ 作用下产生的面内位移；$\boldsymbol{K}_d$ 表示对应于出平面变形的结构刚度矩阵；$\boldsymbol{K}_G$ 为几何刚度矩阵；λ_1 为板特征值屈曲载荷因子；$\boldsymbol{\varphi}_1$ 为对应于 λ_1 的屈曲模态。刚度矩阵 $\boldsymbol{K}_d$, $\boldsymbol{K}_p$ 和几何刚度矩阵 $\boldsymbol{K}_G$ 表达式为

$$\boldsymbol{K}_d = \int_\Omega \left(\boldsymbol{B}^{\text{out}}\right)^{\text{T}} \boldsymbol{D}^{\text{MA}} \boldsymbol{B}^{\text{out}} \mathrm{d}\Omega$$

$$\boldsymbol{K}_p = \int_\Omega \left(\boldsymbol{B}^{\text{in}}\right)^{\text{T}} \boldsymbol{A}^{\text{MA}} \boldsymbol{B}^{\text{in}} \mathrm{d}\Omega$$

$$\boldsymbol{K}_G = \int_\Omega \begin{bmatrix} \dfrac{\partial \boldsymbol{N}^{\text{in}}}{\partial x} \\[2mm] \dfrac{\partial \boldsymbol{N}^{\text{in}}}{\partial y} \end{bmatrix}^{\text{T}} \begin{bmatrix} T_x & T_{xy} \\ T_{xy} & T_y \end{bmatrix} \begin{bmatrix} \dfrac{\partial \boldsymbol{N}^{\text{in}}}{\partial x} \\[2mm] \dfrac{\partial \boldsymbol{N}^{\text{in}}}{\partial y} \end{bmatrix} \mathrm{d}\Omega \tag{5.48}$$

$$\left\{ \begin{array}{c} T_x \\ T_y \\ T_{xy} \end{array} \right\} = \boldsymbol{T} = \boldsymbol{A}^{\text{MA}} \boldsymbol{B}^{\text{in}} \boldsymbol{U}^{\text{in}}$$

其中，$\boldsymbol{B}^{\text{in}}$, $\boldsymbol{B}^{\text{out}}$ 分别表示面内变形和出平面变形的应变–位移矩阵；$\boldsymbol{A}^{\text{MA}}$, $\boldsymbol{D}^{\text{MA}}$ 分别表示面内刚度矩阵和出平面刚度矩阵；$\boldsymbol{N}^{\text{in}}$ 表示面内变形的形函数；T_x, T_y, T_{xy} 表示面内膜力。

周期板结构在体积约束下最大化特征值屈曲载荷的双尺度并发拓扑优化列式为

$$\left\{ \begin{array}{ll} \text{find} & \boldsymbol{d} \\ \max & \lambda_1 \\ \text{s.t.} & (\boldsymbol{K}_d + \lambda_1 \boldsymbol{K}_G)\boldsymbol{\varphi}_1 = 0 \\ & \boldsymbol{K}_p \boldsymbol{U}^{\text{in}} = \boldsymbol{F}^{\text{ext}} \\ & \displaystyle\sum_{i=1}^{N} P_i V_i \bigg/ \sum_{i=1}^{N} V_i - V^* \leqslant 0 \\ & \displaystyle\sum_{j=1}^{n} \rho_j v_j \bigg/ \sum_{j=1}^{n} v_j - v^* \leqslant 0 \\ & P_{\min} \leqslant P_i \leqslant 1, \quad \rho_{\min} \leqslant \rho_j \leqslant 1 \quad (i=1,2,\cdots,N; j=1,2,\cdots,n) \end{array} \right. \tag{5.49}$$

其中, V_i 和 v_j 分别表示第 i 个宏观单元和第 j 个微观单元的体积; V^* 和 v^* 分别表示宏观与微观许用体积分数; $P_{\min}$ 和 $\rho_{\min}$ 分别为宏微观设计变量下限, 在数值算例中取 $P_{\min}=\rho_{\min}=10^{-3}$。

目标函数对宏微观设计变量的灵敏度为

$$
\frac{\partial \lambda_1}{\partial P_i} = -\frac{\boldsymbol{\varphi}_1^{\mathrm{T}} \dfrac{\partial \boldsymbol{K}_d}{\partial P_i} \boldsymbol{\varphi}_1 + \lambda_1 \boldsymbol{\varphi}_1^{\mathrm{T}} \dfrac{\partial \boldsymbol{K}_G}{\partial P_i} \boldsymbol{\varphi}_1}{\boldsymbol{\varphi}_1^{\mathrm{T}} \boldsymbol{K}_G \boldsymbol{\varphi}_1} \quad (i=1,2,\cdots,N)
$$

$$
\frac{\partial \lambda_1}{\partial \rho_j} = -\frac{\boldsymbol{\varphi}_1^{\mathrm{T}} \dfrac{\partial \boldsymbol{K}_d}{\partial \rho_j} \boldsymbol{\varphi}_1 + \lambda_1 \boldsymbol{\varphi}_1^{\mathrm{T}} \dfrac{\partial \boldsymbol{K}_G}{\partial \rho_j} \boldsymbol{\varphi}_1}{\boldsymbol{\varphi}_1^{\mathrm{T}} \boldsymbol{K}_G \boldsymbol{\varphi}_1} \quad (j=1,2,\cdots,n)
$$

(5.50)

从上式可知, 若求解目标函数的灵敏度则需要求解刚度矩阵及几何刚度矩阵关于设计变量的灵敏度 $\dfrac{\partial \boldsymbol{K}_d}{\partial P_i}, \dfrac{\partial \boldsymbol{K}_d}{\partial \rho_j}, \dfrac{\partial \boldsymbol{K}_G}{\partial P_i}, \dfrac{\partial \boldsymbol{K}_G}{\partial \rho_j}$。刚度矩阵 $\boldsymbol{K}_d$ 和几何刚度矩阵 $\boldsymbol{K}_G$ 对宏观设计变量 P_i 的灵敏度为

$$
\frac{\partial \boldsymbol{K}_d}{\partial P_i} = \sum_{j=1}^{N} \frac{\partial (\boldsymbol{K}_d)_j}{\partial P_i} = \frac{\partial (\boldsymbol{K}_d)_i}{\partial P_i} = \frac{\beta}{P_i} (\boldsymbol{K}_d)_i
$$

$$
\frac{\partial \boldsymbol{K}_G}{\partial P_i} = \sum_{j=1}^{N} \frac{\partial (\boldsymbol{K}_G)_j}{\partial P_i} = \sum_{j=1}^{N} \int_{\Omega_{E_j}} \begin{bmatrix} \dfrac{\partial \boldsymbol{N}^{\mathrm{in}}}{\partial x} \\[2mm] \dfrac{\partial \boldsymbol{N}^{\mathrm{in}}}{\partial y} \end{bmatrix}^{\mathrm{T}} \frac{\partial}{\partial P_i} \begin{bmatrix} T_x & T_{xy} \\ T_{xy} & T_y \end{bmatrix} \begin{bmatrix} \dfrac{\partial \boldsymbol{N}^{\mathrm{in}}}{\partial x} \\[2mm] \dfrac{\partial \boldsymbol{N}^{\mathrm{in}}}{\partial y} \end{bmatrix} \mathrm{d}\Omega
$$

(5.51)

其中, Ω_{E_j} 表示第 j 个宏观单元的设计域; $(\boldsymbol{K}_d)_i$ 表示第 i 个宏观单元的出平面刚度矩阵。上式中 $\boldsymbol{N}$ 为形函数, 与设计变量无关, 因此几何刚度矩阵 $\boldsymbol{K}_G$ 对宏观设计变量的灵敏度本质上是面力 $\boldsymbol{T}$ 关于宏观设计变量的灵敏度:

$$
\boldsymbol{T} = \boldsymbol{A}^{\mathrm{MA}} \boldsymbol{B}^{\mathrm{in}} \boldsymbol{U}^{\mathrm{in}}
$$

$$
\frac{\partial \boldsymbol{T}}{\partial P_i} = \frac{\partial \boldsymbol{A}^{\mathrm{MA}}}{\partial P_i} \boldsymbol{B}^{\mathrm{in}} \boldsymbol{U}^{\mathrm{in}} + \boldsymbol{A}^{\mathrm{MA}} \boldsymbol{B}^{\mathrm{in}} \frac{\partial \boldsymbol{U}^{\mathrm{in}}}{\partial P_i} = \frac{\beta}{P_i} (\boldsymbol{T})_i + \boldsymbol{A}^{\mathrm{MA}} \boldsymbol{B}^{\mathrm{in}} \frac{\partial \boldsymbol{U}^{\mathrm{in}}}{\partial P_i}
$$

(5.52)

$$
\frac{\partial \boldsymbol{U}^{\mathrm{in}}}{\partial P_i} = -\boldsymbol{K}_p^{-1} \left(\frac{\partial \boldsymbol{K}_p}{\partial P_i} \boldsymbol{U}^{\mathrm{in}} \right) = \boldsymbol{K}_p^{-1} \left(-\frac{\beta}{P_i} (\boldsymbol{K}_p)_i \boldsymbol{U}^{\mathrm{in}} \right)
$$

其中, $(\boldsymbol{T})_i$ 表示第 i 个宏观单元的面力, 将 (5.52) 式与 (5.51) 式代入 (5.50) 式得

$$
\begin{aligned}
\boldsymbol{\varphi}_1^{\mathrm{T}} \frac{\partial \boldsymbol{K}_d}{\partial P_i} \boldsymbol{\varphi}_1 &= \frac{\beta}{P_i} \left(\boldsymbol{\varphi}_1\right)_i^{\mathrm{T}} \left(\boldsymbol{K}_d\right)_i \left(\boldsymbol{\varphi}_1\right)_i^{\mathrm{T}} \\
\boldsymbol{\varphi}_1^{\mathrm{T}} \frac{\partial \boldsymbol{K}_G}{\partial P_i} \boldsymbol{\varphi}_1 &= \frac{\beta}{P_i} \left(\boldsymbol{\varphi}_1\right)_i^{\mathrm{T}} \left(\boldsymbol{K}_G\right)_i \left(\boldsymbol{\varphi}_1\right)_i^{\mathrm{T}} + \left(\boldsymbol{\varphi}_1\right)^{\mathrm{T}} \tilde{\boldsymbol{K}}_G \left(\boldsymbol{\varphi}_1\right)
\end{aligned}
\tag{5.53}
$$

其中，$\tilde{\boldsymbol{K}}_G$ 表示在外力 $\boldsymbol{F}_i = -\dfrac{\beta}{P_i} \left(\boldsymbol{K}_p\right)_i \boldsymbol{U}^{\mathrm{in}}$ 整体结构的几何刚度矩阵；$\left(\boldsymbol{K}_G\right)_i$ 表示第 i 个宏观单元的几何刚度矩阵。

本章采用四节点基尔霍夫板单元进行宏观板的屈曲分析。通过 NIAH 计算得到等效刚度矩阵 $\boldsymbol{D}^{\mathrm{H}}$ 及其对微观设计变量的灵敏度后，利用 MATLAB 计算目标函数对宏观设计变量的灵敏度。

刚度矩阵和几何刚度矩阵关于微观设计变量的灵敏度为

$$
\frac{\partial \boldsymbol{K}_d}{\partial \rho_i} = \sum_{j=1}^{N} \frac{\partial \left(\boldsymbol{K}_d\right)_j}{\partial \rho_i} = \sum_{j=1}^{N} \int_{\Omega_{E_j}} \left(\boldsymbol{B}^{\mathrm{out}}\right)^{\mathrm{T}} \frac{\partial \boldsymbol{D}^{\mathrm{MA}}}{\partial \rho_i} \boldsymbol{B}^{\mathrm{out}} \mathrm{d}\Omega
$$

$$
\frac{\partial \boldsymbol{K}_G}{\partial \rho_i} = \sum_{j=1}^{N} \frac{\partial \left(\boldsymbol{K}_G\right)_j}{\partial \rho_i} = \sum_{j=1}^{N} \int_{\Omega_{E_j}} \begin{bmatrix} \dfrac{\partial \boldsymbol{N}^{\mathrm{in}}}{\partial x} \\ \dfrac{\partial \boldsymbol{N}^{\mathrm{in}}}{\partial y} \end{bmatrix}^{\mathrm{T}} \frac{\partial}{\partial \rho_i} \begin{bmatrix} T_x & T_{xy} \\ T_{xy} & T_y \end{bmatrix} \begin{bmatrix} \dfrac{\partial \boldsymbol{N}^{\mathrm{in}}}{\partial x} \\ \dfrac{\partial \boldsymbol{N}^{\mathrm{in}}}{\partial y} \end{bmatrix} \mathrm{d}\Omega
\tag{5.54}
$$

其中，面力 $\boldsymbol{T}$ 关于微观设计变量 ρ_i 的灵敏度为

$$
\boldsymbol{T} = \boldsymbol{A}^{\mathrm{MA}} \boldsymbol{B}^{\mathrm{in}} \boldsymbol{U}^{\mathrm{in}}
$$

$$
\frac{\partial \boldsymbol{T}}{\partial \rho_i} = \frac{\partial \boldsymbol{A}^{\mathrm{MA}}}{\partial \rho_i} \boldsymbol{B}^{\mathrm{in}} \boldsymbol{U}^{\mathrm{in}} + \boldsymbol{A}^{\mathrm{MA}} \boldsymbol{B}^{\mathrm{in}} \frac{\partial \boldsymbol{U}^{\mathrm{in}}}{\partial \rho_i}
\tag{5.55}
$$

$$
\frac{\partial \boldsymbol{U}^{\mathrm{in}}}{\partial \rho_i} = -\boldsymbol{K}_p^{-1} \left(\frac{\partial \boldsymbol{K}_p}{\partial \rho_i} \boldsymbol{U}^{\mathrm{in}} \right)
$$

从 (5.54) 式与 (5.55) 式可以看出，目标函数关于微观设计变量的灵敏度本质上是求解等效性质的灵敏度。等效性质的灵敏度与单元应变能相关，可以从有限元软件中直接提取出来。得到等效性质的灵敏度 $\dfrac{\partial \boldsymbol{A}}{\partial \rho_i}, \dfrac{\partial \boldsymbol{D}}{\partial \rho_i}$ 后，按照 (5.54) 式和 (5.55) 式计算微观设计变量的灵敏度。

本章使用线性密度过滤来避免棋盘格式以及网格依赖性，使用非线性密度过滤来获得清晰的拓扑。

在优化过程使用 GCMMA(globally convergent method of moving asymptotes) 算法作为优化器，具体的优化流程 (图 5.21) 如下：

(1) 建立宏观板及微观单胞的有限元模型，初始化设计变量；

(2) 对设计变量进行线性及非线性密度过滤；

(3) 按照 (5.45) 式计算等效刚度矩阵 $\boldsymbol{D}^{\mathrm{H}}$ 及其灵敏度；

(4) 按照 (5.46) 式求解平面应力问题，提取位移场 $\boldsymbol{U}^{\mathrm{in}}$，按照 (5.47) 式求解特征值屈曲问题，按照 (5.50) 式 $\sim$(5.55) 式计算灵敏度；

(5) 计算目标函数及约束关于设计变量的灵敏度；

(6) 利用 GCMMA 更新设计变量，判断是否收敛，如果没有收敛，回到第 2 步，否则进入第 7 步；

(7) 迭代收敛，输出结果。

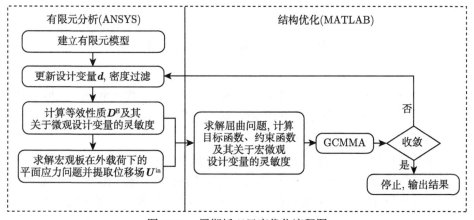

图 5.21   周期板双尺度优化流程图

在屈曲优化中的一个问题是如何避免低密度区域产生的虚假模态。本章采用 Neves 等 [4] 的方法，即在优化过程中对于密度低于 0.01 的单元不在总几何刚度矩阵中累加。对前两个算例，该方法可以很好地避免低密度区的虚假模态，但对于第三个算例，该方法无法很好地避免虚假模态，在优化过程中 λ_1 会突变。因此，在优化过程中，我们限制在第 60 步以后，第 i 步的 $(\lambda_1)_i$ 限制在第 $i-1$ 步 $(\lambda_1)_{i-1}$ 的 $0.85\,(\lambda_1)_{i-1} \sim 1.15\,(\lambda_1)_{i-1}$ 范围内，可以很好地避免虚假模态的产生。

考虑如图 5.22 所示的宏观板，左侧固支。板尺寸参数为 $B=80\mathrm{cm}$, $L=80\mathrm{cm}$, $l=40\mathrm{cm}$, $b=40\mathrm{cm}$。宏观板使用 2cm×2cm 的四节点基尔霍夫板单元划分网格，共 1200 个单元，微观单胞大小为 2cm×2cm×1cm，使用 0.1cm×0.1cm×0.1cm 的八节点六面体网格划分单胞，共划分 4000 个单元。微单胞的材料性质为 $E=10^3\mathrm{MPa}$, $\nu=0.3$。

优化过程中，微观单胞沿高度方向的单元进行变量连接。因此，共有 1200 个宏观设计变量和 400 个微观设计变量。宏观板及微观单胞的线性密度过滤半径分

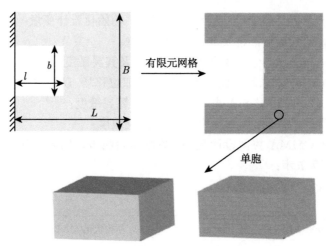

图 5.22　宏观板及其微单胞示意图

别为 $R = 3\text{cm}$ 和 $r = 0.18\text{cm}$，在非线性密度过滤中，参数 ε 和 E 每 20 步扩大 1.7 倍。当设计变量的变化小于 0.01 时，认为迭代收敛，迭代停止。宏观板和微观单胞的许用体积分数均为 40%。

在本章算例中，宏观板单元的大小恰好与微观单胞面内尺寸相同。一般情况下，只需要保证微单胞的高度与宏观板的高度相同即可，宏观板的单元尺寸与单胞面内尺寸可以不同。但需要注意的是，高度相同的情况下，面内尺寸不同的单胞会导致不同的宏微观最优拓扑。这是因为对于板单胞而言，不同的尺寸对应于不同的等效性质。例如，对一个板单胞的尺寸乘以系数 δ，则根据渐近均匀化理论，得到的新的板单胞的等效刚度矩阵为 $\boldsymbol{A}^{\text{new}} = \delta\boldsymbol{A}$，$\boldsymbol{D}^{\text{new}} = \delta^3\boldsymbol{D}$。对于不同尺寸的板单胞，按照双尺度优化的流程进行结构优化，得到的最优拓扑也是不同的。因此，在板的双尺度优化中，板单胞的尺寸是有限大小的，需要在优化前事先给定，这不同于二维或三维的结构材料双尺度优化中单胞大小被认为是无限小。本章仅考虑同一尺寸大小微单胞的双尺度优化，不同大小微单胞的尺寸效应会在以后的工作中考虑。

本章将宏观周期板结构等效为基尔霍夫板，没有考虑剪切变形的影响。因此将沿高度方向的单元进行变量连接，来避免材料完全分布到设计域的上下表面。实际使用中，板单胞的大小都是有限的，需要考虑剪切变形的影响，将板等效为赖斯纳–明德林板，这也将在我们以后的工作中考虑。

板所受载荷如图 5.23 所示，板右端中点处作用大小为 $F = 0.4\text{N}$ 的集中力，宏观板初始密度分布为均匀分布 $P_i = 0.4$ ($i = 1, 2, \cdots, N$)，微观单胞为 invtarget 分布，宏微观结构初始物理密度分布如图 5.24 所示。

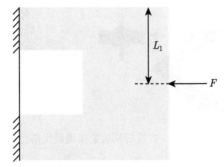

图 5.23 载荷示意图

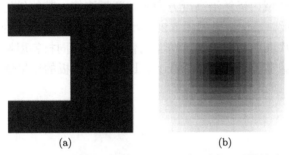

(a) (b)

图 5.24 初始物理密度分布: (a) 宏观板; (b) 微单胞

优化迭代在第 117 步停止, 目标函数值为 $\lambda_1 = 55.85$。目标函数及体积约束的迭代曲线如图 5.25 所示。宏微观最优拓扑如图 5.26 所示。与优化结果相同材料用量的实心板在相同外载荷作用下的载荷因子为 $\lambda_1 = 12.08$, 要远低于多孔周期板的结果。

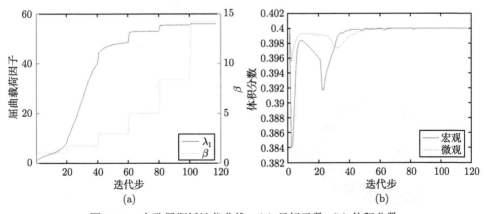

(a) (b)

图 5.25 多孔周期板迭代曲线: (a) 目标函数; (b) 体积分数

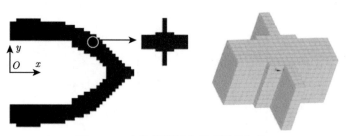

图 5.26   多孔周期板宏微观最优拓扑

　　将单胞替换为图 5.27 中加筋板单胞，其中深灰色区域为非设计域，浅灰色区域为设计域，设计域内仍然沿高度方向进行变量连接，其他优化参数不变，进行优化，得到加筋板。最优结果如图 5.28 所示，对应的载荷因子为 $\lambda_1 = 56.65$，目标函数及约束迭代曲线如图 5.29 所示。与优化结果相同材料用量的实心板在相同外载荷作用下的载荷因子为 $\lambda_1 = 50.02$，比加筋周期板的结果低 12%，凸显了加筋板的优势。

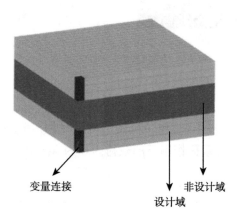

变量连接　　　　　　　　　　　　非设计域
　　　　　　　　　　　　　　设计域

图 5.27   加筋板单胞示意图

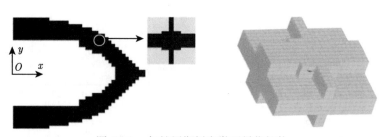

图 5.28   加筋周期板宏微观最优拓扑

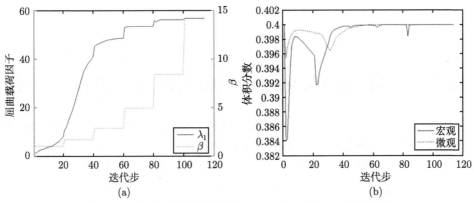

图 5.29 加筋周期板迭代曲线：(a) 目标函数; (b) 体积分数

5.3 本 章 小 结

本章基于渐近均匀化方法的新数值求解算法提出了解析灵敏度求解方法，实现了等效刚度及其灵敏度的高效求解。针对周期梁结构，提出指定刚度约束下的最小材料用量优化列式，进行微单胞拓扑优化设计，实现了对拉扭耦合刚度的优化。讨论了短梁的优化方法，说明基于变量连接的短梁优化可以考虑到横向剪切的影响，而基于一维均匀化方法框架下的优化是不能考虑剪切变形的影响的。针对周期板结构，本书实现了材料用量约束下的微单胞刚度设计，并以最大化屈曲载荷为目标，实现了周期板微结构拓扑优化设计及双尺度并发拓扑优化设计。

参 考 文 献

[1] Qiu G, Li X. Design of materials with prescribed elastic properties using D-functions [J]. Chinese Journal of Solid Mechanics, 2008, 29(3): 250-255.

[2] Haftka R T, Gürdal Z. Elements of Structural Optimization [M]. Dordrecht: Springer, 1992.

[3] Liu L, Yan J, Cheng G. Optimum structure with homogeneous optimum truss-like material [J]. Computers & Structures, 2008, 86(13-14): 1417-1425.

[4] Neves M M, Rodrigues H, Guedes J M. Generalized topology design of structures with a buckling load criterion[J]. Structural Optimization, 1995, 10(2): 71-78.

附录 1 渐近均匀化方法数值实现的 APDL 程序

本节以如附图 1 所示的二维矩形单胞为例，说明如何编写 ANSYS APDL 程序求解单胞方程及等效性质。单胞尺寸如附图 1(a) 所示，单胞由两种材料构成，均为各向同性材料，材料 1 和材料 2 的材料参数分别为 $E=1$, $\nu=0.3$ 和 $E=2$, $\nu=0.4$。计算等效性质的程序分由 5 个 txt 文本文件组成，文件名为 NIAH_01.txt～NIAH_05.txt，其中 NIAH_01.txt 为单胞有限元建模，NIAH_02.txt～NIAH_04.txt 为单胞方程有限元求解，NIAH_05.txt 为等效刚度求解。

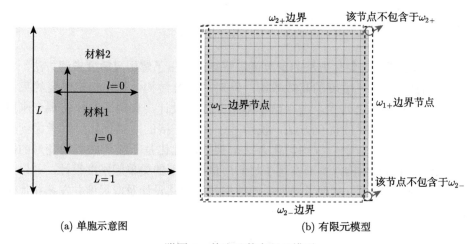

(a) 单胞示意图　　　　　　　　(b) 有限元模型

附图 1　单胞及其有限元模型

NIAH_01.txt 文档内容如下 (! 号后为注释内容)：

```
finish
/clear
/prep7
delta=1e-4
!单胞建模
rectng,-0.5,0.5,-0.5,0.5
et,1,plane182 !单元类型
lesize,all,0.05 !单元尺寸
amesh,all
mp,ex,1,1   !材料1弹性性质
```

```
mp,nuxy,1,0.3
mp,ex,2,2   !材料2弹性性质
mp,nuxy,2,0.4
esel,s,cent,x,-0.25-delta,0.25+delta
esel,r,cent,y,-0.25-delta,0.25+delta
emodif,all,mat,2  !中间单元赋材料2属性
esel,inve
emodif,all,mat,1   !四周单元赋材料1属性
allsel
*get,nnum,node,,count  !nnum为节点总数
!提取ω1+边界和ω1-边界节点,节点数目为n1num,节点编号由大小为n1num*2
    的数组构成
nsel,s,loc,x,0.5+delta,0.5-delta
*get,n1num,node,,count
*dim,n1,array,n1num,2
*get,n1(1,1),node,,num,max  !数组第一列保存ω1+边界节点
*do,i,2,n1num,1
*get,n1(i,1),node,n1(i-1,1),nxtl
*enddo
*do,i,1,n1num,1   !数组第二列保存ω1-边界节点
nsel,s,loc,x,-0.5-delta,-0.5+delta
nsel,r,loc,y,ny(n1(i,1))-delta,ny(n1(i,1))+delta
*get,n1(i,2),node,,num,max
*enddo
!提取ω2+边界和ω2-边界节点,节点数目为n2num,节点编号由大小为n2num*2
    的数组构成
nsel,s,loc,y,0.5-delta,0.5+delta
nsel,r,loc,x,-0.5-delta,0.5-delta
*get,n2num,node,,count
*dim,n2,array,n2num,2
*get,n2(1,1),node,,num,max   !数组第一列保存ω2+边界节点
*do,i,2,n2num,1
*get,n2(i,1),node,n2(i-1,1),nxtl
*enddo
*do,i,1,n2num,1  !数组第二列保存ω2-边界节点
nsel,s,loc,y,-0.5-delta,-0.5+delta
nsel,r,loc,x,nx(n2(i,1))-delta,nx(n2(i,1))+delta
*get,n2(i,2),node,,num,max
*enddo
allsel
```

```
save,'unit_cell','db'
```

该程序段建立单胞有限元模型。单胞采用大小为 0.05×0.05 的四节点单元 plane182 进行网格划分，对应周期边界上采用相同的网格划分。提取周期边界 ω_{1+} 和 ω_{1-} 的节点，组成节点数组 n1，其大小为 n1num×2，其中 n1num 为 ω_{1+}/ω_{1-} 边界节点总数；提取周期边界 ω_{2+} 和 ω_{2-} 的节点，组成节点数组 n2，其大小为 n2num×2，其中 n2num 为 ω_{2+}/ω_{2-} 边界节点总数。本算例中为方便后续周期边界条件的施加，对应周期边界采用相同的网格节点划分。注意，这里提取 ω_{2+}/ω_{2-} 边界节点时，不包含最右侧的两个节点 (附图 1(b))，这是由于 4 个角点的周期边界条件仅需三组方程即可满足。单胞建模后保存为 unit_cell.db 文件。

NIAH_02.txt 内容如下 (! 号后为注释内容)：

```
finish
/clear
resume,'unit_cell','db'
/prep7
!施加与单位应变场(沿x方向单位拉伸应变)对应的位移场u11
*do,i,1,nnum,1
d,i,ux,nx(i)
d,i,uy,0
*enddo
/sol
solve
finish
!提取单位应变场对应的位移场u11及其节点力f11
*dim,u11,array,2*nnum,1
*do,i,1,nnum,1
*get,u11(2*i-1),node,i,u,x
*get,u11(2*i),node,i,u,y
*enddo
*cfopen,'u11',txt
*vwrite,u11(1)
(e20.10)
*cfclos
*dim,f11,array,2*nnum,1
*do,i,1,nnum,1
*get,f11(2*i-1),node,i,rf,fx
*get,f11(2*i),node,i,rf,fy
*enddo
*cfopen,'f11',txt
```

```
*vwrite,f11(1)
(e20.10)
*cfclos
!NIAH求解单胞方程, 将节点力-f11施加至单胞并施加周期边界条件
/sol
ddele,all,all
*do,i,1,nnum,1  !施加节点力-f11
f,i,fx,-f11(2*i-1)
f,i,fy,-f11(2*i)
*enddo
*do,i,1,n1num,1   !对ω1+和ω1-边界上施加周期边界条件
ce,2*i-1,0,n1(i,1),ux,1,n1(i,2),ux,-1
ce,2*i,0,n1(i,1),uy,1,n1(i,2),uy,-1
*enddo
*do,i,1,n2num,1   !对ω2+和ω2-边界上施加周期边界条件
ce,2*n1num+2*i-1,0,n2(i,1),ux,1,n2(i,2),ux,-1
ce,2*n1num+2*i,0,n2(i,1),uy,1,n2(i,2),uy,-1
*enddo
d,1,all,0  !限制刚体位移
solve
finish
!提取单胞方程位移解u12
*dim,u12,array,2*nnum,1
*do,i,1,nnum,1
*get,u12(2*i-1),node,i,u,x
*get,u12(2*i),node,i,u,y
*enddo
*cfopen,'u12',txt
*vwrite,u12(1)
(e20.10)
*cfclos
/sol
ddele,all,all
fdele,all,all
cedele,all
*do,i,1,nnum,1
d,i,ux,u12(2*i-1)
d,i,uy,u12(2*i)
*enddo
!提取单胞方程解u12对应的节点力f12
```

```
*dim,f12,array,2*nnum,1
*do,i,1,nnum,1
*get,f12(2*i-1),node,i,rf,fx
*get,f12(2*i),node,i,rf,fy
*enddo
*cfopen,'f12',txt
*vwrite,f12(1)
(e20.10)
*cfclos
```

该程序段采用 NIAH 求解对应于 y_1 方向单位拉伸应变的单胞方程。首先对单胞所有节点施加对应于单位应变场的位移场 $u_1 = y_1$, $u_2=0$, 进行有限元求解,得到对应的节点位移 u11 及节点力 f11, 分别保存为 u11.txt 和 f11.txt 文件; 基于 NIAH 求解单胞方程, 对所有节点施加节点力 −f11, 采用 ce 耦合命令施加位移周期边界条件, 并限制 1 号节点位移以限制单胞刚体位移, 进行有限元分析, 求解单胞方程位移解 u12, 并保存为 u12.txt 文件; 进一步对所有节点施加位移 u12, 进行结构分析, 提取对应的节点力 f12, 并保存为 f12.txt 文件。

NIAH_03.txt 内容如下 (! 号后为注释内容):

```
finish
/clear
resume,'unit_cell','db'
/prep7
!施加与单位应变场(沿y方向单位拉伸应变)对应的位移场u21
*do,i,1,nnum,1
d,i,ux,0
d,i,uy,ny(i)
*enddo
/sol
solve
finish
!提取单位应变场对应的位移场u21及其节点力f21
*dim,u21,array,2*nnum,1
*do,i,1,nnum,1
*get,u21(2*i-1),node,i,u,x
*get,u21(2*i),node,i,u,y
*enddo
*cfopen,'u21',txt
*vwrite,u21(1)
(e20.10)
```

```
*cfclos
*dim,f21,array,2*nnum,1
*do,i,1,nnum,1
*get,f21(2*i-1),node,i,rf,fx
*get,f21(2*i),node,i,rf,fy
*enddo
*cfopen,'f21',txt
*vwrite,f21(1)
(e20.10)
*cfclos
!NIAH求解单胞方程
/sol
ddele,all,all
*do,i,1,nnum,1  !施加节点力-f21
f,i,fx,-f21(2*i-1)
f,i,fy,-f21(2*i)
*enddo
*do,i,1,n1num,1  !对ω1+和ω1-边界上施加周期边界条件
ce,2*i-1,0,n1(i,1),ux,1,n1(i,2),ux,-1
ce,2*i,0,n1(i,1),uy,1,n1(i,2),uy,-1
*enddo
*do,i,1,n2num,1  !对ω2+和ω2-边界上施加周期边界条件
ce,2*n1num+2*i-1,0,n2(i,1),ux,1,n2(i,2),ux,-1
ce,2*n1num+2*i,0,n2(i,1),uy,1,n2(i,2),uy,-1
*enddo
d,1,all,0  !限制刚体位移
solve
finish
!提取单胞方程位移解u22
*dim,u22,array,2*nnum,1
*do,i,1,nnum,1
*get,u22(2*i-1),node,i,u,x
*get,u22(2*i),node,i,u,y
*enddo
*cfopen,'u22',txt
*vwrite,u22(1)
(e20.10)
*cfclos
/sol
ddele,all,all
```

```
fdele,all,all
cedele,all
*do,i,1,nnum,1
d,i,ux,u22(2*i-1)
d,i,uy,u22(2*i)
*enddo
!提取单胞方程解u22对应的节点力f22
*dim,f22,array,2*nnum,1
*do,i,1,nnum,1
*get,f22(2*i-1),node,i,rf,fx
*get,f22(2*i),node,i,rf,fy
*enddo
*cfopen,'f22',txt
*vwrite,f22(1)
(e20.10)
*cfclos
```

该程序段采用 NIAH 求解对应于 y_2 方向单位拉伸应变的单胞方程。首先对单胞所有节点施加对应于单位应变场的位移场 $u_1=0$, $u_2 = y_2$, 进行有限元求解, 得到对应的节点位移 u21 及节点力 f21, 分别保存为 u21.txt 和 f21.txt 文件; 基于 NIAH 求解单胞方程, 对所有节点施加节点力 $-f21$, 采用 ce 耦合命令施加位移周期边界条件, 并限制 1 号节点位移以限制单胞刚体位移, 进行有限元分析, 求解单胞方程位移解 u22, 并保存为 u22.txt 文件; 进一步对所有节点施加位移 u22, 进行结构分析, 提取对应的节点力 f22, 并保存为 f22.txt 文件。

NIAH_04.txt 内容如下 (! 号后为注释内容):

```
finish
/clear
resume,'unit_cell','db'
/prep7
!施加与单位应变场(单位剪切应变)对应的位移场u31
*do,i,1,nnum,1
d,i,ux,ny(i)/2
d,i,uy,nx(i)/2
*enddo
/sol
solve
finish
!提取单位应变场对应的位移场u31及其节点力f31
*dim,u31,array,2*nnum,1
```

```
*do,i,1,nnum,1
*get,u31(2*i-1),node,i,u,x
*get,u31(2*i),node,i,u,y
*enddo
*cfopen,'u31',txt
*vwrite,u31(1)
(e20.10)
*cfclos
*dim,f31,array,2*nnum,1
*do,i,1,nnum,1
*get,f31(2*i-1),node,i,rf,fx
*get,f31(2*i),node,i,rf,fy
*enddo
*cfopen,'f31',txt
*vwrite,f31(1)
(e20.10)
*cfclos
!NIAH求解单胞方程
/sol
ddele,all,all
*do,i,1,nnum,1    !施加节点力-f31
f,i,fx,-f31(2*i-1)
f,i,fy,-f31(2*i)
*enddo
*do,i,1,n1num,1    !对ω1+和ω1-边界上施加周期边界条件
ce,2*i-1,0,n1(i,1),ux,1,n1(i,2),ux,-1
ce,2*i,0,n1(i,1),uy,1,n1(i,2),uy,-1
*enddo
*do,i,1,n2num,1    !对ω2+和ω2-边界上施加周期边界条件
ce,2*n1num+2*i-1,0,n2(i,1),ux,1,n2(i,2),ux,-1
ce,2*n1num+2*i,0,n2(i,1),uy,1,n2(i,2),uy,-1
*enddo
d,1,all,0    !限制刚体位移
solve
finish
!提取单胞方程位移解u32
*dim,u32,array,2*nnum,1
*do,i,1,nnum,1
*get,u32(2*i-1),node,i,u,x
*get,u32(2*i),node,i,u,y
```

```
*enddo
*cfopen,'u32',txt
*vwrite,u32(1)
(e20.10)
*cfclos
/sol
ddele,all,all
fdele,all,all
cedele,all
*do,i,1,nnum,1
d,i,ux,u32(2*i-1)
d,i,uy,u32(2*i)
*enddo
!提取单胞方程解u32对应的节点力f32
*dim,f32,array,2*nnum,1
*do,i,1,nnum,1
*get,f32(2*i-1),node,i,rf,fx
*get,f32(2*i),node,i,rf,fy
*enddo
*cfopen,'f32',txt
*vwrite,f32(1)
(e20.10)
*cfclos
```

该程序段采用 NIAH 求解对应于单位剪切应变的单胞方程。首先对单胞所有节点施加对应于单位应变场的位移场 $u_1 = y_2/2$, $u_2 = y_1/2$, 进行有限元求解, 得到对应的节点位移 u31 及节点力 f31, 分别保存为 u31.txt 和 f31.txt 文件; 基于 NIAH 求解单胞方程, 对所有节点施加节点力 −f31, 采用 ce 耦合命令施加位移周期边界条件, 并限制 1 号节点位移以限制单胞刚体位移, 进行有限元分析, 求解单胞方程位移解 u32, 并保存为 u32.txt 文件; 进一步对所有节点施加位移 u32, 进行结构分析, 提取对应的节点力 f32, 并保存为 f32.txt 文件。

NIAH_05.txt 内容如下 (! 号后为注释内容):

```
finish
/clear
resume,'unit_cell','db'
/prep7
!读取相关节点位移及节点力
*dim,u11,array,2*nnum,1
*vread,u11,'u11',txt
```

```
(e20.10)
*dim,f11,array,2*nnum,1
*vread,f11,'f11',txt
(e20.10)
*dim,u12,array,2*nnum,1
*vread,u12,'u12',txt
(e20.10)
*dim,f12,array,2*nnum,1
*vread,f12,'f12',txt
(e20.10)
*dim,u21,array,2*nnum,1
*vread,u21,'u21',txt
(e20.10)
*dim,f21,array,2*nnum,1
*vread,f21,'f21',txt
(e20.10)
*dim,u22,array,2*nnum,1
*vread,u22,'u22',txt
(e20.10)
*dim,f22,array,2*nnum,1
*vread,f22,'f22',txt
(e20.10)
*dim,u31,array,2*nnum,1
*vread,u31,'u31',txt
(e20.10)
*dim,f31,array,2*nnum,1
*vread,f31,'f31',txt
(e20.10)
*dim,u32,array,2*nnum,1
*vread,u32,'u32',txt
(e20.10)
*dim,f32,array,2*nnum,1
*vread,f32,'f32',txt
(e20.10)
!计算等效性质DH
*dim,DH,arrray,3,3
*do,i,1,2*nnum,1
DH(1,1)=DH(1,1)+(u11(i)+u12(i))*(f11(i)+f12(i))/1
DH(1,2)=DH(1,2)+(u11(i)+u12(i))*(f21(i)+f22(i))/1
DH(1,3)=DH(1,3)+(u11(i)+u12(i))*(f31(i)+f32(i))/1
```

```
DH(2,2)=DH(2,2)+(u21(i)+u22(i))*(f21(i)+f22(i))/1
DH(2,3)=DH(2,3)+(u21(i)+u22(i))*(f31(i)+f32(i))/1
DH(3,3)=DH(3,3)+(u31(i)+u32(i))*(f31(i)+f32(i))/1
*enddo
DH(2,1)=DH(1,2)
DH(3,1)=DH(1,3)
DH(3,2)=DH(2,3)
```

该程序段读取 file02.txt~file04.txt 文件输出的节点位移及节点力程序，并计算材料等效性质 $\boldsymbol{D}^{\mathrm{H}}$。

采用上述程序计算单胞的位移场如附图 2 所示，等效性质为

$$\boldsymbol{D}^{\mathrm{H}} = \begin{bmatrix} 1.307 & 0.413 & 0 \\ 0.413 & 1.307 & 0 \\ 0 & 0 & 0.439 \end{bmatrix}$$

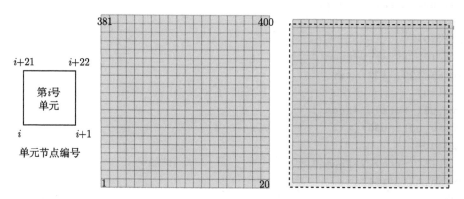

附图 2　MATLAB 程序有限元网格示意图

附录 2   渐近均匀化方法数值实现的 MATLAB 程序

考虑如附图 1 所示的单胞,采用 MATLAB 进行单胞方程求解及等效性质求解。主程序 NIAH.m 分为两个部分,第一部分为单胞有限元信息,第二部分为等效性质的 NIAH 求解。第一部分如下:

```
clear;clc;
%%%%单胞基本信息%%%%
L=1;n=20;esize=L/n;%L为单胞尺寸,n为单胞边划分单元个数,esize为单元边
    长
enum=n^2;nnum=(n+1)^2;%enum为单元总数,nnum为节点总数
%单元节点编号矩阵enode
enode=zeros(enum,4);
for i=1:n
    for j=1:n
      enode((i-1)*n+j,1)=(i-1)*(n+1)+j;
      enode((i-1)*n+j,2)=(i-1)*(n+1)+j+1;
      enode((i-1)*n+j,3)=i*(n+1)+j+1;
      enode((i-1)*n+j,4)=i*(n+1)+j;
    end
end
%单元自由度矩阵edof
edof=zeros(enum,8);edof(:,1:2:end)=2*enode-1;edof(:,2:2:end)=2*
    enode;
%节点坐标矩阵ncor,第一列为横坐标,第二列为纵坐标
ncor=zeros(nnum,2);
ncor(:,2)=kron([0:esize:L]',ones(n+1,1));
ncor(:,1)=kron(ones(n+1,1),[0:esize:L]');
%提取周期边界ω1+和ω1-上的节点编号矩阵n1,大小为(n+1)*2,并计算其自由
    度n1dof
n1=zeros(n+1,2);
n1(:,1)=[(n+1):n+1:(n+1)*(n+1)]';n1(:,2)=[1:n+1:(n+1)*(n+1)]';
n1dof=zeros(2*(n+1),2);n1dof(1:2:end,:)=2*n1-1;n1dof(2:2:end,:)=2*
    n1;
```

```
%提取周期边界ω2+和ω2-上的节点编号矩阵n2,大小为n*2,并计算其自由度
    n2dof
n2=zeros(n,2);
n2(:,1)=[1:1:n]';n2(:,2)=[(n+1)*n+1:1:(n+1)*(n+1)-1]';
n2dof=zeros(2*n,2);n2dof(1:2:end,:)=2*n2-1;n2dof(2:2:end,:)=2*n2;
%主节点mnode及其主自由度mdof
mnode=setdiff([1:nnum]',union(n1(:,1),n2(:,1)));
mdof=zeros(length(mnode)*2,1);mdof(1:2:end)=2*mnode-1;mdof(2:2:end)
    =2*mnode;
```

该程序段采用如附图 2 所示的有限元网格，单元及节点编号如图所示。ω_{1+}，ω_{1-}，ω_{2+} 和 ω_{2-} 边界上的节点与附录 1 相同，ω_{1+} 和 ω_{1-} 边界节点矩阵为 n1，定义与附录 1 相同，其对应自由度矩阵为 n1dof，ω_{2+} 和 ω_{2-} 边界节点矩阵为 n2，定义与附录 1 相同，其对应自由度矩阵为 n2dof。有限元模型主节点范围如附图 2 虚线框所示，记为列向量 mnode，其对应自由度为 mdof。

```
%%%%%NIAH计算微结构等效性质%%%%%
E1=1;v1=0.3;%材料1材料性质
E2=2;v2=0.4;%材料2材料性质
Ke1=Ke(E1,v1,esize/2,esize/2);%材料1对应的单元刚度矩阵
Ke2=Ke(E2,v2,esize/2,esize/2);%材料2对应的单元刚度矩阵
%组集总刚度矩阵K
material=ones(n,n);material(n/4+1:3*n/4,n/4+1:3*n/4)=2;material=
    reshape(material(end:-1:1,:)',[],1);
xloc1=reshape(kron(ones(1,8),edof(find(material==1),:))',[],1);
    yloc1=reshape(kron(edof(find(material==1),:),ones(1,8))',[],1);
xloc2=reshape(kron(ones(1,8),edof(find(material==2),:))',[],1);
    yloc2=reshape(kron(edof(find(material==2),:),ones(1,8))',[],1);
K1=sparse(xloc1,yloc1,kron(ones(length(find(material==1)),1),Ke1(:)
    ),nnum*2,nnum*2);
K2=sparse(xloc2,yloc2,kron(ones(length(find(material==2)),1),Ke2(:)
    ),nnum*2,nnum*2);
K=K1+K2;K=(K+K')/2;
%U0为对应于单位应变的位移场,Uw为单胞方程位移解
U0=zeros(2*nnum,3);U0(1:2:end,1)=ncor(:,1);U0(2:2:end,2)=ncor(:,2);
    U0(1:2:end,3)=ncor(:,2)/2;U0(2:2:end,3)=ncor(:,1)/2;
Uw=zeros(2*nnum,3);Fs=-K*U0;Ks=K;
%通过将n1dof第一行累加至n1dof第二行,将n1dof第一列累加至n1dof第二列,
    并对n2dof采用相同操作,实现将刚度矩阵全自由度转换为主自由度
%主自由度对应刚度阵为Ks
Ks(n1dof(:,2),:)=Ks(n1dof(:,1),:)+Ks(n1dof(:,2),:);Ks(:,n1dof(:,2))
```

```
    =Ks(:,n1dof(:,1))+Ks(:,n1dof(:,2));
Ks(n2dof(:,2),:)=Ks(n2dof(:,1),:)+Ks(n2dof(:,2),:);Ks(:,n2dof(:,2))
    =Ks(:,n2dof(:,1))+Ks(:,n2dof(:,2));
%主自由度节点力向量Fs
Fs(n1dof(:,2),:)=Fs(n1dof(:,1),:)+Fs(n1dof(:,2),:);Fs(n2dof(:,2),:)
    =Fs(n2dof(:,1),:)+Fs(n2dof(:,2),:);
Ks=Ks(mdof,mdof);Ks=(Ks+Ks')/2;Fs=Fs(mdof,:);Uw(mdof,:)=[0 0 0;0 0
    0;Ks(3:end,3:end)\Fs(3:end,:)];%求解单胞方程
Uw(n2dof(:,1),:)=Uw(n2dof(:,2),:);Uw(n1dof(:,1),:)=Uw(n1dof(:,2),:)
    ;
DH=(U0+Uw)'*K*(U0+Uw)/L/L;%等效性质DH
```

该程序段采用 NIAH 计算材料等效性质,首先生成对应于整体自由度的结构总刚度矩阵 K,结构主自由度对应刚度矩阵为 $K_s = T^T K T$,其中左乘 T^T 矩阵作用为矩阵行累加,在程序中表现为将 n1dof 第一列自由度对应行累加至 n1dof 第二列自由度对应行,将 n2dof 第一列自由度对应行累加至 n2dof 第二列自由度对应行;右乘 T 矩阵作用为矩阵列累加,在程序中表现为将 n1dof 第一列自由度对应列累加至 n1dof 第二列自由度对应列,将 n2dof 第一列自由度对应列累加至 n2dof 第二列自由度对应列;采用类似的方法可以建立主自由度节点力向量 F_s,在限制刚体位移后即可求解单胞方程,得到单胞方程位移解 U_w。随后根据定义计算等效性质矩阵 DH。上述程序计算的等效性质为

$$DH = \begin{bmatrix} 1.307 & 0.413 & 0 \\ 0.413 & 1.307 & 0 \\ 0 & 0 & 0.439 \end{bmatrix}$$

与附录 1 结果相同,两者相互验证,说明计算结果的正确性。

单元刚度矩阵采用 Ke.m 子程序计算:

```
function ke=Ke(E,v,a,b)    %a为单元沿y1方向尺寸的一半,b为单元沿y2方向
    尺寸的一半
C=inv([1/E -v/E 0;-v/E 1/E 0;0 0 2*(1+v)/E]);%C为弹性矩阵,E为杨氏模
    量,v为泊松比
gx=1/sqrt(3)*[-1 1 1 -1]';gy=1/sqrt(3)*[-1 -1 1 1]';%高斯积分点
dNdx=[-0.25*(1-gy) 0.25*(1-gy) 0.25*(1+gy) -0.25*(1+gy)];
dNdy=[-0.25*(1-gx) -0.25*(1+gx) 0.25*(1+gx) 0.25*(1-gx)];
ke=zeros(8,8);
for k=1:1:4
    B=zeros(3,8);B(1,1:2:end)=dNdx(k,:)/a;B(2,2:2:end)=dNdy(k,:)/b
        ;%B为应变位移矩阵
```

```
    B(3,1:2:end)=dNdy(k,:)/b;B(3,2:2:end)=dNdx(k,:)/a;
    ke=ke+B'*C*B*a*b;
end
```

附录 3　线性及非线性密度过滤

　　结构拓扑优化中，常使用线性密度过滤以避免棋盘格式和网格依赖性，并采用非线性密度过滤来获得 0-1 分明的拓扑结果，这里介绍线性及非线性密度过滤。

　　设结构设计变量为 $\boldsymbol{\rho} = \left\{ \begin{array}{cccc} \rho_1 & \rho_2 & \cdots & \rho_n \end{array} \right\}^{\mathrm{T}}$，其中 n 为设计变量总数。对于单元 e，线性密度过滤 [1] 以单元 e 为中心，半径为 R 内的单元进行加权平均，得到新的中间密度场 $\bar{\rho}_e$，其表达式为

$$\bar{\rho}_e = \frac{\displaystyle\sum_{i \in N_e} w(\boldsymbol{x}_i) v_i \rho_i}{\displaystyle\sum_{i \in N_e} w(\boldsymbol{x}_i) v_i} \tag{1}$$

这里，N_e 是以 R 为半径、以单元 e 的中心为圆心的域内所有单元的集合，即

$$N_e = \{ i \mid \|\boldsymbol{x}_i - \boldsymbol{x}_e\| \leqslant R \} \tag{2}$$

其中，$\boldsymbol{x}_i$ 为单元 i 的形心位置向量，则权系数 $w(\boldsymbol{x}_i)$ 定义为

$$w(\boldsymbol{x}_i) = R - \|\boldsymbol{x}_i - \boldsymbol{x}_e\| \tag{3}$$

采用线性密度过滤可以消除拓扑优化过程中常见的棋盘格现象及网格依赖性，但是会在优化结果的边界产生灰色密度单元。为了消除灰色密度单元，得到 0/1 密度分布的优化结果，Guest 等 [2] 提出了基于 Heaviside 函数的非线性密度过滤，并通过连续化处理得到物理密度 $\tilde{\rho}_e$：

$$\tilde{\rho}_e = 1 - \mathrm{e}^{-\beta \bar{\rho}_e} + \bar{\rho}_e \mathrm{e}^{-\beta} \tag{4}$$

　　优化过程中采用参数连续化的方法，通过逐渐增大参数 β，驱使中间密度的灰色单元趋近于密度为 1，如附图 3(a) 所示。

　　Sigmund[3] 在此基础上，提出了改进的 Heaviside 函数非线性密度过滤，过滤后得到的物理密度 $\tilde{\rho}_e$ 为

$$\tilde{\rho}_e = \mathrm{e}^{-\beta(1-\bar{\rho}_e)} - (1-\bar{\rho}_e)\mathrm{e}^{-\beta} \tag{5}$$

与 Guest 等的方法相反，(5) 式将中间密度的灰色单元趋近于密度为 0，如附图 3(b) 所示。

　　Heaviside 函数非线性密度过滤和改进的 Heaviside 函数非线性密度过滤可以减少结构中的灰色单元，并在一定程度上控制单元的尺寸。但是在每次非线性参数 β 增大时，物理密度 $\tilde{\rho}_e$ 将会突然增大或突然减小，造成材料体积约束和目标函数的显著变化，并使迭代产生振荡。其中 Heaviside 函数非线性密度过滤时，物理密度相对于上一次迭代全部变大，材料体积分数增大，柔顺性目标函数减小。改进的 Heaviside 函数非线性密度过滤时，物理密度全部变小，体积分数减小，柔顺性目标函数增大。

　　非线性参数连续化方法造成的振荡会导致迭代不稳定，收敛困难，从而造成优化失败。为了解决振荡的问题，Xu 等 [4] 提出了体积守恒的 Heaviside 非线性密度过滤函数：

$$\tilde{\rho}_e\left(\bar{\rho}_e, \eta\right)=\left\{\begin{array}{ll}\eta\left[\mathrm{e}^{-\beta\left(1-\bar{\rho}_e / \eta\right)}-\left(1-\bar{\rho}_e / \eta\right) \mathrm{e}^{-\beta}\right], & 0 \leqslant \bar{\rho}_e \leqslant \eta \\ (1-\eta)\left[1-\mathrm{e}^{-\beta\left(\bar{\rho}_e-\eta\right) /(1-\eta)}+\left(\bar{\rho}_e-\eta\right) \mathrm{e}^{-\beta} /(1-\eta)\right]+\eta, & \eta \leqslant \bar{\rho}_e \leqslant 1\end{array}\right.$$

(6)

通过引入阈值参数 η，使得大于 η 的中间密度趋近于 1，小于 η 的中间密度趋近于 0，如附图 3(c) 所示。而 Heaviside 函数和改进的 Heaviside 函数非线性密度过滤可以看作 $\eta=0$ 和 $\eta=1$ 时的特例。为了避免上述参数连续化造成的材料体积突变，令非线性密度过滤前后的材料体积相等，即

$$\sum_{e=1}^N \tilde{\rho}_e v_e=\sum_{e=1}^N \bar{\rho}_e v_e \tag{7}$$

(6) 式中仅含有一个未知数 η，可以通过一维搜索的方法进行求解，例如二分法。文献 [3] 中证明了 η 解存在的唯一性。

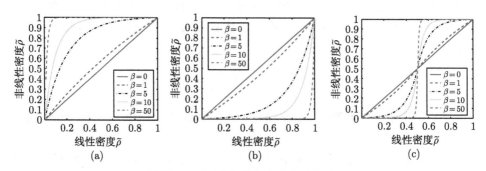

附图 3　不同非线性密度过滤示意图

　　注意，体积守恒的 Heaviside 函数非线性密度过滤函数中，(6) 式中物理密度

$\bar{\rho}_e$ 的变化不仅依赖于相对应的中间密度 $\bar{\rho}_e$，同时依赖于阈值参数 η，而 η 通过 (7) 式得到，依赖于所有中间密度 $\bar{\rho}_i$ 的变化，并影响到所有物理密度 $\tilde{\rho}_i$ 的变化。这样，设计变量就可以通过 η 影响到所有物理密度 $\tilde{\rho}_e$，并最终影响到目标函数。所以目标函数 f 对设计变量 ρ_e 的精确灵敏度表达式可以表示为

$$
\begin{aligned}
\frac{\partial f}{\partial \rho_e} &= \sum_{i=1}^{n} \frac{\partial f}{\partial \tilde{\rho}_i} \frac{\partial \tilde{\rho}_i}{\partial \bar{\rho}_i} \frac{\partial \bar{\rho}_i}{\partial \rho_e} + \sum_{j=1}^{n} \sum_{i=1}^{n} \frac{\partial f}{\partial \tilde{\rho}_i} \frac{\partial \tilde{\rho}_i}{\partial \eta} \frac{\partial \eta}{\partial \bar{\rho}_j} \frac{\partial \bar{\rho}_j}{\partial \rho_e} \\
&= \sum_{i\in N_e} \frac{\partial f}{\partial \tilde{\rho}_i} \frac{\partial \tilde{\rho}_i}{\partial \bar{\rho}_i} \frac{\partial \bar{\rho}_i}{\partial \rho_e} + \sum_{j\in N_e} \sum_{i=1}^{n} \frac{\partial f}{\partial \tilde{\rho}_i} \frac{\partial \tilde{\rho}_i}{\partial \eta} \frac{\partial \eta}{\partial \bar{\rho}_j} \frac{\partial \bar{\rho}_j}{\partial \rho_e} \\
&= \sum_{i\in N_e} \frac{\partial f}{\partial \tilde{\rho}_i} \frac{\partial \tilde{\rho}_i}{\partial \bar{\rho}_i} \frac{\partial \bar{\rho}_i}{\partial \rho_e} + \left(\sum_{j\in N_e} \frac{\partial \eta}{\partial \bar{\rho}_j} \frac{\partial \bar{\rho}_j}{\partial \rho_e} \right) \cdot \sum_{i=1}^{n} \frac{\partial f}{\partial \tilde{\rho}_i} \frac{\partial \tilde{\rho}_i}{\partial \eta}
\end{aligned}
\tag{8}
$$

其中，第一项忽略了 η 变化影响，第二项是由 η 的变化引起的附加灵敏度项。可以看到，第二项分解成了相对独立的两部分：第一部分是 η 对设计变量 ρ_e 的灵敏度，而第二部分是目标函数对 η 的灵敏度。上式物理密度 $\tilde{\rho}_i$ 对 η 的偏导为

$$
\frac{\partial \tilde{\rho}_i}{\partial \eta} = \begin{cases} e^{-\beta(1-\bar{\rho}_i/\eta)} \left(1 - \beta\bar{\rho}_i/\eta\right) - e^{-\beta}, & 0 \leqslant \bar{\rho}_i \leqslant \eta \\ e^{-\beta(\bar{\rho}_i-\eta)/(1-\eta)} \left(1 - \dfrac{\beta\left(1-\bar{\rho}_i\right)}{1-\eta}\right) - e^{-\beta}, & \eta \leqslant \bar{\rho}_i \leqslant 1 \end{cases}
\tag{9}
$$

而 $\dfrac{\partial \eta}{\partial \bar{\rho}_i}$ 项需要借助体积守恒条件 (7) 式求得，在 (7) 式两边对中间密度 $\bar{\rho}_i$ 求偏导，可以得到

$$
\sum_{e=1}^{n} \left(\frac{\partial \tilde{\rho}_e}{\partial \bar{\rho}_i} + \frac{\partial \tilde{\rho}_e}{\partial \eta} \frac{\partial \eta}{\partial \bar{\rho}_i} \right) v_e = \sum_{e=1}^{n} \frac{\partial \bar{\rho}_e}{\partial \bar{\rho}_i} v_e
\tag{10}
$$

上式化简得

$$
\frac{\partial \eta}{\partial \bar{\rho}_i} = \frac{\left(1 - \dfrac{\partial \tilde{\rho}_i}{\partial \bar{\rho}_i}\right) v_i}{\displaystyle\sum_{e=1}^{n} \frac{\partial \tilde{\rho}_e}{\partial \eta} v_e}
\tag{11}
$$

文献 [4] 中给出的灵敏度公式仅包含 (8) 式中的第一项，一般当 β 数值不大时，省略 (8) 式中的第二项对优化结果影响不大。

参 考 文 献

[1] Bruns T E, Tortorelli D A. Topology optimization of non-linear elastic structures and compliant mechanisms[J]. Computer Methods in Applied Mechanics and Engineering, 2001, 190(26-27): 3443-3459.

[2]　Guest J K, Prévost J H, Belytschko T. Achieving minimum length scale in topology opti-mization using nodal design variables and projection functions[J]. International Journal for Numerical Methods in Engineering, 2004, 61: 238-254.

[3]　Sigmund O. Morphology-based black and white filters for topology optimization[J]. Structural and Multidisciplinary Optimization, 2007, 33: 401-424.

[4]　Xu S, Cai Y, Cheng G. Volume preserving nonlinear density filter based on heaviside functions[J]. Structural and Multidisciplinary Optimization, 2010, 41(4): 495-505.

索　引